약용식물 대사전

Green Home

생활 속에서 만나는 약용식물들

횟집에서 생선회를 먹을 때 중요한 것은 물론 신선한 어패류이다. 그러나 그 주위에는 여러 가지 함께 나오는 것들이 있다. 생각나는 대로 말해보면 무를 토막 내서 채를 썬 것이나 강판에 간 것, 때로는 당근을 잘라놓은 것도 있다. 그 밖에 차즈기의 잎 · 이삭 · 싹, 싹여뀌, 채소방풍이라고도 하는 파드득나물에 붉은 줄기의 방풍, 초록색의 가느다란 해조류 해태나 검은 생김이 있다. 게다가 고추냉이나 생강 · 양하, 그리고 지방에 따라서는 토란줄기 종류도 있다.

이런 것들은 왜 나오는 것일까? 단순한 장식일까? 또한, 참치류에 고추냉이, 가다랑어 · 전갱이 · 오징어 등에 간 생강을 곁들여 먹는 것은 왜일까? 우리가 주변에서 자주 접하면서도 알지 못하는 것이 의외로 많다.

무는 매운맛이 있어서 신미성 건위약, 당근은 카로틴(체내에서 비타민A가 된다)의 공급원, 차즈기는 방향성 건위제, 여뀌는 고추냉이 · 양하 · 생강 등과 함께 신미성 건위약, 해태 · 생김 등 해조류는 뼈에 필수적인 요오드 공급원이다. 모두가 신선한 어류의 소화를 돕는 약용식물이며, 맛을 내는 것이기 때문에 '양념' 이라고 한다.

또한, 가다랑어 · 전갱이 · 고등어 등 일명 '등 푸른 생선류' 에는 때때로 기생충 아니사키스가 있는데, 차즈기나 생강은 아니사키스에 대해 살충효과가 있다. 그에 비해 고추냉이나 마늘은 살충에 시간이 걸린다.

이 책은 우리 주변에 아주 가까이 있으면서도 의외로 알려지지 않은 약용식물들에 대하여 정확한 지식을 제공할 목적으로 쓰여졌다. 자신은 물론 가족 · 친구 · 이웃들의 건강을 지키는 길잡이가 되었으면 한다.

다나카 고우시

contents

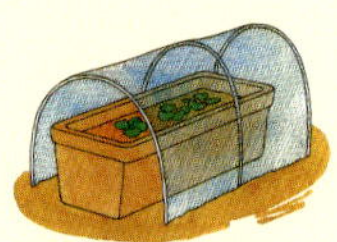

PART 1 약용식물 250종 효용과 이용방법

PART 2
약용식물 이용의 기초지식

약용식물에 대한 이해

우리들은 예전부터 자연에서 나오는 동물 · 광물 · 식물 등을 별로 가공하지 않고 저장해두었다가 필요에 따라 약으로 이용해 왔다. 이것을 생약이라고 한다.

오늘날 우리가 병의 예방과 치료에 이용하고 있는 약은 어떻게 생겼을까? 약을 크게 구분하면 화학합성 의약품과 생약으로 나눌 수 있다. 화학합성 의약품은 말 그대로 화학적으로 합성하여 만든 약으로, 감기에 걸렸을 때 해열 · 진통에 이용하는 아스피린, 상처를 소독하는 옥시돌 등이 잘 알려져 있다.

한편 생약의 경우에는 우선, 위장의 활동을 돕는 웅담(곰의 쓸개), 몸을 튼튼하게 하는 녹용(여름에 새로 나온 사슴의 어린 뿔) 등 동물성 생약이 있다. 다음으로 소독 · 완하에 쓰이는 암염(岩鹽)이나 바닷물 속의 소금, 또는 피부병에 이용되는 유황 등 광물성 생약이 있다. 그리고 마지막으로 정장에 이용되는 이질풀, 부스럼에 생잎을 이용하는 약모밀 등 식물성 생약이 있다.

이러한 생약들은 어떻게 이용되고 있을까? 제약원료 · 한약 · 민간약으로 이용된다.

제약원료 : 생약 성분을 추출하여 주사약 · 물약 · 환약 · 알약 · 연고 등 여러 가지 모양의 다양한 의약품을 만드는 원료가 된다. 양귀비에서 아편을 채집하여 진통제 모르핀을 추출하고, 스테비아에서 스테비오사이드를 추출하여 당뇨병 환자의 감미료나 먹기 힘든 약의 혼합제를 만드는 등 제약원료가 된다.

한약 : 우리나라에서 고대부터 발달하여 전해져 내려온 의약이 한자문화권 지역들과 교류하면서 연구 · 계승 · 발전되어 온 의학이 한의학이며, 한의학에서 쓰이는 의약품이 한약이다. 한약에는 두 가지의 특징이 있는데, 하나는 여러 종류를 섞어서 사용하므로 한 종류(단미)만 사용하는 것은 매우 드물다는 것이다. 또 하나, 그 약이 가지고 있는 특징에 따라 사용방법이 제한된다. 제한이란, 섞는 방법에서부터 섞는 양, 사용시기에 이르기까지 한의학적으로 정해져 있다는 것이다. 따라서 한의학 지식이 없으면 한약은 사용할 수 없다. 그러면 한의학 지식이 없는 일반인들이 사용하려고 할 때는 어떻게 해야 할까? 한의학을 배운 의사 · 약사 등 전문가와 상담하여 처방에 따라 사용하는 것이 가장 빠르고 정확한 방법이다.

민간약 : 이럴 때 이런 약을 사용하면 해도 적고 치료가 되었다는 조상들의 체험이 계속 전해져 온 것이다. 과학적 근

거는 어찌됐든 놀라운 효과를 가진 것이 많다. 최근에는 효과가 과학적으로 증명된 것도 많아서 현대의학에도 활용하고 있다.

이 책에서는 250종의 식물을 추려서 약효와 이용방법을 중심으로 설명하고 있는데, 약은 정확하게 사용해야 효과가 있으므로 약용식물 역시 절대 지나치거나 잘못 사용하지 않도록 해야 한다.

한의학 용어

거담(去痰) : 가래를 없앰

교미(矯味) : 마시기 어려운 약 등을 당분이 없는 감미료나 박하 · 계피 등의 교정약(矯正藥)을 이용하여 마시기 좋게 맛을 내는 것

구어혈(驅瘀血) : 생리적 기능을 잃어버린 묵은 피를 제거하는 것

구충(驅蟲) : 회충이나 조충 등을 제거

구풍(驅風) : 장에 찬 가스를 배출시킴

국소자극(局所刺戟) : 타박이나 염좌 · 골절 등의 상처에 자극을 주어 통증을 완화시킴

배농(排膿) : 고름을 배출시킴

보온(保溫) : 몸을 따뜻하게 하고 피의 흐름을 좋게 하여 한사(寒邪)로 인한 어깨 결림 · 통증 · 가려움증 등을 완화시킴

사하(瀉下) : 발산(發散)이나 화해(和解)가 어려운 병독을 대변을 소통시켜 제거(병독을 제거하는 방법에는 발산 · 사하 · 화해 등의 방법이 있다)

소염(消痰) : 염증을 가라앉히고 부종을 빼주는 것

수렴(收斂) : 조직세포를 조여주는 것

완하(緩下) : 변을 묽게 하여 변통을 촉진

용혈(溶血) : 피를 녹임

이뇨(利尿) : 소변이 잘 나오게 하고 부종을 제거

이담(利膽) : 담낭의 활동을 좋게 하는 것

자양강장(滋養强壯) : 몸에 영양을 주고, 기력을 왕성하게 함

정혈(精血) : 묵은 피를 제거하고 혈액을 맑게 함

지갈(止渴) : 갈증을 해소시킴

지혈(止血) : 피가 나는 것을 멈추게 함

진경(鎭痙) : 내장 등의 경련을 진정시킴

진통(鎭痛) : 통증을 가라앉힘

진해(鎭咳) : 기침을 진정시킴

처방조제(處方調製) : 처방에 정해진 양대로 약을 조제

통경(通經) : 월경불순 등을 치료하여 정상으로 만듦

이 책의 특징과 사용방법

전통 약초는 물론 우리 생활 가까이에 있는 채소와 과일을 포함한 250종의 약용식물을 골라서 가나다 순서로 배열하였다.

각 약용식물의 이름은 원칙적으로 공식적인 이름을 사용하였다. 그러나 시대상황을 고려하여 일반적으로 굳어진 이름을 사용한 것도 있다.

하나의 약용식물에 대하여 1페이지씩 알기 쉽게 해설. 식물·생약 사진과 함께, 약용으로의 이용방법을 중심으로 생태·유래에 관해서도 설명하였다

식물이름 옆에 과명·별명·생약명·약용부·약용 등 약용식물에 관한 정보를 한눈에 보기 쉽게 정리하였다.

민간에서의 약용식물 이용법을 크게 7가지로 분류(짝수페이지마다 왼쪽 아래에 범례를 표시). 식물이름 옆의 이용법과 대조해보면 각 식물의 이용법을 한눈에 알 수 있다.

달이는 방법, 외용약 만들기, 약술 만드는 방법 등 각 쓰임새마다 구체적이고 실용적인 설명 및 채집방법, 재배방법, 보관방법 등에 대하여 그림과 함께 알기 쉽게 설명하였다(pp. 266~283).

병이나 증상에 따라 효과가 있는 약용식물을 알고 싶을 때에는 책 뒤의 증상별 약용식물일람을 참고한다.

익은 열매로 담근 약술은 냉증·저혈압·불면증에 효과가 있다

오미자

과 명	목련과
별 명	
생약명	오미자
약용부	열매
약 용	진해·자양강장
이용법	●●

생태 암수딴그루이며, 덩굴성 갈잎떨기나무로 씨앗으로 번식한다. 잎은 긴 타원형으로 끝이 뾰족하고 잎자루가 있으며, 가장자리에 군데군데 얕게 톱니가 있다. 두께가 약간 두터우며, 잎맥이 움푹 패인 느낌이고 연초록색이다. 쓴맛이 강한 남오미자(p.120 참조)는 잎이 진한 초록색이고 광택이 있으므로 구별이 된다.
6~7월에 새잎의 겨드랑이에서 꽃자루가 있고 꽃잎이 5장인, 약간 붉은빛의 연노랑색 작은 꽃이 1개씩 늘어져서 핀다. 10~11월에는 작고 둥근 열매가 술처럼 늘어져서 붉게 익는다.

유래 주로 한국에서 많이 재배하는 약재로, 다섯 가지의 맛(신맛·단맛·쓴맛·짠맛·매운맛)을 가진 씨앗이란 뜻에서 오미자(五味子)라고 한다. 매우 비슷한 남오미자와 구분해서 북오미자라고도 한다.

이용방법 10~11월경, 잘 익은 열매를 따서 햇볕에 말린 것을 오미자라고 하며, 한방에서는 해소·자양 등의 목적으로 사용한다.
민간에서는 35° 소주 1.8ℓ 에 오미자를 약 300g의 비율로 넣어서, 차고 서늘한 곳에 2~3개월 두어 오미자술을 만든다. 냉증·저혈압·불면증 등에 자기 전에 1잔 정도 마시면 좋다. 자양강장에도 효과가 있으므로 칵테일해서 저녁 반주로 마신다.
기침을 자주 하거나 묽은 가래가 자주 나오면 오미자를 1일 10g을 달여 마신다. 효과가 없으면 전문가와 상담하여 한약을 먹는다.

암수딴그루의 덩굴성 갈잎식물. 잎이 두꺼우며, 가장자리에 얕게 톱니가 있다

열매를 햇볕에 말린 오미자

172 ● 내복(마시는 약) ● 외용(고약·바르는 약·습포) ● 욕탕 ● 약술 ● 약초차 ● 요리·음식 ● 취급주의

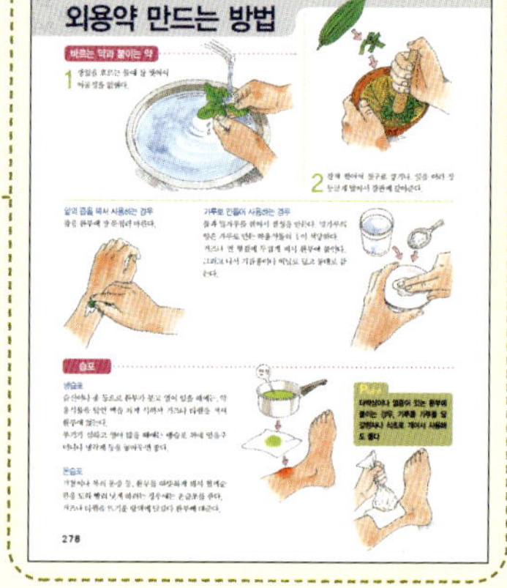

외용약 만드는 방법

PART 1

약용식물 250종
효용과 이용방법

가지

과 명	가지과
별 명	낙소 · 왜과
생약명	가자
약용부	열매
약 용	타박상, 염좌, 가벼운 화상, 사마귀
이용법	

보라색 꽃이 달리고 짙은 보라색 열매를 맺는다. 쇠못 등을 넣어서 절인 가지는 조혈효과도 있다

생태

인도 원산으로 열대지방에서는 여러해살이지만, 우리나라 같은 온대지방에서는 한해살이로 재배된다. 줄기는 짙은 보라색으로 높이 60～90㎝이며, 가시가 나기도 한다. 잎은 달걀모양의 타원형으로 끝이 뾰족하고 어긋난다. 6～9월에 보라색 꽃이 아래를 향해 피고 짙은 보라색 열매가 달린다.

유래

중국의 『본초연의』에 "신라에 달걀모양이고 연보라색에 광택이 나는 가지가 나는데 지금 중국에 널리 퍼졌다"는 기록으로 보아 우라나라에서는 신라시대부터 재배되었음을 알 수 있다. 또한 중국의 『본초강목』에 "많이 먹으면 반드시 복통과 설사가 있고, 부인은 자궁이 상한다"고 했다. 떫은맛이 강하므로 많이 먹지 않도록 한다.

이용방법

짙은 보라색으로 익은 열매를 백반이나 쇠못을 함께 넣어 절이면 윤기가 난다. 이것은 껍질에 있는 안토시아닌(anthocyanin)과 철이 복염(複鹽)을 만들고, 백반이 선명한 색을 유지시키기 때문이다. 철분을 함유한 가지절임은 조혈효과가 있다.

민간에서는 타박상, 염좌, 가벼운 화상 등에 냉장고에서 차게 한 가지를 세로로 길게 잘라서 환부에 붙이고, 따뜻해지면 다시 찬 것으로 갈아준다. 가벼운 화상 등에는 백반에 담근 가지도 효과가 있다. 사마귀는 자른 가지꼭지로 반복해서 천천히 문지르면 떨어지는 경우가 있다. 종기에는 햇볕에 말린 가지꼭지를 1일 10g을 달여서 냉습포한다.

열매는 주로 식용한다.

● 내복(마시는 약)　● 외용(고약 · 바르는 약 · 습포)　● 목욕제　● 약술　● 약초차　● 요리 · 음식　● 취급주의

감나무

과 명	감나무과
별 명	찰시 · 곶시 · 시설 · 시상
생약명	시체
약용부	열매꼭지 · 열매 · 어린잎
약 용	딸꾹질, 고혈압 예방
이용법	● ● ● ●

생태 갈잎큰키나무로 높이가 6∼14m이며, 잎은 타원형으로 끝이 뾰족하고 뒷면에 갈색 털이 있다. 5∼6월에 황백색 꽃이 피고, 열매는 달걀모양 또는 공모양이며, 10월에 주황색으로 익는다. 일반적으로 크게 단감과 떫은감으로 나뉜다.

유래 고려 명종(1138년) 때 흑조(黑棗, 감과 비슷한 감나무과의 고욤나무)에 대한 기록이 있으며, 고려 원종 때의 『농상집요』에 감에 대한 기록이 있는 것으로 보아 고려시대부터 재배되어 온 것으로 추정된다. 일본에서는 '가키'라고 하는데, 우리나라의 감에서 유래된 것으로 알려져 있다.

이용방법 가을에 감꼭지를 모아서 햇볕에 말린 것을 시체(枾蔕)라 한다. 감꼭지에는 올레아놀산(oleanolic acid) · 우르솔산(ursolic acid) · 타닌(tannin)이, 잎에는 아스트라갈린(astragalin) · 미리시트린(myricitrin) 등이 함유되어 있다. 딸꾹질을 멈추게 하려면 말린 감꼭지(시체) 5g에 정향 1.5g, 생강 4g을 넣어서 달여 먹는다.

5∼6월에 어린잎을 따서 뜨거운 물에 3∼4분 넣었다가 물기를 짜내고 햇볕에 말린 것을 감잎차라고 하며, 고혈압 예방에는 1일 20g을 달여 마신다. 또한 떫은감을 즙을 내어(p. 283 참조) 매일 무를 갈아 섞어서 식사 사이에 1잔씩 마셔도 고혈압 예방에 좋다. 치질에는 감즙 1잔에 백반 3g을 넣어서 환부에 바른다.

단감과 떫은감은 이용방법이 다르다

감꼭지(열매꼭지)를 햇볕에 말린 시체

감자

과 명	가지과
별 명	마령서 · 하지감자 · 북감저
생약명	마령서
약용부	땅속줄기
약 용	전염성농가진, 화상, 타박상, 통풍
이용법	🔵 🟢 🔴

5월경이면 잎겨드랑이에서 꽃줄기가 올라와 백색부터 자줏빛의 별모양의 꽃이 핀다

생태 남미 안데스산맥의 페루가 원산인 여러해살이풀로 높이가 약 80㎝이다. 잎은 처음에는 끝이 뭉툭한 홑잎이지만, 나중에 깃꼴겹잎이 된다. 5~6월에 잎겨드랑이에서 꽃줄기가 나와 백색부터 자줏빛의 별모양의 꽃이 핀다. 땅 속의 덩이줄기(감자)를 먹기 위해 재배하며 다양한 품종이 있다.

유래 감자의 모양이 말에 다는 장신구 모양과 닮아서 마령서(馬鈴薯)라는 별명이 생겼다. 하지감자 · 북감저(北甘藷)라고도 한다. 『동의보감』에는 "감자가 충치를 예방하고, 해충이나 기생충 따위를 없애는 구충작용과 술독을 푸는 해독작용을 한다"고 되어 있다.

이용방법 감자 싹, 잎, 줄기, 꽃, 열매, 초록색 감자에는 알칼로이드(alkaloid)의 솔라닌(solanine)이 들어 있다. 독성이 있어서 잘못 먹으면 위장장해를 일으키므로 싹이 나거나 푸르게 변한 감자는 먹지 않도록 한다. 가벼운 화상, 전염성 농가진, 습진, 풀독 등에는 감자의 껍질을 벗기고 갈아서 물기를 살짝 짠 후 환부에 얹으면 좋다. 떨어지지 않도록 거즈 등으로 묶고, 마르면 바꿔 붙인다.

타박상이나 염좌 등에는 감자를 갈아서 감자 반 정도의 밀가루와 식초를 넣고 반죽하여 헝겊에 넓게 펴서 환부에 붙이고, 1일 2~3회 갈아준다. 식사할 때 감자를 먹으면 요산을 늘리는 동물성 단백질을 억제하는 작용이 있으므로 통풍에 좋다.

🟢 내복(마시는 약)　🟣 외용(고약 · 바르는 약 · 습포)　🔴 목욕제　🟡 약술　🟤 약초차　🟢 요리 · 음식　🔴 취급주의

개다래나무

과 명	다래나무과
별 명	말다래
생약명	목천료
약용부	벌레혹 · 잎줄기
약 용	진통 · 이뇨 · 보온
이용법	● ● ● ●

꽃이 피는 시기가 되면 곤충을 불러들이기 위해서인지 가지 끝이 하얗게 되어 눈에 띈다

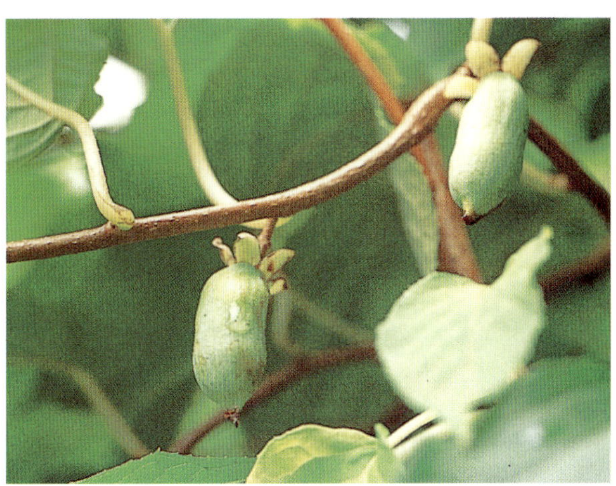

개다래나무 열매(정상적인 열매)

생태 산지 등에 많은 덩굴성 갈잎나무로 가지가 길게 자라서 밑으로 늘어지거나, 느슨하게 주변의 나무 등을 휘감으면서 자란다. 잎은 타원형으로 끝이 뾰족하며, 꽃이 피는 시기가 되면 곤충을 불러들이기 위해서인지 가지 끝쪽이나 포기 전체의 잎이 하얗게 되어 눈에 띈다. 6~7월에는 수그루의 잎겨드랑이에 흰 꽃이 2~3송이 피고, 암그루에는 꽃이 1송이 핀다. 개다래나무의 진딧물이 수그루의 수술 아래(씨방)에 알을 낳으면, 씨방이 이상발육하여 울룩불룩한 벌레혹이 된다.

유래 대체로 '개' 라는 이름이 붙으면 본래의 나무보다 못하다는 뜻이다. 개다래나무 · 개버찌나무 · 개살구나무 · 개옻나무 · 개오동나무 등도 같은 예다. 다래와 잎모양이 비슷하나 잎의 일부 혹은 전부가 하얗고, 햇빛을 많이 받는 잎은 분홍빛을 띠기도 하여 다른 나무와 쉽게 구분할 수 있다.

이용방법 벌레혹이 생긴 열매를 따서 뜨거운 물에 담가 유충을 죽이고 햇볕에 말린 것을 '목천료(木天蓼)' 라 한다. 악티니딘(actinidine) · 폴리가몰(polygamol) · 마타타비락톤(matatabi-lactone) 등이 함유되어 있다.

목천료 200g을 35° 소주 1.8*l* 에 넣어 반년 정도 어둡고 서늘한 곳에 두면 '목천료주' 가 된다. 매일 밤 자기 전에 1잔 정도 마시면 냉증 · 신경통 · 부종 등에 효과가 있다.

잎줄기를 2~3㎝ 길이로 잘라서 햇볕에 말린 것은 목욕제로 이용하면 신경통 등의 통증을 완화시킨다.

개미취

과 명	국화과
별 명	산백채 · 자완 · 돼지나물
생약명	자원
약용부	뿌리
약 용	거담 · 진해
이용법	● ●

8~10월에 높이 1~2m의 줄기 끝에 연보라색 꽃이 핀다

생태 한국, 중국 북부 · 북동부, 시베리아가 원산으로 알려진 여러해살이풀. 잎은 구둣주걱 모양으로 가늘고 길며 끝이 뾰족하고, 가장자리에 불규칙한 모양의 톱니와 약간 굵은 털이 있다. 8~10월에 높이 1~2m의 줄기 끝에 국화꽃이 핀다. 갈라진 가지마다 연보라색 꽃이 모여 달리며, 가운데에 있는 대롱모양의 관상화는 노랑이다. 꽃이 지면 민들레처럼 흰 털이 있는 씨앗이 바람에 날려 번식하는데, 포기나누기로도 번식한다.

유래 국을 끓이면 미역국과 비슷하다고 하여 미역취라고도 한다. 『동의보감』에 "폐를 보하고 열을 내린다. 달여서 먹으면 좋다"고 설명하였다.

이용방법 땅 위의 잎줄기가 시들기 시작하는 10월경, 뿌리와 포기 전체를 햇볕에 말린 것을 '자원(紫苑)'이라 하는데 사포닌(saponin)을 함유하고 있다. 가래가 섞인 기침이나 기침 감기에 1일 5~10g과 물 3컵을 넣어 반으로 줄 때까지 약한 불로 달인 후, 찌꺼기를 빼고 3회로 나누어 식사 사이에 마시면 좋다.

그러나 사포닌에는 거담작용 외에 피를 녹이는 용혈작용이 있으므로 잘못 먹으면 내장의 내벽이나 점막을 자극하여 헐 수 있으므로 주의한다.

꽃이 아름다워서 관상용으로도 재배한다.

● 내복(마시는 약)　● 외용(고약 · 바르는 약 · 습포)　● 목욕제　● 약술　● 약초차　● 요리 · 음식　● 취급주의

개산초

과 명	운향과
별 명	화초, 사철초피나무
생약명	애초 · 야초
약용부	열매 · 잎
약 용	진해 · 타박상 · 염좌
이용법	🟢 🔵

개산초. 잎과 가시가 어긋난다

산초의 어린잎. 잎과 가시가 마주보며 난다

생태 산지에 나는 갈잎떨기나무로, 높이 약 4m이고 암수딴그루이다. 나무껍질이 짙은 청회색이며, 가시는 어긋난다. 잎은 홀수의 깃꼴겹잎이고, 어린잎은 바소꼴로 가장자리에 톱니가 있으며 향기는 없다. 6월경 가지 끝에 옅은 초록색의 작은 꽃이 복총상꽃차례로 무리지어 핀다. 가을에 둥근 열매가 달리는데, 8~9월에 검게 익는다.

유래 산초와 비슷하지만 다르다는 의미에서 '개'를 붙여 개산초라고 하였다. 산초나무는 잎에 향이 있고, 가시가 마주보며 나오므로 개산초와 쉽게 구별된다. 또한 열매를 산초라 하며, 옛 문헌에 의하면 열매껍질을 화초 · 청초, 씨를 초목이라 하여 따로 이용하였다.

이용방법 가을에 열매가 익기 시작하면 채집하여 그늘에서 말린 것을 애초(崖椒)라고 한다. 기침 감기에 애초를 1일 10g을 달여 먹는 것이 좋다. 타박상, 염좌, 매 맞은 타박상 등에는 애초 가루에 달걀흰자와 밀가루를 조금 넣고 반죽을 만들어서 환부에 두텁게 붙이고, 붕대로 살짝 압박하듯이 감아준다. 마르면 새것으로 바꾼다. 약재상이나 한방취급약국 등에서 가루를 구입할 수도 있다.

잎은 8~9월에 따서 햇볕에 말린 후 가루로 만들어, 열매를 말린 애초 가루와 섞어서 사용한다. 타박상이나 염좌로 인한 부기를 빼는 데 효과적이다.

개연꽃

과 명	수련과
별 명	긴잎좀련꽃
생약명	천골 · 평봉초근
약용부	뿌리줄기
약 용	부인병 · 지혈 · 소염
이용법	● ●

꽃잎처럼 보이는 것이 꽃받침이고 여기에 싸여 있는 것이 꽃이다

생태 개천 · 못 · 늪 등의 물 속에서 자라는 여러해살이 풀. 뿌리줄기는 굵고 진흙 속에서 옆으로 뻗으며, 바깥쪽에는 엽흔(낙엽이 되고 남는 잎이 붙어 있던 자국)이 있고, 안쪽은 하얀 해면모양이다. 처음에 나오는 잎은 물에 잠기는 성질로 가늘고 길며 막이 덮여 있고, 가장자리가 물결모양이다. 긴 잎자루 끝의 물에 뜨는 잎〔부엽(浮葉)〕은 긴 타원형으로 뒷면이 붉은 자주색을 띤다. 8~9월에 꽃받침이 5 개이고 꽃잎이 여러 장인 황색부터 귤색으로 된 꽃이 핀다.

유래 '개' 자가 들어간 대부분의 꽃은 어떤 식물이나 꽃은 비슷하지만 그보다 못하거나 왜소하다. 개 연꽃도 연꽃과 비슷하지만 꽃 크기나 모습이 비 교되지 않는다. 그러나 약효는 좋은 경우가 많다.

이용방법 여름부터 가을에 뿌리줄기를 파서 잎과 잔뿌리 를 따내고, 물로 씻어서 길이 약 30㎝로 자르고 세로로 둘로 갈라서 햇볕에 말린 것을 '평봉초근 (萍蓬草根)' 또는 '천골(川骨)' 이라 한다. 밖은 검은 갈색, 안 쪽은 백색으로 작은 구멍이 많고 푸석푸석하므로 가볍고 맛은 조금 쓰다. 알칼로이드(alkaloid)의 누파리딘(nupharidine) · 디옥시누파리딘(deoxynupharidine), 타닌(tannin)의 누파민 (nuphamine) A~F 등을 함유하고 있다.

월경불순으로 기분이 좋지 않을 때, 산전 산후에 출혈이 있을 때 1일 10g을 달여서 마시면 좋다. 유방염 등 꽃이 부어 있을 때, 타박상, 염좌 등에는 달인 액을 식혀서 헝겊 등에 적서 환 부를 냉습포한다.

● 내복(마시는 약)　　● 외용(고약 · 바르는 약 · 습포)　　● 목욕제　　● 약술　　● 약초차　　● 요리 · 음식　　● 취급주의

개오동

과 명	능소화과
별 명	향오동 · 목각두 · 노나무 · 노과취
생약명	재백실
약용부	열매 · 나무껍질(속껍질)
약 용	이뇨 · 해열
이용법	● ●

높이가 10~20m인 갈잎큰키나무. 6~7월에 가지 끝에 황백색 꽃이 피고, 10월경에 꼬투리열매가 달린다

생태 중국 원산으로 중부 이남에 심는 갈잎큰키나무. 높이가 10~20m, 줄기의 지름이 약 70㎝이며, 나무껍질은 회갈색이고 세로로 갈라진 줄이 있다. 잎은 긴 자루가 있는 자주색의 넓은 달걀모양이며, 앞에는 털이 없으나 뒷면에는 잎맥 위에 잔털이 있다. 6~7월에 가지 끝에 황백색 꽃이 피는데, 10월경에 길이 약 30㎝의 꼬투리열매가 늘어지듯이 달린다.

유래 잎이 오동나무 잎처럼 크고 모양이 비슷하므로 개오동이라는 이름이 생겼다. 가늘고 길이가 한 뼘이 넘는 열매가 달리는 것이 특징이다.

이용방법 가을에 꼬투리가 벌어지기 전에 열매꼭지를 잘라 햇볕에 말린 것을 '재백실(梓白實)' 이라 하는데 약으로 쓴다. 카탈포사이드(catalposide) · 파라옥시안식향산(paraoxy benzoic acid) 등을 함유하며 이뇨작용을 한다. 만성신장염 · 각기(다리가 붓고 맥이 빨라짐) · 부종 등에 재백실을 1일 10~15g을 달여 마시면 좋다. 이뇨작용도 하므로 부종을 내리는 데 효과적이다.

또한 우리나라 약전에는 없지만 민간에서 6~7월에 나무껍질을 채집하여 코르크층(겉껍질)을 벗기고 속껍질을 햇볕에 말린 것을 '재백피(梓白皮)' 라 하여 이용한다. 감기로 인한 열 등에 1일 10g을 달여 먹는다. 피부의 가려움증, 종기 등에는 재백피 달인 액을 식혀서 헝겊에 묻혀 환부에 냉습포해도 좋다.

갯방풍

과 명	미나리과
별 명	해방풍 · 빈방풍 · 해사삼
생약명	빈방풍 · 해방풍
약용부	뿌리, 뿌리줄기, 새싹, 포기 전체
약 용	발한, 해열, 진통, 방향성 건위
이용법	● ● ●

바닷가 모래땅에 자생하고 강풍에 견뎌야 하므로 뿌리를 땅 속 깊이 뻗는다. 여름에는 하얗고 작은 꽃이 모여 핀다

생태 바닷가 모래땅에서 자라는 여러해살이풀. 강풍에 견뎌야 하므로 노란 뿌리가 땅 속 깊이 뻗어 있다. 높이 약 25㎝이다. 잎은 작은잎이 3장인 깃꼴겹잎으로 긴 잎자루가 있고, 삼각형이나 달걀모양의 삼각형이다. 작은잎은 3개로 갈라진 타원형 또는 달걀모양의 원형이며 가장자리에 톱니가 있다. 6~7월에 줄기 끝에 복산형꽃차례로 하얗고 작은 꽃이 모여 피고, 열매는 달걀모양으로 연한 털이 많이 난다.

유래 중국에서 약으로 이용되는 방풍의 뿌리와 효용이 비슷하며, 바닷가 모래땅에 자생하기 때문에 붙여진 이름이다. 방풍(防風)이란 바닷가의 바람을 따라 움직이는 모래를 막아준다는 의미다.

이용방법 가을에 뿌리 · 뿌리줄기를 파서 물로 씻어 모래 흙을 제거하고, 굵게 썰어서 그늘에 말린 것을 '빈방풍(濱防風) 또는 해방풍(海防風)'이라고 한다. 정유 · 쿠마린(cumarin) 등을 함유하며, 한방에서는 발한 · 해열 · 진통 등의 목적으로 처방조제한다.

감기로 열이 있을 때에 1일 빈방풍 5g에 물 1컵(180~200㏄)을 넣어 반이 될 때까지 달이며, 찌꺼기를 건져내고 따뜻할 때 마시면 발한작용을 도와서 열을 내려준다.

또한 포기 전체를 잘게 썰어서 목욕제로 사용하면 어깨 결림이나 신경통 · 피로회복 등에 효과가 있다.

새싹을 나물로 먹는데, 먹으면 향이 있고 위를 가볍게 자극하여 소화를 돕는다.

● 내복(마시는 약)　● 외용(고약 · 바르는 약 · 습포)　● 목욕제　● 약술　● 약초차　● 요리 · 음식　● 취급주의

겐티아나

과 명	용담과
별 명	
생약명	용담
약용부	뿌리줄기·뿌리
약 용	고미성 건위
이용법	●

생태 유럽·소아시아가 원산으로 알려진 여러해살이풀. 줄기는 곧게 자라고 가지를 치지 않으며, 높이는 0.5~2m이다. 잎은 마주보며 나고 길이 약 30㎝이며, 달걀모양으로 끝이 뾰족하고 5~7개의 잎맥이 있다. 7~8월에 잎겨드랑이에 노란 꽃이 돌려나며, 꽃부리는 아래까지 3~7갈래로 갈라지고, 가을에 열매를 맺는다.

유래 기원전 2세기경 아드리아해 연안의 일리리아왕 겐티우스에 의해 약으로 사용되었다고 한다. 이 왕의 이름에서 *gentiana*라는 라틴어의 학명이 생겨났고, 오늘날 용담속을 나타낸다. 겐티아나라는 이름은 여기서 유래한다. 한자이름 용담(龍膽)은 말 그대로 '용의 쓸개' 라는 뜻으로 쓴맛 때문에 생긴 이름이다.

이용방법 제약원료로 이용되는 약용식물이며, 주산지로는 스페인·남프랑스·독일·스위스 등이 알려져 있다.

9월경, 땅 윗부분을 밑동에서 잘라내고 뿌리부분을 캔다. 물로 씻으면서 잔뿌리와 곁가지를 제거하고, 굵은 부분을 적당한 크기로 세로로 쪼개서 햇볕에 말린 것을 '용담' 이라고 한다. 쓴맛의 배당체 겐티오피크린(gentiopicrin)·아마로겐틴(amarogentin)이 들어 있으며, 가루로 1일 0.3~0.5g을 먹는다. 일반적으로는 건위제로 조제한 것을 이용하는 것이 좋다. 한 가지만 먹으면 맛이 써서 먹기 힘들다.

7~8월에 잎겨드랑이에 노란 꽃이 돌려난다

뿌리를 햇볕에 말린 것(용담)

겨자

과 명	배추과
별 명	백개자
생약명	개자
약용부	씨앗
약 용	국소 자극, 신미성 건위
이용법	🔵 🟢 🔴

 **생태** 중앙아시아 원산의 한해살이 또는 두해살이풀로 높이가 1~2m이다. 줄기는 여러 개로 갈라지며 전체에 하얀 가루가 있다. 잎은 근출엽으로 크고 깃꼴로 갈라지며, 가장자리에 뾰족한 톱니가 있다. 봄에 십자모양의 노란 꽃이 피고, 긴 꼬투리 안에 갈색의 노란 열매가 맺힌다.

 **유래** 겨자의 씨앗을 갓의 씨앗과 함께 개자(芥子)라고 하는데, 겨자란 이름은 이 개자가 들어와서 변한 것으로 보인다.

『동의보감』(1613년)에서는 "풍독(風毒)이나 마비된 것, 얻어맞거나 다쳐서 어혈이 생긴 것, 요통, 신장이 차고 가슴이 아픈 것을 치료한다"고 설명하였다.

 **이용방법** 6월경 씨앗을 채취하여 그늘에 말린 것을 '개자'라 하며, 배당체인 시니그린(sinigrin), 가수분해 효소인 미로신(myrosine), 지방유 등이 들어 있다. 미로신이 시니그린을 가수분해하여 자극성이 강한 휘발성 알릴이소티오시아네이트(allylisothiocyanate)를 만든다.

신경통·류머티즘 등에 개자 가루를 미지근한 물로 진흙처럼 개어서 거즈 등에 붙여 환부에 5~6분 온습포하면 염증이나 통증이 가라앉는다. 피부에 통증이 느껴지면 떼어낸다. 식욕부진·소화촉진 등에는 어린 싹을 데쳐서 떫은맛을 뺀 후 나물이나 무침으로 만들어 먹는다. 또는 씨를 가루로 만든 후 개어 요리에 이용한다.

봄에 노란 꽃이 핀다

왼쪽 아래 / 겨자 씨앗

노란 공모양의 씨앗이 들어 있는 겨자 열매

 🟢 내복(마시는 약)　🔵 외용(고약·바르는 약·습포)　🔴 목욕제　🟠 약술　🟤 약초차　🟢 요리·음식　🔴 취급주의

결명자

과 명	콩과
별 명	긴강남차 · 결명차
생약명	결명자
약용부	씨앗
약 용	완하 · 정장 · 건위
이용법	●

생태 열대 아메리카 원산의 한해살이풀로 전체에 잔털이 있다. 높이는 1m 내외. 줄기에 모가 나고, 잎은 짝수의 깃꼴겹잎으로 달걀모양이며, 작은잎은 끝이 둥글고 아래를 향해 나 있다. 꽃은 황색으로 6~8월에 잎겨드랑이에서 2송이 정도 피며, 꽃잎은 5장으로 긴 달걀모양처럼 생겼다. 꼬투리는 길이 약 10㎝의 긴 줄모양이며 활처럼 구부러졌는데, 속에 네모진 씨앗이 한 줄로 들어 있다.

결명자와 매우 비슷한 석결명은 작은잎의 끝이 뾰족하며, 열매는 비스듬히 위로 세운 듯이 달린다.

유래 중국에서는 시력이 좋아지는 씨앗이란 의미에서 결명자(決明子)라는 한자이름이 생겼다. 석결명의 씨앗도 같은 효과가 있으므로 결명자의 씨앗과 함께 결명자라고 한다.

이용방법 야생은 없으며, 재배해서 가을에 씨앗을 채집하여 햇볕에 말린 것을 '결명자' 라고 한다. 결명자에는 안트라퀴논(anthraquinone) 배당체인 에모딘(emodin), 옵투신(obtusin) 등이 함유되어 있다. 결명자는 한약방 · 약재상 등에서 구입할 수 있다.

결명자차는 먼저 씨앗을 냄비에 볶는데, 결명자가 튀므로 뚜껑을 덮고 볶는다. 날것을 그냥 끓이면 비린내가 나서 맛이 없다. 더운 물 1ℓ 에 볶은 결명자 1~2잔의 비율로 넣고 끓여서 차처럼 마시면 변비, 정장, 더부룩한 위, 자양강장 등에 좋다.

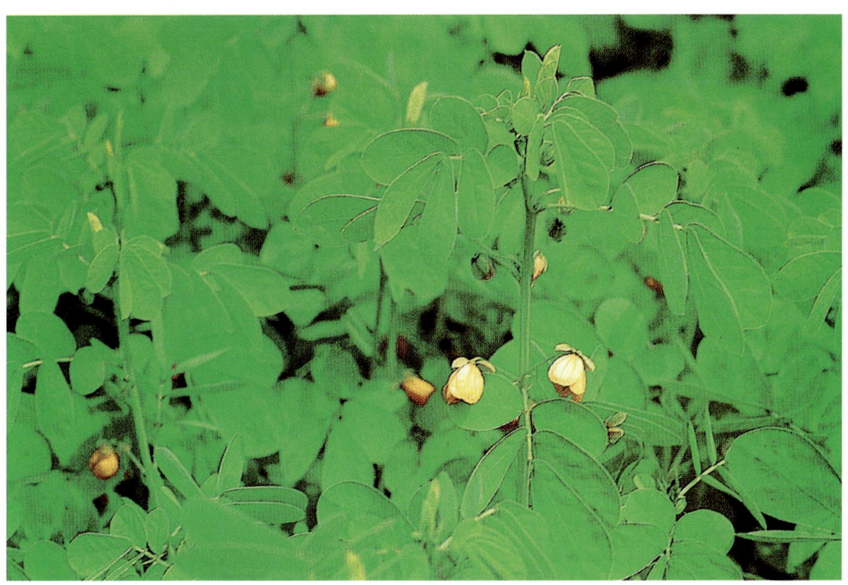

결명자. 잎은 짝수의 깃꼴겹잎이며, 작은잎은 끝이 둥글고 거꾸로 된 달걀모양이다

석결명. 작은잎의 끝이 뾰족하고, 꼬투리는 비스듬히 위를 향한다

결명자 씨앗

석결명 씨앗

고삼

유독식물

과 명	콩과
별 명	도둑놈의지팡이 · 너삼
생약명	고삼
약용부	뿌리 · 잎줄기
약 용	소염, 소 · 말의 피부기생충 구제
이용법	🔵 🔴

6~8월에 옅은 황색의 나비모양의 꽃이 피고, 꼬투리모양의 열매를 맺는다

생태
양지바른 풀밭에서 자라는 여러해살이풀. 높이 1~1.5m이며, 잎은 잎자루가 있는 홀수의 깃꼴겹잎이다. 작은잎은 긴 타원형으로 길이 2~4cm, 폭 1cm 내외이며, 뒷면에 잔털이 있다. 6~8월에 옅은 황색의 나비모양의 꽃이 총상꽃차례로 달리고, 꼬투리모양의 열매를 맺는다.

유래
뿌리의 즙을 핥아보면 현기증이 날 정도로 맛이 쓰다. 뿌리 모양이 인삼과 비슷하며 쓴맛이 나기 때문에 고삼(苦蔘)이라는 한자이름이 생겼다고 한다. 도둑놈의지팡이 · 너삼 · 뱀의정자나무라고도 한다.

이용방법
가을에 땅 윗부분이 시들 때 뿌리를 캐서 물로 흙을 씻어내고, 겉껍질을 벗겨서 썰어 햇볕에 말린 것을 '고삼' 이라 한다. 알칼로이드(alkaloid)의 마트린(matrine) 등 강한 성분이 함유되어 있어서 유독식물로 알려져 있다. 그러므로 가정에서는 사용을 피한다.

종기 · 무좀 · 땀띠 · 옴 등에 1일 고삼 5g과 물 1컵(180cc)을 반으로 줄 때까지 달여서 차게 식혀 환부에 여러 번 발라주면 좋다.

농작물의 해충이나 소 · 말의 피부기생충 구제에는 꽃이 피었을 때 밑동을 잘라서 잘게 썰어 햇볕에 말린 후, 말린 잎줄기 300g에 5ℓ의 물을 붓고 4ℓ가 될 때까지 달여서 이용한다.

🟢 내복(마시는 약)　🔵 외용(고약 · 바르는 약 · 습포)　🔴 목욕제　🟡 약술　🟤 약초차　🟢 요리 · 음식　🔴 취급주의

고수

과 명	미나리과
별 명	호유실 · 빈대풀
생약명	호유자
약용부	열매
약 용	방향성 건위, 거담, 구풍
이용법	●

고수꽃. 6~7월에 꽃잎이 5장인 백색 또는 옅은 자홍색 꽃이 핀다

고수 열매

그늘에서 말린 고수 열매(호유자)

생태 지중해 동부 연안이 원산으로 알려진 한해살이 또는 두해살이풀로, 높이 30~60cm이다. 줄기는 곧게 자라서 가지가 갈라지고, 근출엽은 향신채라 하여 중국 · 베트남 등의 요리에 사용한다. 6~7월에 꽃잎이 5장인 백색 또는 옅은 자홍색 꽃이 피고, 공모양의 열매가 달린다. 포기 전체에 특유의 냄새가 있다.

유래 특유의 냄새 때문에 그리스어 koris(빈대)와 annon(좋은 향이 나는 아니스 열매)이 합쳐져 영어로 '코리앤더(coriander)'가 되었다. 줄기와 어린잎에서 노린내 비슷한 독특한 냄새가 나는데 사람에 따라 악취로 느낄 수도 있다. 중국에서는 호유자(胡荽子)라 한다.

이용방법 7~8월에 공모양의 열매가 초록색에서 옅은 갈색으로 변하기 시작하면, 열매송이를 잘라서 바람이 잘 통하는 그늘에 매달아 말린다. 열매꼭지를 떼어 그늘에서 충분히 말린 것은 불쾌한 냄새가 안 나고 향이 있어서 향긋한 맛을 내며 '호유자'라 한다. 정유 리날로올(linalool) · 피넨(pinene) 등을 함유하며〔덜 익은 열매의 불쾌한 냄새는 카프린알데히드(caprinaldehyde)〕, 위가 더부룩할 때, 만성위염, 식욕부진, 소화불량, 가래 등에 1일 10g을 달여 마시면 좋다.

복부팽만이나 위에 나열한 증상이 가벼울 때는 홍차에 호유자를 3~5개 넣고 3~5분 두었다가 마시면 좋다. 구풍(체내의 가스 배출)에도 효과가 있다.

고추

과　명	가지과
별　명	고초 · 꼬치 · 고쵸 · 고츄
생약명	번초
약용부	열매
약　용	신미성 건위, 국소 자극
이용법	

약용뿐만 아니라 양념이나 향신료로 요리에 많이 이용한다. 6∼7월에 하얀 꽃이 피고, 9∼10월에 열매가 붉게 익는다

생태
중앙∼남아메리카가 원산인 여러해살이풀이지만 우리나라에서는 한해살이로 재배되며, 씨앗으로 번식한다. 높이 약 80㎝이고 가지를 많이 친다. 잎은 어긋나며 바소꼴로 양끝이 좁고, 가장자리에 톱니가 없다. 꽃은 보통 하얗고 꽃부리가 5∼7개로 갈라지며, 원뿔모양의 고추가 붉게 익는다. 씨앗은 원형으로 편평하고 노랗다.

유래
처음에는 신초(辛草)라고 불렸는데, 후추같이 매운맛이라서 붙여진 이름이라고 한다. 또한 남쪽의 오랑캐나라에서 전해졌다 하여 남만초(南蠻椒), 중국을 의미하여 당초(唐草 또는 唐椒)라고 하였으며, 신가(新茄)라고도 불렸다.

이용방법
가을에 열매를 따서 그늘에 말린 것을 '번초(蕃椒)'라 하며, 매운맛의 캅사이신(capsaicin)을 함유하고 있다. 열매껍질의 붉은 색소는 캅산틴(capsanthin)을 함유한다. 신미성 건위, 자극제 등으로 쓰인다. 식욕부진일 때 잘게 썰어서 된장국 등에 조금 넣어 먹으면 식욕이 생긴다. 또한 간단한 동상 예방법으로 헝겊에 고추를 1∼2개 싸서 구두 앞쪽에 넣어두면, 체온으로 정유가 휘발되어서 피부를 가볍게 자극하여 혈액순환이 좋아진다.
어깨 결림, 신경통 등에는 고춧가루를 밥과 섞어서 헝겊에 싸서 환부에 붙이면 역시 혈액순환이 잘되어 결림이나 통증이 풀어진다. 피부가 약한 사람은 미리 환부에 식용유를 바른다. 생고추와 어린잎도 먹는다.

● 내복(마시는 약)　● 외용(고약 · 바르는 약 · 습포)　● 목욕제　● 약술　● 약초차　● 요리 · 음식　● 취급주의

고추나물

과 명	물레나물과
별 명	고추풀 · 배초 · 배향초 · 제절초
생약명	소연교
약용부	땅 윗부분
약 용	양치액 · 지혈 · 소염
이용법	●

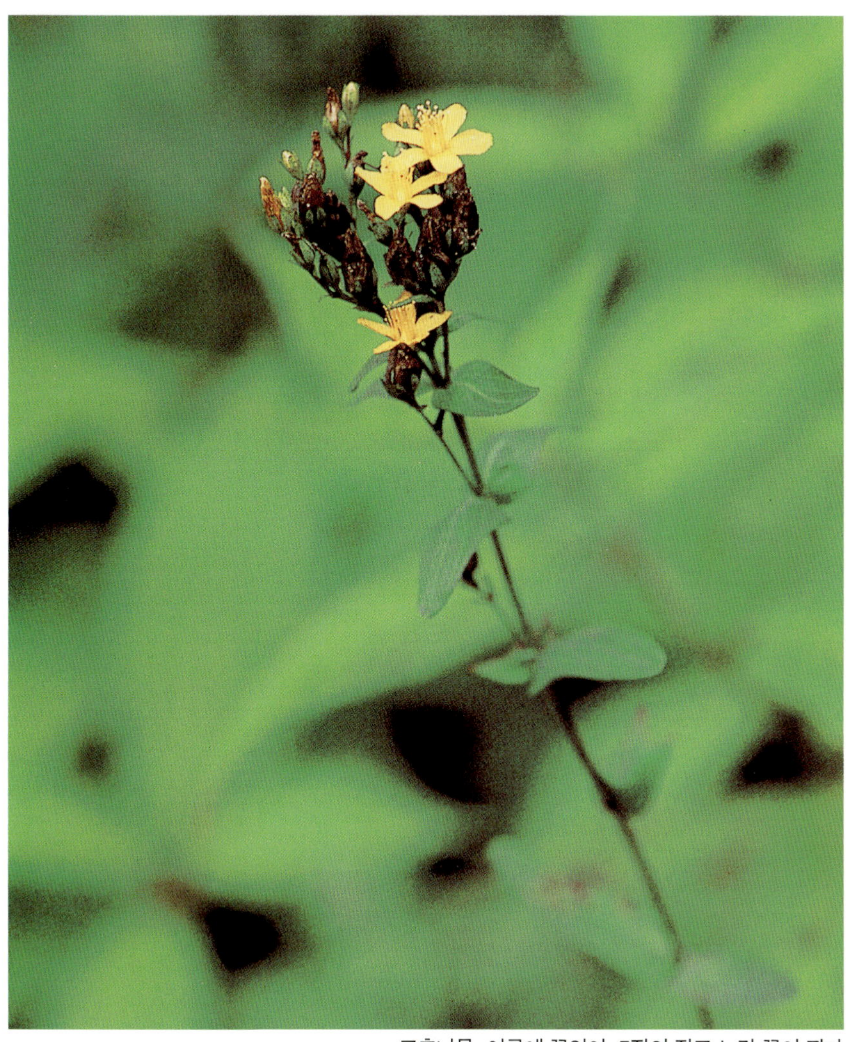

고추나물. 여름에 꽃잎이 5장인 작고 노란 꽃이 핀다

포기가 큰 서양고추나물

생태 조금 습한 전국의 산과 들에서 자라는 여러해살이풀. 높이가 20~60cm이고 줄기가 곧게 자라며, 잎이 2장씩 줄기를 싸듯이 마주나고 전체에 검은 점이 많다. 7~8월에 꽃잎이 5장인 노란 꽃이 피고 붉은 갈색의 열매를 맺는다.

유래 꽃이 지면 작은 고추같이 생긴 열매가 맺히기 때문에 고추나물이라 한다. 딱딱한 씨방에 작은 알갱이들이 가득 들어 있다. 또한 한방에서는 6~8월에 포기 전체를 말린 것을 소연교(小蓮翹)라 한다. 중국에 열매 속에 씨앗이 나란히 들어 있는 모습이 여성의 머리장식의 하나인 교(翹)와 비슷해서 연교라고 하는 식물이 있는데, 고추나물의 모습이 연교와 닮았고 작기 때문에 소연교라고 한 것에서 유래한다.

이용방법 6~8월에 꽃과 열매가 달린 잎줄기를 잘라서 햇볕에 말린 것을 '소연교' 라 한다. 히페리신(hypericin)과 조금 많은 양의 타닌(tannin)을 포함한다.

편도선염, 목이 붓고 통증이 있을 때, 감기의 가래, 구내염 등에 소연교를 1일 10g 달여서 하루에 몇 번씩 양치질한다. 종기 · 땀띠 · 습진 · 피부염 등에는 소연교를 달인 액을 차게 하여 헝겊에 적셔서 환부에 냉습포한다. 또한 차광이 되는 병에 신선한 식용유를 넣고 꽃이 달린 생고추나물을 썰어서 담가두었다가 걸러서 벌레 물린 데, 절상, 찰과상, 종기 등에 발라도 좋다.

고추냉이

과 명	배추과
별 명	매운냉이 · 겨자냉이
생약명	산규근
약용부	뿌리줄기
약 용	건위 · 국소 자극
이용법	● ● ●

생태 산골짜기의 얕은 물가 등에 자생하던 여러해살이풀인데 지금은 주로 재배된다. 뿌리줄기는 원기둥모양으로 굵고, 잎의 흔적이 남아 있다. 땅속줄기에서 잎이 여러 장 나오고 잎자루가 길이 약 30cm로 곧게 서며, 잎은 심장모양으로 가장자리에 불규칙한 톱니가 있다. 5월경에 줄기 끝의 잎겨드랑이에서 꽃줄기가 올라와 십자모양의 흰 꽃이 모여 핀다.

유래 우리나라 울릉도에 자생하던 것으로, 매운맛이 있는 냉이라는 뜻에서 고추냉이라 한다. 일식에 빠지지 않는 중요한 양념으로 유명하다.

이용방법 뿌리줄기에 배당체인 시니그린(sinigrin), 효소 미로시나제(myrosinase), 비타민C 등을 함유한다. 갈면 효소의 활동으로 시니그린이 분해되어 알릴이소티오시안산(allylisothiocyanate) 등 겨자유의 매운맛이 나타난다. 매운맛 성분에는 항균성 · 항곰팡이성이 있고 생선 · 어패류의 맛을 높이며, 신경을 자극하기 때문에 식욕증진 · 건위의 목적으로 양념으로 이용한다. 또한, 한방에서는 봄에 뿌리줄기의 잔뿌리를 떼어내고 말린 것을 '산규근(山葵根)' 이라 하는데, 갈아서 거즈에 펴서 류머티즘 · 신경통 등의 환부에 습포하면 통증이 일시적으로 가라앉는 효과가 있다. 피부가 약한 사람은 가려울 수 있으므로 헝겊에 싸서 이용한다. 1회에 20~30분 정도만 습포한다.

산 속의 얕은 물가에 자생하던 것으로, 5월경 십자모양의 하얀 꽃이 핀다

고추냉이의 뿌리줄기

● 내복(마시는 약)　● 외용(고약 · 바르는 약 · 습포)　● 목욕제　● 약술　● 약초차　● 요리 · 음식　● 취급주의

광귤나무

과　　명	운향과
별　　명	대대화 · 등자목 · 광감 · 산등
생약명	등피
약용부	열매껍질
약　　용	방향성 건위, 피부나 손발 튼 곳
이용법	● ● ●

익어도 떨어지지 않으므로 1그루의 나무에서 2~3대(代)의 열매를 볼 수도 있다

생태 인도 히말라야 지방이 원산인 늘푸른작은큰키나무로, 높이는 약 4~5m이다. 잎이 많이 나고 가지에 가시가 있으며, 5월에 가지 끝에 꽃잎과 꽃받침이 각각 5장인 하얀 꽃이 핀다. 10월에 지름 약 6~8㎝ 되는 공모양의 열매가 노란빛을 띠는 갈색으로 익는다. 열매가 떨어지지 않은 채 겨울을 나며, 다음해 여름에 푸르게 되었다가 가을에 다시 노란빛을 띠는 갈색이 된다.

유래 한 그루에서 2~3대의 열매를 볼 수 있기 때문에 대대(代代)라는 이름이 생겼다. 중국에서는 과즙에서 신맛이 나기 때문에 산등(酸橙)이라는 이름으로 불린다고 한다.

이용방법 가을에 익은 열매를 따서 세로로 4등분하고, 과육을 빼낸 후 열매껍질만 그늘에 말린 것을 '등피(橙皮)'라 한다. 리모넨(limonene) 등의 정유를 함유하고 있어서 건위제로 사용한다. 또한 등피 팅크(橙皮 tincture), 등피 시럽, 고미(苦味) 팅크 등의 제약원료로 쓰인다.

민간에서는 위가 안 좋을 때 1일 15g을 달여서 마신다. 또한 감기 초기에 열이 날 때 과즙 1컵에 꿀이나 설탕 1작은술을 넣고 뜨거운 물을 부어 자기 전에 마신다. 과즙은 살이 튼 곳에 발라주어도 좋다. 식욕이 없을 때에는 등피를 가루로 만들어 식사 30분 전에 1회 1~2g을 따뜻한 물이나 차지 않은 물과 함께 먹는다.

광나무

과 명	물푸레나무과
별 명	여정목 · 서자 · 동청목 · 사절목
생 약 명	여정실
약 용 부	열매 · 잎
약 용	피로회복 · 자양강장 · 냉증 · 습진 · 가려움증
이 용 법	● ● ●

생태 산지에 자생하는 늘푸른떨기나무로 정원이나 산울타리 등에도 많이 심는다. 높이는 약 8m이며, 가지가 회색이고 껍질눈이 뚜렷하다. 잎은 마주나고 가죽처럼 질긴 느낌이며, 달걀모양 또는 달걀모양의 긴 타원형으로 잎 가장자리에 톱니가 없다.

5~7월에 새로 나오는 가지 끝에 하얗고 작은 꽃이 원뿔모양으로 피며, 열매는 길고 둥근 핵과로 가을에 자줏빛을 띠는 흑색으로 익는다.

유래 매서운 추위 속에서도 정절을 지키는 여자처럼 고고하게 푸른 자태를 지키고 있어서 여정목(女貞木)이라고도 한다.

이용방법 10월경 열매가 자줏빛을 띠며 검게 익을 때 따서 햇볕에 말린 것을 '여정실(女貞實)'이라 하는데, 이는 트리테르펜(triterpene) · 만니톨(mannitol) · 지방유 등을 함유한다. 피로 회복, 병후 회복, 허약체질 등의 자양강장에 1일 여정실 10g에 물 3컵을 넣고 반으로 줄 때까지 달여서 식사 사이에 3회 나누어 마신다.

35° 소주 1*l* 에 여정실 100g의 비율로 넣어서 밀봉하여, 어둡고 서늘한 곳에 3개월 정도 보관하였다 찌꺼기를 거르면 여정실주가 된다. 냉증 · 저혈압 · 피로회복 등에 좋다.

여름에 딴 잎은 햇볕에 말려서 헝겊주머니에 2움큼 정도 넣어 목욕제로 이용하면 풀독 · 옻독 등의 가려움증이나 습진에 좋다.

자줏빛을 띠며 검게 익은 광나무 열매

5~6월에 가지 끝에 하얗고 작은 꽃이 핀다

● 내복(마시는 약)　● 외용(고약 · 바르는 약 · 습포)　● 목욕제　● 약술　● 약초차　● 요리 · 음식　● 취급주의

구기자나무

과 명	가지과
별 명	지선 · 괴좆나무 · 선장
생약명	구기자 · 구기엽 · 지골피
약용부	열매 · 잎 · 뿌리껍질
약 용	자양강장 · 피로회복
이용법	● ● ●

가지에 가시가 있다. 가을이 되면 선홍색 열매가 달린다

여름에 보랏빛 꽃이 핀다

구기자

생태 동아시아 열대에서 온대에 걸쳐 분포하는 갈잎떨기나무. 높이 약 1~2m로 가지가 유연하여 아래로 늘어지며, 흙과 만나면 뿌리를 내리고 번식한다. 가지에 가시가 있고, 잎은 바소꼴로 어긋나며 길이 2~4cm, 폭 1~1.5cm로, 가장자리에 톱니가 없이 매끄러운 모양이다. 6~9월에 보랏빛 꽃이 피고, 가을이면 타원형의 열매가 붉게 익는다.

유래 중국의 '구기(枸杞)'라는 한자 이름이 들어와 구기자(枸杞子)가 되었으며, 뿌리껍질은 '땅 속의 뼈껍질'이란 의미에서 '지골피(地骨皮)'라고 한다. 중국의 진시황이 찾던 불로초가 구기자란 이야기도 있으며, 구기자나무로 지팡이를 만들어 짚고 다니면 늙지 않는다 하여 '신선의 지팡이'라고도 하였다.

이용방법 가을에 열매를 수확해서 햇볕에 말린 것을 '구기자'라고 하며, 베타인(betaine) · 제아산틴(zeaxanthin) 등을 함유한다. 35° 소주 1.8*l*에 구기자 200g을 넣어서 약술을 담가, 자양강장 · 저혈압 · 불면증 등에 매일 밤 자기 전에 1잔씩 마시면 좋다.

또한, 초여름의 새싹이나 여름에 다 자란 잎을 따서 햇볕에 말린 것을 '구기엽(枸杞葉)'이라고 한다. 자양강장 · 고혈압 · 피로회복 등에 구기엽을 1일 10~15g을 달여 마신다. 6~8월에 뿌리를 파서 물로 씻고 뿌리껍질을 벗겨 햇볕에 말린 것을 '지골피'라 한다. 이것은 베타인 · 시토스테롤(sitosterol) 등을 함유하여, 감기의 열이나 기침 등에 1일 10g을 달여 마시면 좋다.

구름버섯

과 명	구멍장이버섯과
별 명	운지
생약명	운지
약용부	자실체
약 용	암 예방
이용법	●●

생태 봄부터 가을에 걸쳐 넓은잎나무의 마른 줄기나 쓰러진 나무, 또는 베어낸 그루터기 등에 포개져서 무리지어 난다. 버섯의 갓은 반원형이나 부채모양·콩팥모양이며 단단한 가죽질이고, 표면은 황갈색·적갈색·흑갈색·회갈색·회색 등이 섞여 있다. 또한 나이테무늬와 잔털이 있다. 갓의 뒷면은 백색이나 회백색이며, 관공(管孔, 포자를 형성하는 자실층이 주름살이 아닌 대롱모양의 구멍으로 된 것)은 1mm에 3~5개로 아주 가늘다.

유래 나무에 기생하며 겹쳐져서 모여 나는 모습이 마치 구름처럼 뭉쳐 보인다고 하여 '구름버섯' 이라 한다. 또는 한자로 구름 운(雲), 버섯 지(芝), 즉 운지(雲芝)라고도 한다.

이용방법 봄부터 가을에 걸쳐 자생하는 버섯을 채집하여 햇볕에 말린다. 1970년대에 구름버섯에서 PS-K(크레스틴, krestin)가 발견되었으며, 이것이 선천적으로 갖고 있는 암에 대한 저항력을 강하게 한다는 사실이 밝혀졌다. 따라서 제약회사에서 간암·식도암·유방암·위암이나 악성 림프종 등의 면역치료제에 이용하고 있다.

민간에서는 암 예방을 위해 운지 말린 것을 1일 10~15g을 달여 먹으면 좋다. 또한, 한해살이므로 생버섯을 조리해 먹어도 암 예방에 효과가 있다.

표면은 황갈색·적갈색·흑갈색 등의 색이 어우러져 있으며, 나이테무늬와 잔털이 있다

● 내복(마시는 약)　● 외용(고약·바르는 약·습포)　● 목욕제　● 약술　● 약초차　● 요리·음식　● 취급주의

국화

과　명	국화과
별　명	국·절초·가화·절화·금정
생약명	감국·고의
약용부	꽃
약　용	해열·진통·진정
이용법	● ●

약으로는 쓴맛이 적고 향기가 있으며 식용할 수 있는 국화를 이용한다

꽃의 색이나 피는 방법 등이 다른 다양한 종류가 있다

생태 약재로 이용하는 것은 9~10월에 산기슭이나 들에 자생하는 감국이나 들국화이다. 특히 감국은 여러해살이풀로 높이가 약 1m이며, 전체에 짧은 털이 있다. 줄기가 흑색으로 가늘고 길며, 잎은 달걀모양이고 깃꼴로 갈라지며 끝이 뾰족하고 어긋난다. 작은잎은 긴 타원형이며 가장자리에 톱니모양이 있다. 꽃은 황색으로 9~10월에 산방꽃차례를 이루며 핀다.

유래 국화(菊花)는 한자어에서 유래한다. '국(菊)'은 처음에 '국(鞠)'으로 썼는데, 이는 옛날에 귀족들이 가지고 놀던 가죽공으로, 꽃의 모양과 비슷해서 국화(鞠花)가 되었다고 한다.

이용방법 9~10월에 꽃이 피면 꽃을 따서 그늘에 말린 것을 '감국(甘菊)' 또는 '고의(苦薏)'라 한다. 보르네올(borneol)·초산보르닐(bornyl acetate)·크리산테논(chrysanthenone) 등을 함유한다.

초기 감기의 발열이나 진해, 또는 흥분으로 인한 두통 등에 감국을 1일 10~20g을 달여 차로 마시면 좋다. 두통·현기증·부종·눈병 등에도 좋다.

꽃은 전으로 부쳐 먹거나 술을 담가 먹는다. 일본에서는 꽃을 신선한 상태로 조리하여 먹으며, 제철이 아닐 때 이용하기 위하여 꽃잎을 쪄서 길이 약 30㎝로 얇게 펴서 그늘에 말린 것을 국화김이라고 한다. 또한, 말려서 베갯속으로 사용하기도 한다.

귤나무

과 명	운향과
별 명	온주귤 · 온주밀감
생약명	진피 · 청귤피
약용부	열매껍질
약 용	방향성 건위, 진해, 보온
이용법	● ● ● ●

생태 중국 원산으로 따뜻한 곳에서 자라는 늘푸른작은큰키나무. 높이가 3~5m이고, 잎은 달걀 모양의 타원형으로 뾰족하며 어긋나고, 가장자리는 밋밋하거나 물결모양의 잔 톱니가 있다. 6월경 꽃잎이 5장인 하얀 꽃이 피며, 열매는 10월경에 귤색으로 익는다. 과육이 달고, 개량된 품종에는 씨가 없다.

유래 꿀〔蜜〕과 같이 달아서 밀감이란 이름이 생겼고, 중국의 감귤류 산지인 원저우〔溫州〕의 이름을 따와 온주밀감이 된 것으로 추측된다. 또한 누렇게 익은 열매껍질을 진피(陳皮)라고 하는데, 이때 진(陳)은 노숙(老熟)의 의미로, 오래 묵힐수록 효과가 좋다.

이용방법 익은 귤껍질을 모아서 그늘에 말린 지 1년이 지난 것을 '진피'라고 하며, 향기가 강한 것이 좋다. 아직 덜 익은 파란 열매껍질은 '청귤피'라고 한다. 정유인 리모넨(limonene), 배당체 헤스페리딘(hesperidin, 모세혈관을 튼튼하게 한다) 등을 함유한다. 위가 더부룩하거나 식욕증진, 소화촉진, 초기 감기의 기침이나 열 등에 1일 진피 10g을 달여서 생강이나 꿀을 조금 넣고, 식사 사이에 3회 따뜻하게 마신다.

한방에서는 방향성 건위 외에 진토(鎭吐) · 진해 · 거담제로서 1일 5~10g을 사용한다. 어깨 결림, 요통, 거친 피부, 피로회복 등에는 진피 1~2움큼, 또는 생껍질 약 20개를 헝겊주머니에 넣어서 목욕제로 사용하면 좋다.

중국의 감귤류 산지인 원저우〔溫州〕 지방에서 온주밀감이란 이름이 유래되었다고 한다

열매껍질을 그늘에서 말린 진피

● 내복(마시는 약) ● 외용(고약 · 바르는 약 · 습포) ● 목욕제 ● 약술 ● 약초차 ● 요리 · 음식 ● 취급주의

금감

과 명	운향과
별 명	금귤 · 동귤 · 낑깡
생약명	곳금감
약용부	열매
약 용	해열 · 진해 · 자양강장
이용법	🟢 🟠 🟡

열매가 메추라기 알 같은 모양이며, 열매가 둥근 모양의 둥근금감도 있다

생태 중국 원산의 늘푸른작은키나무. 높이 약 4m. 열매가 메추라기 알모양이며, 가지에 가시가 거의 없고, 잎 뒷면의 유점(油點)이 작다. 열매가 둥글고 나무가 금감보다 작은 것은 둥근금감이라 하는데, 가지에 가시가 있고 잎 뒷면에 밝고 큰 유점이 드문드문 있다.

유래 금감은 금귤 · 동귤 · 낑깡이라고도 한다. 『제주풍토록』에 "제주의 보배 중 하나가 귤이고, 종류는 금귤 · 유감 · 청귤 · 동정귤 · 당유자 · 감자 · 산귤 · 왜귤 · 황귤 등 9가지나 된다. 금귤은 9월, 유감과 동정귤은 10월 말, 청귤은 다음해 2월에 익는데, 금귤과 유감은 열매가 조금 크고 단맛이 강하며, 동정귤과 청귤은 신맛이 강하여 꿀과 식초를 합한 것 같다"는 기록이 있다.

이용방법 10~11월에 황금색으로 익은 열매를 따서 껍질에 살짝 칼집을 넣고 데쳐서 꼬챙이로 씨앗을 뺀다. 열매량의 60~70%의 설탕을 넣고 잠길 정도로 물을 부어서 뚜껑을 덮고 중간불로 푹 끓인다. 다 끓었을 때 약한 불로 즙이 없어질 때까지 바싹 졸인 후 소쿠리에 넓게 펴서 2~3일 그늘에 말린다. 이것을 '곳금감'이라고 한다.

초기 감기의 발열 · 진해에 곳금감을 2~3개 컵에 넣고 뜨거운 물을 부어 3분 후에 갈아서 마신다. 피로회복 · 자양강장에는 반쯤 누렇게 익은 열매를 따서 35° 소주 1*l* 에 금감 300g의 비율로 약술을 만들어 먹으면 좋다.

긴병꽃풀

과 명	꿀풀과
별 명	장군덩이 · 장관연전초
생약명	연전초
약용부	꽃이 필 때 포기 전체
약 용	습진, 소아 경련
이용법	● ●

4~5월에 연보라색 꽃이 핀다. 열매는 작은 씨앗 모양으로 4개로 나뉜다

생태 덩굴성 여러해살이풀로 잎줄기에 잔털이 있으며, 향이 난다. 줄기는 각이 지고 처음에는 높이 약 20㎝로 곧게 자라지만, 꽃이 피면 쓰러져서 옆으로 자란다. 잎은 심장모양의 원형이며, 주위에 물결모양의 톱니가 있고 잎자루가 길다. 4~5월에 잎겨드랑이에 입술모양의 연보라색 꽃이 핀다.

유래 꽃모양이 병꽃과 닮았고 대롱모양의 꽃부리가 좀더 길어서 긴병꽃풀이라고 한다. 또한 잎모양이 50원짜리 동전처럼 둥글고 귀여우며, 줄기에 어긋나게 조랑조랑 매달린 모습이 마치 동전을 길게 이어놓은 것같이 보여서 한자어로 연전초(連錢草)라고 한다. 대롱모양의 꽃부리가 길어서 장관연전초(長管連錢草)라고도 한다.

이용방법 4~5월에 꽃이 핀 채로 밑동을 잘라 그늘에서 말린 것을 '연전초'라고 한다. 정유인 리모넨(limonene) 외에 우르솔산(ursolic acid) · 초산칼륨 · 콜린(choline) · 타닌(tannin) 등을 함유한다.
어린아이가 신경이 예민해져서 밤에 울거나 경련할 때, 연전초를 1일 10g을 달여서 2~3세이면 식사 사이에 ½컵씩 3회, 젖먹이라면 ½컵을 3회로 나누어 먹인다.
머리나 얼굴에 습진이 생기면 연전초 달인 액을 진하게 졸여서 환부에 바르고 파우더로 가볍게 누른다. 다른 부분은 헝겊에 적셔서 냉습포한다.

● 내복(마시는 약)　● 외용(고약 · 바르는 약 · 습포)　● 목욕제　● 약술　● 약초차　● 요리 · 음식　● 취급주의

꿀풀

과 명	꿀풀과
별 명	꿀방망이 · 가지골나물
생약명	하고초
약용부	꽃이삭
약 용	소염 · 이뇨
이용법	● ●

5~6월에 붉은 보라색 꽃이 핀다

생태 여러해살이풀로 높이 약 30㎝. 줄기가 네모나며, 잎은 달걀모양의 타원형으로 마주보며 나고, 잎줄기 전체에 흰 털이 있다. 7~8월에 줄기 끝에 각진 모양의 꽃이 수상꽃차례로 달리는데, 입술모양으로 붉은 보라색이고 드물게 백색도 있다. 8월에 꽃이삭이 갈색으로 변해 말라죽은 것처럼 보인다.

유래 꽃에서 꿀을 빨아먹는 풀이란 뜻에서 붙여진 이름이다. 여름에 꽃이 갈색으로 말라죽은 듯이 보여, 중국에서는 하고초(夏枯草)라고도 한다. 우리나라에서는 생약을 하고초라고 한다.

이용방법 여름에 꽃이 갈색으로 변하기 시작할 때 꽃을 따서 햇볕에 말린 것을 '하고초' 라고 한다. 정유인 우르솔산(ursolic acid), 배당체의 프루넬린(prunellin) 외에 무기염류의 염화칼륨 등을 함유한다. 무기염류는 소변이 잘 나오게 하고, 칼륨은 체내의 염분(나트륨)을 제거한다.

방광염 · 강장 · 고혈압 · 자궁염 · 이뇨 · 해열 · 안질 · 임질 · 나력(림프샘에 생기는 만성종창) · 연주창 등에 약으로 쓰인다. 1일 10g을 달여서 마시면 좋다. 입 안의 종기, 목의 통증, 편도선염 등에는 하고초 달인 액으로 하루에 몇 차례 양치질하면 치료에 도움이 된다.

8월에는 꽃이삭이 갈색이 되어 시든 것처럼 보인다

나팔꽃

과 명	메꽃과
별 명	조양화 · 이축 · 열엽견우 · 조두
생약명	견우자 · 흑축 · 백축
약용부	씨앗
약 용	완하
이용법	● ● ●

생태
열대 아시아 원산의 덩굴성 한해살이풀. 줄기는 왼쪽 방향으로 다른 물체를 3m 정도 감아 올라가며, 털들이 아래쪽을 향하여 나 있다. 잎은 어긋나며 표면에 털이 있고 3개로 갈라지며, 잎 가장자리는 톱니가 없이 부드러우며 끝이 뾰족하다. 꽃은 7~8월에 잎겨드랑이에서 나오는데, 꽃부리가 나뉘지 않고 합쳐진 모양으로 빛깔이 다양하다. 하나의 꽃줄기에 꽃이 1~3송이씩 달린다. 열매는 둥근 모양으로 꽃받침 안에 있으며, 3칸으로 나뉘어 씨앗이 2개씩 들어 있다.

유래
꽃이 아침에만 나팔모양처럼 피기 때문에 나팔꽃이란 이름이 생겼다. 중국의 『본초강목』(1596년)에, 중병에 걸린 왕을 나팔꽃 씨앗으로 치료하고 사례로 소를 받아서 끌고 갔다 하여, 씨앗을 견우자(牽牛子)라 불렀다고 한다.

이용방법
원예종이 많이 있는데, 보통 나팔꽃 씨앗을 햇볕에 말린 것으로 씨앗껍질이 검은 것을 '흑견우자 · 흑축(黑丑)', 잿빛에 연한 밤색인 것을 '백견우자 · 백축(白丑)' 이라 한다. 씨앗에는 수지배당체인 파르비틴(pharbithin), 지방유인 올레인산(oleic acid) · 팔미틴산(palmitic acid) · 스테아린산(stearic acid) 등이 있어 제약원료나 한약 등에 사용된다.
민간에서는 변비 등에 1일 1회 2~3알을 깨서 먹으면 좋다. 단, 변비에 개인차가 있으므로 1알 정도 더하거나 줄여도 좋고, 많이 먹으면 설사 · 복통으로 고생하게 되므로 주의한다. 임산부는 사용 전에 의사와 상담한다.

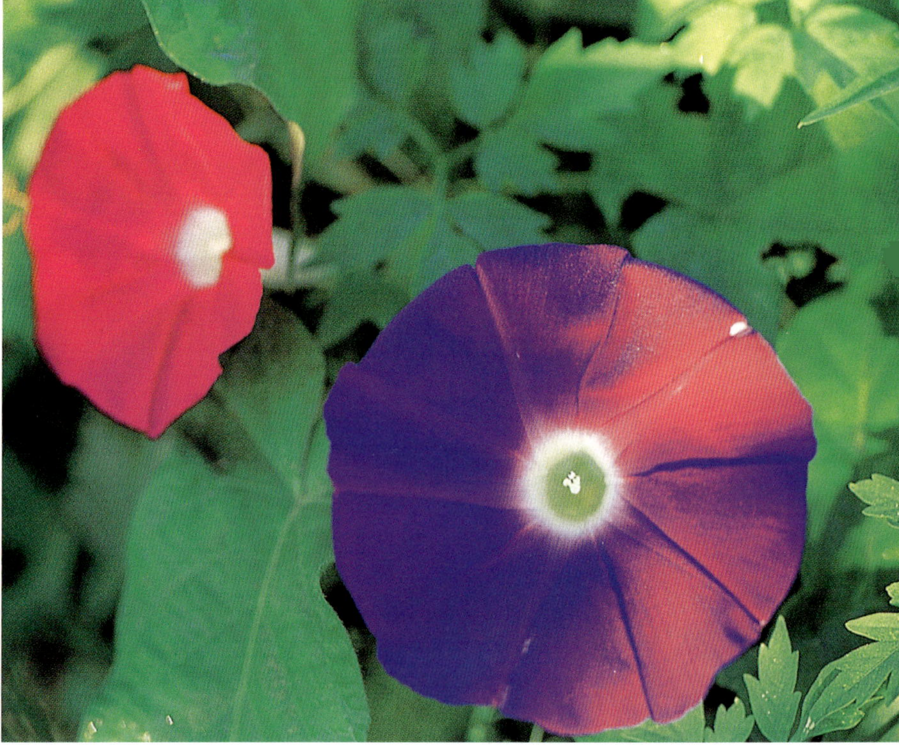

원예종이 많으며, 하양 · 빨강 · 분홍 · 보라 등 꽃색깔이 다양하다

나팔꽃 씨앗을 햇볕에 말린 흑견우자

● 내복(마시는 약)　● 외용(고약 · 바르는 약 · 습포)　● 목욕제　● 약술　● 약초차　● 요리 · 음식　● 취급주의

남가새

과 명	남가새과
별 명	남가새 · 백질려 · 자질려
생약명	질리자 · 질려자
약용부	열매
약 용	이뇨 · 소염
이용법	●

남가새꽃. 7월에 꽃잎이 5장인 노란 꽃이 핀다

가시가 있는 남가새 열매(삭과)

생태 열대 · 온대의 바닷가 모래땅에서 자라는 한해살이풀. 줄기는 가지가 갈라져서 땅 위를 기듯이 뻗어 나가 약 1m가 된다. 잎은 4~8쌍의 작은잎으로 이루어지는 깃꼴겹잎이며, 작은잎은 긴 타원형으로 앞뒷면에 짧고 하얀 털이 있다. 7월에 꽃잎이 5장인 노란 꽃이 피고, 가시가 있는 삭과를 맺는다.

유래 한자로는 백질려(白蒺藜) 또는 자질려(刺蒺藜)라 하고, 열매를 질려자(蒺藜子) 또는 백석리 · 석리 · 실리자라고 한다. 중국의 『도경본초』에 풍을 낮게 하고 눈을 밝게 하는 데 가장 뛰어난 약으로 기록되어 있다.

이용방법 9~10월에 손에 상처가 나지 않도록 장갑을 끼고 열매를 따서 햇볕에 말린 것을 '질려자' 또는 '질리자(蒺梨子)'라 한다. 지방유를 함유하며, 사포닌(saponin)의 사포노사이드 C(saponoside C), 스테로이드(steroid)의 헤코게닌(hecogenin), 네오헤코게닌(neo-hecogenin) 배당체, 트리프로딘(Triprodin) 등을 함유한다.

감기의 두통이나 현기증, 눈의 피로, 눈의 충혈, 눈물 많은 눈 등에 질리자를 1일 10g을 달여 마시면 좋다. 사용 전에 프라이팬 등에 가시가 약간 탈 정도로 볶아두면 먹기 좋다. 중국 고서에는 자양강장을 위해 질리자 가루를 1회 10g씩, 1일 3회 물과 함께 먹는다고 설명하였다.

남오미자

과 명	목련과
별 명	오미자
생약명	남오미자
약용부	열매
약 용	자양강장, 진해, 머리 정리
이용법	

가을이면 공모양의 붉은 열매가 모여 달린다. 열매에 다섯 가지 맛이 있고 남쪽 섬에 분포해서 남오미자라 한다

생태 산지에서 자라는 늘푸른덩굴나무이며, 씨앗으로 번식한다. 마주보며 나는 잎은 긴 타원형으로, 끝이 뾰족하며 두껍고 광택이 있다. 뒷면은 보랏빛을 띤다. 6~7월에 잎겨드랑이에서 꽃줄기가 나와 아래로 늘어지며, 붉은빛이 도는 연한 황백색 꽃이 핀다. 암수딴그루로 암꽃의 중심에 암술이 모여 있고, 가을에 공모양의 붉은 열매가 모여 달린다.

유래 오미자와 마찬가지로 유기산의 신맛, 당의 단맛, 정유의 매운맛, 씨앗의 쓴맛, 열매껍질의 짠맛 등 5가지 맛이 있으며, 남쪽 섬에 분포한다고 해서 남오미자라 한다.

이용방법 10~11월에 붉게 익은 열매송이를 따서 알알이 떼어내 햇볕에 말린 것이 '남오미자(南五味子)'이다. 구연산(citric acid)·점액질 등을 함유한다. 자양강장 또는 감기 등의 기침을 멎게 하려면, 1일 오미자 5g에 물 1컵(180~200cc)을 넣어 끓인다. 오미자가 누글누글해지면 불을 끄고 헝겊으로 찌꺼기를 걸러낸 후 다시 끓인다. 적당한 단맛을 내기 위해 꿀이나 설탕을 넣고 녹으면 불을 끈다. 2~3회로 나누어 식사 사이에 따뜻하게 마시면 좋다.

덩굴에도 점액질이 있어서, 길이 약 10cm의 줄기를 1cm 폭으로 썰어 ⅓컵의 물에 5분간 담가두면 점액이 된다. 자면서 헝클어진 머리를 정리하는 데 사용하면 좋다.

● 내복(마시는 약)　● 외용(고약·바르는 약·습포)　● 목욕제　● 약술　● 약초차　● 요리·음식　● 취급주의

남천

과 명	매자나무과
별 명	남천촉 · 남천죽
생약명	남천실 · 남천엽
약용부	열매 · 잎
약 용	진해 · 습진 · 가려움증
이용법	● ● ●

늦가을에 둥근 열매가 달린다

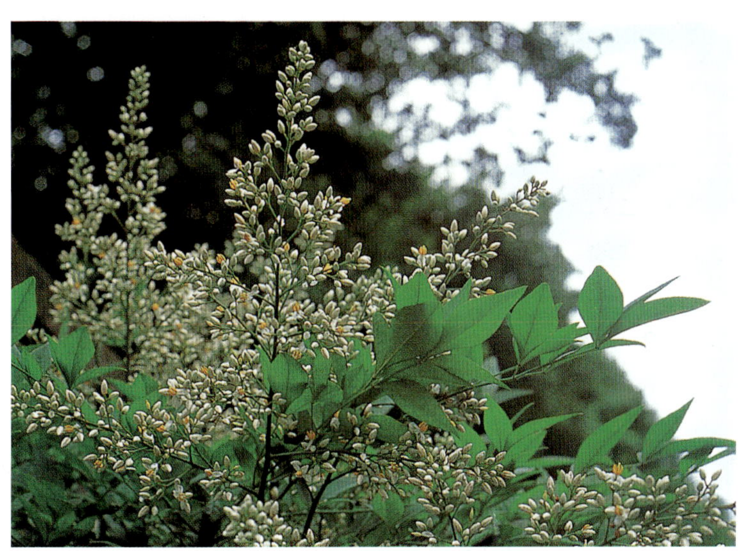

6~7월에 꽃잎이 6장인 하얀 꽃이 핀다

생태 중국 원산의 늘푸른떨기나무. 높이 약 2m이며 무리지어 자란다. 잎은 깃꼴겹잎이며, 작은잎은 타원형의 바소꼴로 끝이 뾰족하다. 6~7월에 백색이며 꽃잎이 6장인 꽃이 가지 끝에 원추꽃차례로 달리고, 늦가을에 둥근 모양의 붉은 열매를 맺는다.

유래 중국의 『도경본초』에 남천촉(南天燭)으로 나오는데, 횃불처럼 보이기 때문에 이런 이름이 붙여졌다고 한다. 즉, 빨간 방울모양의 열매가 줄기 끝에 달린 모습이 횃불 같다고 한다. 또한, 잎이 대나무와 비슷하여 남천죽(南天竹)이라고도 한다.

이용방법 12월~다음해 3월에 걸쳐 익은 열매를 수시로 따서 햇볕에 말린 것을 '남천실(南天實)'이라고 한다. 붉은 열매는 난디닌(nandinine)을 함유하며 효과도 같다. 감기 등의 기침을 멎게 하려면, 1일 남천실 10g에 물 3컵을 붓고 반으로 줄 때까지 뭉근한 불로 졸여서 찌꺼기를 제거하고, 식사 사이에 3회 나누어 마신다. 또한 아이들의 백일해에는 남천실의 양을 1일 5g으로 하고, 꿀이나 설탕을 넣어서 먹기 좋게 만들어 먹인다.

8~9월에 잎을 따서 햇볕에 말린 것은 '남천엽(南天葉)'이라 한다. 1일 남천엽 10g에 물 3컵을 붓고 반으로 졸여 찌꺼기를 건져내고, 식혀서 편도선염 등으로 목이 아플 때 양치질을 한다. 잎은 목욕제로도 이용할 수 있다.

노란매자나무

과 명	매자나무과
별 명	눈나무
생약명	소벽
약용부	가지·줄기·뿌리
약 용	소염·건위·정장·치통
이용법	● ●

줄기와 가지에 날카로운 가시가 있다

생태 야산에 자생하는 갈잎떨기나무이다. 줄기는 곧게 자라며 높이 약 2m이다. 1년 된 가지에는 뚜렷하게 모가 나 있으며, 곳곳에 잎이 변한 가시가 있다. 잎은 작고 거꾸로 된 달걀모양이며 끝이 둥글다. 4~5월에 새잎과 함께 짧은 가지에 작고 노란 꽃들이 총상꽃차례로 몇 개씩 아래를 향해 핀다. 열매는 9~11월에 붉게 익어서 늘어지듯이 달린다.

유래 같은 매자나무과의 매자나무는 속껍질이 황벽나무처럼 노랗고 성분이 같으며 크기가 작다고 하여 소벽이라고도 한다. 노란매자나무도 생약명을 소벽이라 하는데, 이 역시 매자나무와 같은 이유로 추측된다.

이용방법 11월에 낙엽이 떨어지면 뿌리째 캐서 잔가지와 가시, 잔뿌리를 제거하고 물로 씻은 후 썰어서 햇볕에 말린 것을 '소벽(小蘗)'이라 한다.

충혈된 눈이나 염증에는 1일 소벽 20g에 물 3컵을 넣고 반이 될 때까지 졸인 후 찌꺼기를 건져내고 거즈 등에 묻혀서 눈을 씻어준다.

건위·지사에 1일 소벽 20g을 같은 방법으로 달여서 매일 식사 후 3회로 나누어 마시면 좋다. 땀띠·풀독 등에도 달인 액을 차게 식혀서 헝겊에 적셔 환부를 냉습포하면 좋다. 또한 치통에도 달인 액으로 양치질하면 통증이나 부종을 완화시키는 효과가 있다.

● 내복(마시는 약)　● 외용(고약·바르는 약·습포)　● 목욕제　● 약술　● 약초차　● 요리·음식　● 취급주의

노랑하늘타리

과 명	박과
별 명	하눌타리 · 과루등 · 하늘수박
생약명	천화분 · 과루근 · 과루인
약용부	뿌리 · 씨앗
약 용	해열 · 지갈 · 소염 · 진해 · 거담
이용법	● ●

여름철 해질녘에 피는 노랑하늘타리꽃

생태 줄기에서 덩굴손이 나와서 다른 물체에 감기는 덩굴성 여러해살이풀. 잎은 얕게 3~5개로 갈라지고, 아래쪽 잎은 깊게 패여 있다. 암수딴그루로, 7~8월 해질녘에 수꽃은 이삭모양으로 피고, 암꽃은 잎겨드랑이에 1개 핀다. 열매는 10월경에 지름 약 7㎝의 달걀모양으로 달리고 누렇게 익는다. 생김새가 매우 비슷한 하늘타리는 잎에 털이 있고, 열매가 타원형이며 붉게 익는다.

유래 중국에서는 나무 위의 것을 '과(果)', 땅 속의 것을 '루(樓)'라고 하여, 괄루(刮樓)라는 한자이름이 생겼다고 한다. 우리나라에서도 하늘타리의 뿌리를 괄루근, 씨앗을 괄루인이라 한다.

옛날에는 하늘타리의 뿌리를 가루를 내어 썼으며, 색이 희고 깨끗해서 천화분(天花粉)이라고 하였다.

이용방법 가을에 하늘타리의 뿌리를 파서 물로 씻고, 겉껍질을 벗겨서 햇볕에 말린 것을 과루근(瓜蔞根)이라고 한다. 여기에서 전분을 채취한 것이 천과분(天瓜粉)으로 땀띠나 습진에 바른다.

감기의 열을 내리거나 입안의 갈증을 없애고 목이 붓는 것을 가라앉히려면 과루근을 1일 10g을 달여 마신다.

가을에 잘 익은 열매에서 씨앗을 채취하여 햇볕에 말린 것은 '과루인(瓜蔞仁)'이라고 하며, 기침 · 가래 등에 1일 10g을 달여 마시면 좋다.

노랑하늘타리 열매

하늘타리 열매

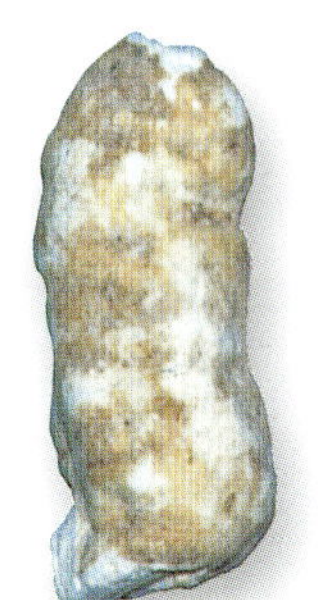
뿌리의 겉껍질을 벗겨서
햇볕에 말린 괄루근(과루근)

노루발

과 명	노루발과
별 명	파혈단 · 녹수초
생약명	녹제초
약용부	꽃이 필 때의 땅 윗부분
약 용	소염, 진해, 습진, 벌레 물림
이용법	●

분홍노루발. 가냘퍼 보이는 꽃은 야생화 애호가에게 인기가 높다

생태 얕은 산지의 햇빛이 잘 안 드는 숲 속에 자생하는 늘푸른여러해살이풀. 털뿌리가 발달하지 않고 곰팡이류와 공생하여 영양을 얻는 균근식물이므로 옮겨심기가 어렵다. 잎은 둥글고 두꺼우며, 앞면은 짙은 초록색으로 윤기가 있고, 뒷면은 자줏빛을 띠는데 잎맥부분은 연한 초록색이다. 잎자루가 긴 근출엽이다. 6~7월에는 꽃줄기가 약 20cm로 자라며, 매화나무와 비슷한 희거나 붉은 꽃이 핀다.

유래 중국의 『본초강목』(1596년)에 '녹제초(鹿蹄草)란 잎의 형태'라고 하여, 잎모양이 노루 발자국과 비슷하다고 풀이하였다. 우리나라의 경우에는 잎의 모양보다 자생지가 노루의 서식지와 비슷해서 이름이 붙여졌다고 추정한다.

이용방법 6~7월에 꽃이 필 때 뿌리부분을 잘라내고 땅 윗부분에 나온 것만 햇볕에 말린 것을 '녹제초'라고 한다. 녹제초는 페놀 유도체인 쿠에르세틴(quercetin)을 함유한다.

구내염, 편도선염, 잇몸 부종, 입 속이나 목이 부었을 때, 감기로 인한 가래 등에 녹제초를 1일 10g을 달여서 하루에 몇 번씩 양치질하면 좋다.

땀띠나 풀독 · 옻 등의 습진, 가려움증에는 녹제초 달인 액을 차게 식혀서 헝겊에 적셔 환부에 냉습포하고, 마르면 다시 적셔서 습포한다. 절상이나 벌레에 물렸을 때는 생잎을 씹어서 붙인다.

● 내복(마시는 약)　● 외용(고약 · 바르는 약 · 습포)　● 목욕제　● 약술　● 약초차　● 요리 · 음식　● 취급주의

녹나무

과　명	녹나무과
별　명	장뇌목 · 장수 · 향장목 · 장재
생약명	장목
약용부	나무부분 · 잎
약　용	피로회복 · 류머티즘
이용법	●

생장이 빠르고 해충에 강하여 수명이 긴 늘푸른큰키나무. 5월에 꽃이 피는데 백색에서 황색으로 변한다

생태 늘푸른큰키나무로 높이 약 20m, 지름 약 2m인 큰 나무이다. 잎은 타원형으로 끝이 뾰족하고, 앞면은 짙은 초록색으로 윤기가 있으며, 뒷면은 잿빛을 띠는 초록색으로 3개의 잎맥이 뚜렷하다. 꽃은 양성화로 5월에 피는데 백색에서 황색으로 변하고, 공모양의 열매를 맺는다. 나무 전체에 향이 있다.

유래 우리나라에서는 제주도에서만 자라며 늘 푸르기 때문에 녹나무라고 한다. 또한 나무를 수증기로 증류하여 장뇌라는 정유를 얻는 나무라고 해서 장뇌목으로도 불린다.

이용방법 예전에는 나무부분을 '장목(樟木)' 이라 하고, 이것을 가늘게 썰어서 수증기로 증류하여 '장뇌 · 장뇌유' 를 얻었다. 장뇌 · 장뇌유는 강심제 · 소염제 · 방충제 등의 중요한 제약원료가 되었다.

민간에서는 잎을 따서 그늘에 말려 저장해두고 피로회복, 류머티즘, 신경통, 어깨 결림, 요통 등에 1~2움큼을 헝겊주머니에 넣어 목욕제로 이용하면 좋다. 녹나무에는 정유 · 캠퍼(camphor) · 피넨(pinene) · 시네올(cineol) 등이 들어 있다. 정유가 따뜻한 물에 녹아서 피부를 가볍게 자극하여 혈액순환이 잘되고, 통증을 완화시키며 피로회복을 돕는다.

또한, 마른 잎을 태워서 벌레를 쫓는 데도 이용한다.

뇌향국화

과 명	국화과
별 명	용뇌국화
생약명	용뇌국
약용부	꽃이 달린 잎줄기, 생잎
약 용	진통 · 보온
이용법	● ● ●

10월경, 가지 끝에 작은 국화처럼 생긴 꽃이 피는데 잎의 향기로 구분할 수 있다

생태 산과 들에서 자라는 송이가 작은 들국화의 하나로 여러해살이풀이다. 높이 약 40cm이며, 밑동부분이 목질화되어 언뜻 보면 작은 나무처럼 보인다. 잎은 달걀모양으로 얕게 3~5갈래로 갈라지며, 앞면에 잔털이 있고 뒷면에는 솜털이 빽빽이 나서 희게 보인다. 9~10월에 가지 끝에 작은 국화모양의 하얀 꽃이 핀다. 잎에는 상쾌한 향이 있다.

유래 용뇌수에서 나오는 용뇌(보르네올, 보르네오 장뇌)와 같은 향이 나기 때문에 용뇌국화라고도 한다. 산국과 비슷하지만 잎의 뒷면에 솜털이 빽빽이 나는 것이 다르다.

이용방법 꽃이 필 때 땅 위의 잎줄기를 밑동에서 베어 굵게 썰며, 이것을 그늘에 말려 저장해둔 것을 '용뇌국(龍腦菊)'이라 한다. 헝겊주머니에 3움큼 정도 넣어서 목욕제로 이용하면 잎줄기의 정유성분이 더운물에 녹아나와 혈액순환을 좋게 하고, 어깨 결림, 요통 이외에 만성변비, 위 무력증, 저혈압, 냉증 등의 증상을 완화시킨다.
또한 생잎을 갈아서 그 ⅓의 간 생강과 섞은 후 어깨 결림, 요통 등의 아픈 부위에 붙이면 통증을 가라앉히는 효과가 있다. 피부가 약한 사람은 피부에 식용유를 바르거나 헝겊을 대고 붙인다.

● 내복(마시는 약)　● 외용(고약 · 바르는 약 · 습포)　● 목욕제　● 약술　● 약초차　● 요리 · 음식　● 취급주의

눈나무

과 명	단풍나무과
별 명	나비나무 · 접목
생약명	메구스리노기
약용부	잎과 잔가지
약 용	눈병 · 간염
이용법	● ●

산지에 자생하는 일본 특산의 갈잎큰키나무. 눈병에 좋아서 눈나무라고 한다

잎과 잔가지를 약용한다

생태 일본 특산의 갈잎큰키나무로 높이가 10~25m이다. 나무껍질은 회갈색이나 갈색이고, 새 가지에는 거친 털이 많이 난다. 잎은 마주보고 나며 잎자루가 길고, 3개로 갈라지는 겹잎이다. 작은잎은 긴 타원형으로 가장자리에 톱니가 없거나 물결모양의 톱니가 있다. 암수딴그루. 5~6월에 꽃잎이 5장인 풀색 꽃이 3송이 피고, 시과(翅果, 열매껍질이 날개모양을 하고 있는 열매)가 열린다. 열매는 직각 또는 둔각으로 벌어지며 털이 없고, 가을에 익는다.

유래 잎을 달여서 눈을 씻어주면 눈병에 좋다고 해서 붙여진 이름이다. 날개모양을 한 열매가 바람에 날리므로 접목(蝶木), 즉 나비나무라고도 한다.

이용방법 5~6월에 꽃이 필 때 잔가지째 잎을 채집하여, 굵게 썰어서 햇볕에 말린 것을 이용한다. 스테로이드(steroid)의 β시토스테롤(βsitosterol), 스티그마스테롤(stigmasterol), 캄페스테롤(campesterol), β시토스테롤글루코시드(βsitosterolglucoside), 트리테르페노이드(triterpenoids), β아미린(βamyrin) 등이 들어 있다.

짓무른 눈(안검연염), 유행성 결막염, 다래끼, 백내장의 진행방지 등에 1일 10~15g을 달여서 먹는다. 또한, 달인 액으로 하루에 몇 번씩 눈을 닦아주어도 좋다. 간염, 수혈에 의한 B형 간염 등에 1일 10g을 달여 먹으면 흰자위에 황달이 나타나는 증상 등이 조금 좋아진다.

닥풀

과 명	아욱과
별 명	황촉규 · 황추규 · 황촉규근
생약명	황촉규근 · 황촉규자
약용부	뿌리
약 용	점활 · 진해
이용법	●●

생태 중국 원산의 한해살이풀(온난지에서는 여러해살이)로 각지에서 재배한다. 높이는 약 1.5m이다. 뿌리는 우엉뿌리처럼 굵고, 줄기는 곧게 자라며, 전체에 뻣뻣한 털이 있다. 잎은 손바닥모양이고 5~9개로 깊게 갈라지며, 긴 잎자루가 있고 어긋난다. 8~9월에 크고 꽃잎이 5장인 노란 꽃이 피고, 꽃이 지면 5개로 모가 난 타원형의 열매를 맺는다.

유래 닥나무로 한지를 만들 때 뿌리의 점액을 풀로 이용했기 때문에 닥풀이란 이름이 생겼다. 닥풀은 뿌리에 점액이 많기 때문에 제지용 점성물질로 사용한다. 한자이름인 황촉규는 황색 꽃과 촉〔蜀, 쓰촨성(四川省)의 별명〕을 가리키는 것으로 즉, 쓰촨성에서 난 아욱이란 의미로 추측되지만 확실하지는 않다.

이용방법 10월경 뿌리를 파서 땅 윗부분을 제거하고, 물로 씻어서 겉껍질을 벗겨 햇볕에 말린 것을 '황촉규근(黃蜀葵根)'이라고 한다. 점액질 · 당류를 함유하고 있다. 내장점막 등의 짓무른 곳을 감싸서 보호하고 치료를 앞당기는 점활약(粘滑藥, 얇은 막을 형성하여 외부 자극으로부터 상처를 보호하는 약)으로, 위염 · 위궤양 등에 이용한다.

민간에서는 목이 붓거나 아플 때, 편도선염 등에 황촉규근을 1일 10g을 달여서 적당히 양치질한다. 어린 열매는 오크라처럼 살짝 데쳐서 먹어도 좋다.

씨앗은 '황촉규자(黃蜀葵子)'라고 하는데 소변을 잘 통하게 하고 유즙 분비를 도우며, 타박상에는 가루로 만들어 술에 타서 마신다.

8~9월에 크고 꽃잎이 5장이며, 가운데가 짙은 자줏빛인 노란 꽃이 피고 열매를 맺는다.

● 내복(마시는 약)　● 외용(고약 · 바르는 약 · 습포)　● 목욕제　● 약술　● 약초차　● 요리 · 음식　● 취급주의

당근

과 명	미나리과
별 명	홍라복 · 홍대근 · 홍당무
생약명	호라복
약용부	잎줄기 · 뿌리
약 용	소염 · 자양강장 · 소아 설사 · 보온
이용법	● ● ● ●

생태 아프가니스탄의 히말라야 · 힌두쿠시산맥이 원산지로 알려져 있다. 두해살이의 재배작물로, 뿌리는 다육질의 곧은뿌리이며 주황과 노랑의 중간 색이 많고, 줄기는 곧게 자라다 위쪽에서 가지가 갈라진다. 잎은 깃꼴겹잎으로 6~7월에 하얀 작은 꽃이 핀다.

유래 당근은 당나라에서 전해져서 붙여진 이름이다. 우리나라에서 식용한 역사는 매우 오래되었을 것으로 추측하지만, 기록으로는 『향약구급방』(1236년)에 처음 나온다. 중국의 『소홍본초』(12세기)에는 나복(蘿葍, 무)과 맛이 비슷하고, 호(胡, 이란고원에 있던 나라)에서 왔다고 하여 한자이름인 호라복(胡蘿葍)으로 나온다. 생약명을 호라복이라 한다.

이용방법 옛날부터 건강채소로 알려져 있으며 어린잎도 먹을 수 있다. 잎은 정유를 함유하고 있어 특유의 냄새가 있고, 피롤리딘(pyrrolidine) · 타우린(taurine) 등의 알칼로이드(alkaloid)를 함유하며, 비타민C는 뿌리보다 많다. 구내염 · 편도선염 등에는 생잎줄기를 굵게 썰어서 1일 30g을 달여 양치액으로 이용한다. 또한 생잎줄기 썬 것을 3움큼, 그늘에 말린 것은 1~2움큼을 목욕제로 사용하면 보온효과가 있다. 비타민이 풍부하고 카로틴이 들어 있어서 자양강장에 좋은 뿌리는, 생식 이외에도 젖먹이 · 소아의 설사에 아주 담백한 맛의 당근 수프를 만들어서 우유 대신 먹이면 좋다.

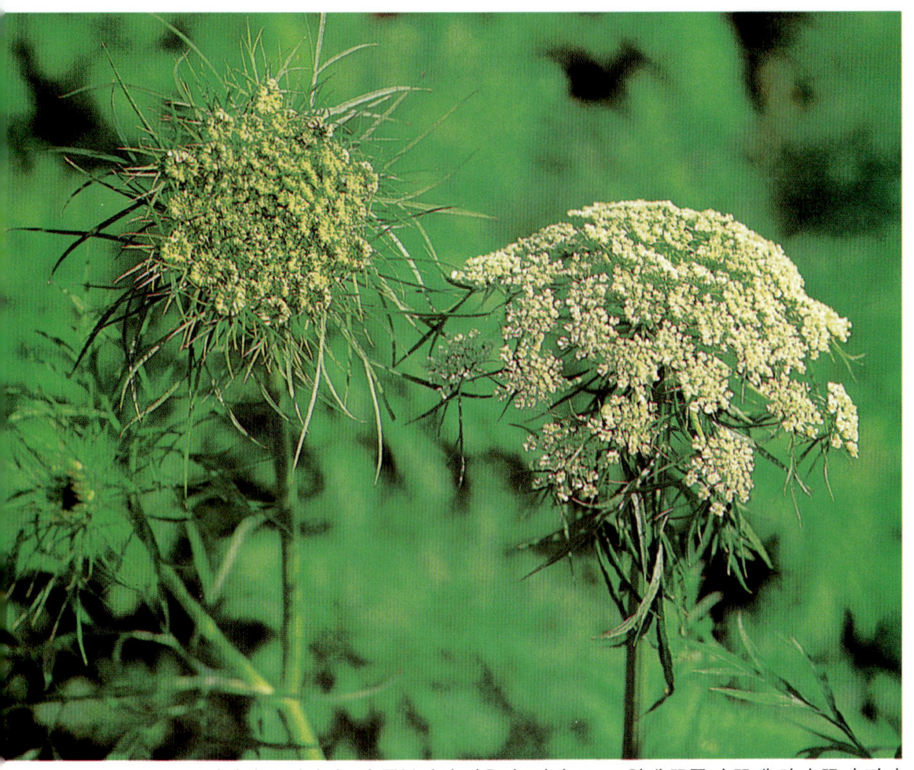

어린잎은 비타민A가 풍부하며 먹을 수 있다. 6~7월에 꽃줄기 끝에 하얀 꽃이 핀다

당근 뿌리

당독활

과 명	두릅나무과
별 명	땅두릅 · 땃두릅
생약명	당독활
약용부	뿌리 · 잎
약 용	해열 · 진통 · 보온
이용법	●● ●

높이가 약 2m이며, 8~9월에 작고 하얀 꽃이 핀다

생태 약간 습하고 햇빛이 잘 드는 산지에서 자라는 여러해살이풀. 높이 약 2m이고 잎과 줄기 모두 잔털이 있다. 잎은 3회 깃꼴겹잎이며, 작은잎은 달걀모양으로 가장자리에 톱니가 있고, 잎자루 아랫부분은 꼬투리모양으로 줄기를 감싼다. 꽃은 8~9월에 가지 끝에 복산형 꽃차례로 피는데, 하얗고 작은 꽃이 공모양으로 피어서 열매를 맺는다.

유래 독활과 생김새가 비슷하여 독활이란 이름이 붙었으며, 중국이 원산이므로 당독활(唐獨活)이라 한다. 그러나 성분 등은 독활과 다르므로 혼동하지 않도록 한다.

이용방법 9~10월에 땅 위의 잎줄기를 밑동에서 베어 굵게 썰어서 그늘에 말린다. 동시에 뿌리를 파내어 물로 씻은 후 굵은 부분은 세로로 잘라 그늘에서 대충 말리고, 다시 반나절 정도 햇볕에 말리면 완성이다. 이것을 '당독활'이라 하며, 쿠마린(cumarin)의 안겔리콘(angelicon), 지방산의 페트로셀린산(petroselinic acid), 팔미틴산(palmitic acid) 등을 함유한다.

감기로 인한 열이나 두통, 어깨 · 허리 · 관절의 통증 등에 독활을 1일 10g을 달여 마신다.

냉증, 어깨 결림, 피로회복, 요통 등에는 말린 잎줄기 1~2움큼을 목욕제로 이용하면 좋다. 보온효과가 있고, 통증을 누그러뜨리는 데 도움이 된다.

● 내복(마시는 약)　● 외용(고약 · 바르는 약 · 습포)　● 목욕제　● 약술　● 약초차　● 요리 · 음식　● 취급주의

당아욱

과 명	아욱과
별 명	금규 · 분홍아욱
생약명	금규엽 · 금규화
약용부	잎 · 꽃
약 용	소염 · 수렴
이용법	● ●

생태 유럽 원산의 두해살이풀로 전국의 바닷가에 분포한다. 높이 약 1m. 잎은 원형이며 얕게 5~7개로 갈라지고, 가장자리에 무딘 톱니가 있다. 아래쪽 잎은 보통 심장모양이다. 5~8월에 꽃자루가 있고 꽃잎이 5장인 연분홍색 꽃이 잎겨드랑이에 5~6송이 달리는데, 밑에서부터 가지 끝으로 피어 올라간다.

유래 중국에서는 당아욱꽃을 비단으로 보았는지 이름을 '금규(錦葵)'라고 하였다. 우리나라에서도 다른 이름으로 금규라고도 한다.

이용방법 5~7월에는 잎을 따고, 5~8월에는 꽃을 따서 햇볕에 말리며, 각각 '금규엽(錦葵葉)', '금규화(錦葵花)'라고 한다. 잎에는 타닌질 · 점액질을, 꽃에는 색소 안토시아닌(anthocyanin)의 말빈(malvin) · 점액질 이외에 플라보노이드(flavonoid)의 고시빈 3 설페이트(goshivine 3 sulfate) 등을 함유한다.

목과 입 안이 부어서 아플 때에는 금규엽과 금규화를 섞어서 1일 10~15g을 달여 여러 번 양치질하면 좋다. 부기가 가라앉고 통증을 줄이는 효과가 있다.

설사에는 금규엽을 1일 10g을 달여서 마시면 장을 긴장시켜서 설사를 멈추게 하는 효과가 있다.

5~8월에 꽃잎이 5장인 연분홍색 꽃이 아래에서부터 차례로 피어 올라간다

대추나무

과 명	갈매나무과
별 명	양조 · 미조
생약명	대조
약용부	열매
약 용	자양강장
이용법	●● ●

생태 유럽 남동부와 아시아 남부가 원산인 묏대추의 변종으로 가시가 적으며, 우리나라에서 오래 전부터 재배해 왔다. 높이 약 8m의 갈잎 큰키나무. 잎이 어긋나고 긴 달걀모양으로, 끝이 뾰족하지 않으며, 가장자리에 날카롭지 않은 톱니가 있다. 6월에 연한 황록색의 작은 꽃이 피고, 9~10월에 둥근 열매가 붉은 갈색 또는 검은 갈색으로 익는다.

유래 한자이름 '대조목(大棗木)'에서 대조나무, 대추나무로 변한 것으로 추측된다. 우리나라에서 대추나무를 심기 시작한 기록은 고려 때부터이지만, 중국의 『시경』이나 『주역』에 대추가 나오는 것으로 보아 적어도 삼국시대부터는 심었던 것으로 보인다. 고려나 조선시대의 왕실 제사에 대추가 빠지지 않았으며, 오늘날 제사상의 앞줄을 차지하는 조율이시(棗栗梨枾) 중 첫 번째 오는 과일이다.

이용방법 익은 열매를 따서 보통 2~3일 햇볕에 말리고, 이것을 쪄서 다시 한번 햇볕에 말린 것을 '대조(大棗)'라고 한다. 당류 · 다당류 · 유기산 등을 함유한다.

한방에서는 자양강장, 소염 완화, 이뇨 등의 목적으로 처방조제한다.

민간에서는 35° 소주 1.8ℓ에 대추 300g(생대추라면 900g)을 넣어서, 차고 어두운 곳에 3개월 이상 둔 뒤 대추를 건져내고 대추술을 만든다. 대추술은 병후 회복기, 냉증, 저혈압, 불면증에 자기 전 ½잔이나 1잔을 마시면 좋다. 생대추를 그냥 먹을 수도 있다.

대추나무 열매. 익으면 초록색이 붉은 갈색 또는 검은 갈색이 된다

대추나무꽃

● 내복(마시는 약) ● 외용(고약 · 바르는 약 · 습포) ● 목욕제 ● 약술 ● 약초차 ● 요리 · 음식 ● 취급주의

대황

과 명	마디풀과
별 명	장군풀 · 황량 · 천군
생약명	대황
약용부	뿌리줄기
약 용	완하 · 건위 · 해독 · 구어혈
이용법	 ● ●

생태 중국 북서부가 원산인 대형 여러해살이풀로, 뿌리줄기나 씨앗으로 번식한다. 뿌리는 굵어져서 황색이 된다. 원줄기는 높이 약 2m로 곧게 자라고 속이 비어 있다. 잎은 큰 달걀모양이며 가장자리가 물결모양으로 넘실거린다. 초여름에 원줄기 끝에 옅은 황록색의 작은 꽃이 모여 핀다. 아시아의 온대와 한대지역에 같은 종류가 약 50종이 분포하는데, 그 중의 하나가 조선대황이다.

유래 다른 약초들에 비해 포기가 크고 튼튼하며, 뿌리가 굵고 황갈색이므로 대황이란 이름이 생겼다.

이용방법 가을에 뿌리줄기를 파내서 물로 씻어 흙모래를 제거하고 동결건조시킨 것을 '대황(大黃)'이라고 하며, 안트라퀴논(anthraquinone) 배당체 등을 함유한다. 완하 · 건위제 등에 쓰이고, 한방에서는 해독이나 죽은 피를 제거하는 구어혈약 등에 처방조제한다.
변비에는 1일 3g을 달여 마신다. 또한 가루로 만들어서 1일 3g을 3회에 나누어 따뜻한 물과 함께 먹으면 좋다. 자궁수축을 촉진하고 골반에 피가 너무 많이 모이게 할 수도 있으므로 임신 중, 출산 직후, 월경 중에는 사용을 피한다.

높이 약 2m의 대형 여러해살이풀. 초여름에 줄기 끝에 옅은 황록색의 작은 꽃이 핀다

마루바 대황

대황(생약)

댕댕이덩굴

과 명	방기과
별 명	고냉이정당 · 정동껍 · 백약
생약명	목방기
약용부	덩이뿌리
약 용	진해 · 소염
이용법	● ● ●

생태 중국 남부, 타이완 원산으로 알려진 덩굴성 여러해살이풀. 전체가 반들반들하고 표면에 털이 없으며 타원형의 덩이뿌리가 있다. 오래된 포기는 덩굴의 밑부분이 목질화된다. 잎은 어긋나고 둥그스름한 세모모양이며, 앞쪽은 초록색, 뒤쪽은 희끗한 초록색이고, 가는 잎자루에 방패모양으로 달린다. 꽃은 암수딴그루이며 6~7월에 작고 하얀 꽃이 둥근 모양으로 핀다. 열매는 둥근 핵과로 붉게 익고, 씨앗은 말굽모양이다.

유래 덩이뿌리를 잘라보면 흰빛이 나며 약간 쓰다. 마르고 조각이 크며 가루 성질이 충분하고 흰 것이 좋은데, 목방기(白藥子)라는 이름도 뿌리가 하얗기 때문에 생긴 것으로 추측된다.

이용방법 가을에 덩이줄기를 파서 물로 씻어 모래흙을 제거한 후 둥글게 썰어서 햇볕에 말린 것을 '목방기' 라고 한다. 알칼로이드(alkaloid)의 세파란틴(cepharanthin), 지방유의 올레인산(oleic acid) 등을 함유하고 있다.

제약회사에서는 세파란틴을 추출하여 기관지 천식, 원형탈모증, 삼출성중이염, 방사선에 의한 백혈구 감소 등의 치료에 널리 이용한다.

종기 · 이하선염 등에 목방기를 1일 10g을 달여서 마시면 좋다. 기침에는 1일 목방기 5g에 설탕 5g을 넣어서 달여 마신다.

또한 타박상에는 목방기 가루를 식초로 개어서 냉습포하면 좋다.

댕댕이덩굴 열매. 둥근 모양이며 빨갛게 익는다

6~7월에 작고 하얀 꽃이 둥글게 핀다

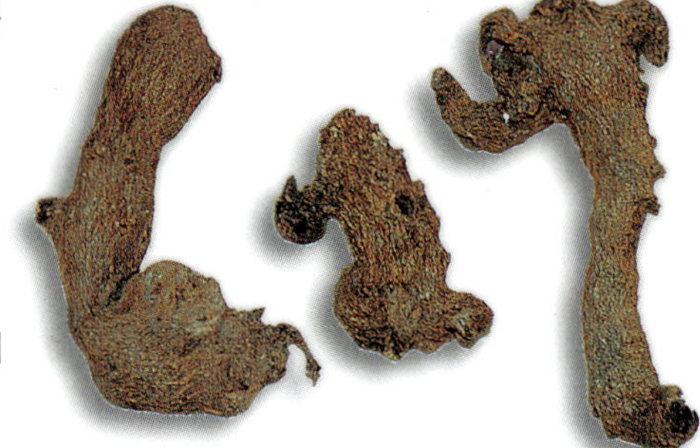

덩이뿌리를 햇볕에 말린 목방기

● 내복(마시는 약)　● 외용(고약 · 바르는 약 · 습포)　● 목욕제　● 약술　● 약초차　● 요리 · 음식　● 취급주의

도꼬마리

과 명	국화과
별 명	비해
생약명	창이자·창이
약용부	열매·잎줄기
약 용	해열·진통·지혈·땀띠
이용법	●●●●

생태 전국의 들이나 길가에 자생하는 한해살이풀이다. 높이는 약 1.5m이며, 잎줄기 전체에 짧은 털이 많이 나 있다. 잎은 넓은 삼각형으로 드문드문 톱니가 있고, 잎자루가 길며 어긋난다.

8~9월에 가지 끝에 둥글고 노란 수꽃이 피며, 암꽃은 아래쪽에 타원형으로 둥글게 피고 가시가 있는 열매를 맺는다. 가시 때문에 다른 물체에 잘 달라붙는다.

유래 열매에 갈고리 같은 가시가 있어서 스치기만 해도 다른 물체에 잘 붙는다고 해서 붙여진 이름이다. 예전부터 흔하게 널리 사용해온 민간약초 중 하나이지만 지금은 흔히 볼 수 없다.

이용방법 8~9월에 꽃이 필 때 뿌리째 뽑아서 굵게 썰어 햇볕에 말린 것을 '창이(蒼耳)', 가을에 열매를 따서 햇볕에 말린 것을 '창이자(蒼耳子)' 라고 한다. 창이에는 타닌(tannin) 등이, 창이자에는 지방유 등이 들어 있다.

감기의 두통·발열에는 창이자를 1일 10~20g 달여 마시면 두통이 가라앉고 열이 내린다. 또한, 창이자의 지방유는 리놀산(linoleic acid)이 60~65% 들어 있어 홍화유처럼 식용유로 이용한다. 중국에서는 동맥경화 예방에 이용한다. 땀띠, 습진, 거친 피부 등에는 창이를 헝겊주머니에 1~2움큼 넣어 목욕제로 사용한다. 생잎은 비벼서 절상·찰과상 등의 지혈에 이용한다.

옷 등에 잘 붙는 열매 속에는 씨앗이 2개 들어 있다

도라지

과 명	초롱꽃과
별 명	길경 · 도랏 · 백약 · 질경
생약명	길경
약용부	뿌리
약 용	진해 · 거담 · 배농
이용법	● ● ●

생태 전국의 산과 들에서 잘 자라는 여러해살이풀. 뿌리는 굵고 다육질이며 높이가 40~100cm이고, 줄기는 곧게 자라며 위쪽에서 가지가 갈라진다. 잎은 넓은 바소꼴로 가장자리에 톱니가 있고, 뒷면은 흰빛을 띤다. 뿌리 · 줄기 · 잎 등에 상처가 나면 하얀 유액이 나온다. 7~8월에 보라색 또는 백색 꽃이 피어 열매를 맺는다.

유래 도라지는 다른 이름으로 길경(桔梗)이라고도 한다. '귀하고 길한 풀뿌리가 곧다'는 뜻에서 붙여진 이름이다. 중국의 『본초강목』(1596년)에는 "도라지 뿌리가 입과 혀에 생긴 창과, 눈이 붉고 종기로 인해 아픈 것을 다스린다"고 하였으며, 『동의보감』에는 "허파 · 목 · 코 · 가슴의 병을 다스리고, 벌레의 독을 없애고 피를 좋게 한다"고 설명하였다.

이용방법 가을에 땅 윗부분이 시들면 뿌리를 파내서 물로 씻고, 겉껍질을 벗겨 햇볕에 말린 것을 '길경'이라고 한다. 사포닌(saponin)이 들어 있어서 한방에서 거담 · 진해 · 배농 등의 목적으로 처방조제하거나 제약원료로 사용한다. 그러나 용혈작용(溶血作用, 적혈구가 파괴되어 헤모글로빈이 혈구 밖으로 빠져나가는 것)이 있으므로 전문가와 상담하여 이용하는 것이 좋다.
민간에서는 기침 · 가래를 없애는 데, 길경을 1일 5g을 달여서 찌꺼기는 버리고 1일 여러 차례 양치질한다.
어린 싹과 뿌리는 여러 가지 방법으로 조리하여 먹는 등 폭넓게 쓰인다.

전국에 자생하는 여러해살이풀. 7~8월에 보라색 또는 백색 꽃이 핀다

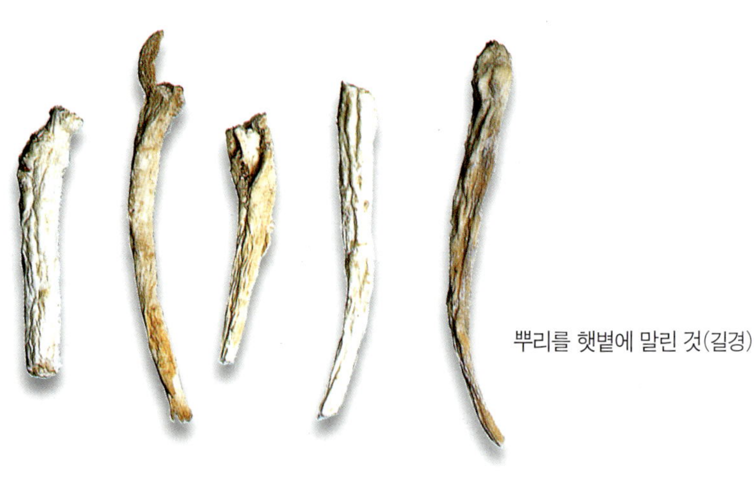

뿌리를 햇볕에 말린 것(길경)

● 내복(마시는 약)　● 외용(고약 · 바르는 약 · 습포)　● 목욕제　● 약술　● 약초차　● 요리 · 음식　● 취급주의

독활

과 명	두릅나무과
별 명	땅두릅·땃두릅·토당귀·뫼두릅
생약명	독활
약용부	뿌리·뿌리줄기·잎줄기
약 용	발한해열·진통·보온
이용법	● ● ●

연초록색의 둥근 독활꽃. 자생종을 산독활이라 하여 재배종과 구분하는데 같은 식물이다. 자생종은 특히 향이 강하다

생태 산지에서 자라는 여러해살이풀로 전국적으로 분포하며, 뿌리줄기나 씨앗으로 번식한다. 높이 약 1.5m이고, 줄기는 굵은 원기둥모양으로 털이 있으며 드문드문 가지를 친다. 잎은 어긋나고 잎자루가 길며, 2회 깃꼴겹잎이다. 작은잎은 달걀모양으로 끝이 뾰족하고 가장자리에 톱니가 있으며, 앞뒷면에 털이 있다. 7~8월에 갈라져 나온 가지 끝에 연초록색 꽃이 산형꽃차례로 달리며, 암수딴그루로 암그루에 공모양의 열매가 열려서 짙은 보라색으로 익는다.

유래 줄기가 곧게 자라고 바람에 잘 흔들리지 않는다 하여 독활(獨活)이라고 한다. 그 밖에 강청·호강사자·뫼두릅·멧두릅·토당귀·구안독활·땅두릅나물·땃두릅·풀두릅 등으로도 불린다.

이용방법 어린 싹은 식용하며, 약용으로는 크게 자란 뿌리가 좋다. 10~11월경에 뿌리줄기와 뿌리를 파내서 물로 씻어 흙과 잔뿌리를 제거하고 그늘에 말린 것을 '독활' 이라 한다. 정유인 디테르펜알데히드(diterpe-nealdehyde) 등과 아미노산(amino acid)·타닌(tannin) 등을 함유한다. 초기 감기에 땀을 내고 열을 내리거나, 신경통·류머티즘·통풍·두통 등의 통증을 완화시키기 위해 독활을 1일 10g을 달여 먹으면 좋다.

9~10월에 꽃이 필 때 땅 위의 잎줄기를 밑동에서 베어내어 길이 약 5cm로 크게 잘라 그늘에서 말린다. 어깨 결림, 냉증, 신경통, 류머티즘, 통풍, 요통 등에는 잎줄기를 헝겊주머니에 넣어서 목욕제로 이용한다.

돌외

과 명	박과
별 명	덩굴차 · 교고람 · 소고약
생약명	칠엽담
약용부	잎줄기
약 용	자양강장
이용법	

8~9월에 황록색의 작은 꽃이 핀다

생태 숲에서 자주 볼 수 있는 덩굴성 여러해살이풀로, 덩굴손을 이용해 다른 물체를 감아 올라간다. 암수딴그루이며, 잎은 타원형으로 어긋나고, 가장자리에 톱니가 있다. 8~9월에 황록색의 작은 꽃이 원추꽃차례를 이루며 핀다. 암그루에는 공모양의 열매가 달리며 익으면 짙은 초록색이 되고 씨가 2개 들어 있다.

유래 잎을 씹으면 단맛이 있어 수국차를 연상시키므로 감차덩굴이란 의미로 덩굴차라는 이름도 있다. 중국에서는 교고람(絞股藍)이라고 하는데, 덩굴이 갈라지는 곳에서 덩굴손이 나와 다른 물건을 얽어매고, 열매가 익으면 흑색을 띠는 남색이 되기 때문에 붙여진 이름으로 추측된다.

이용방법 잎줄기에 인삼에 들어 있는 진세노사이드(ginsenoside) 11종 가운데 4종이 들어 있어 주목받고 있으며, 조직세포를 젊게 만드는 작용도 한다. 꽃이 필 때 잎줄기를 잘라서 굵게 썰어 햇볕에 말린 것을 0011 '칠엽담(七葉膽)' 이라고 한다. 진해 · 거담 · 자양강장 등에 1일 칠엽담 10g을 물 3컵과 함께 넣어 반이 될 때까지 졸여서 찌꺼기를 제거하고, 식사 사이에 3회 마신다.

일본에서도 자양강장의 목적으로 칠엽담을 달여 먹는다. 또한 35°소주 1ℓ에 칠엽담 150g을 넣어서 차고 어두운 곳에 두었다가, 3개월 후에 찌꺼기를 건져내고 하루에 1잔씩 마시면 좋다.

● 내복(마시는 약)　● 외용(고약 · 바르는 약 · 습포)　● 목욕제　● 약술　● 약초차　● 요리 · 음식　● 취급주의

동백나무

과 명	차나무과
별 명	산다화 · 홍다화
생약명	산다
약용부	잎 · 꽃 · 씨앗
약 용	지혈 · 자양강장 · 정장 · 발모
이용법	● ●

생태 한국 남부지방과 일본 · 타이완에 분포하는 늘푸른작은큰키나무. 높이가 6~15m이며, 줄기는 회백색으로 매끄럽다. 잎은 어긋나고, 긴 타원형으로 끝이 뾰족하며, 잎 가장자리에 물결모양의 잔 톱니가 있다. 잎 표면은 초록색으로 윤기가 있으며, 뒷면은 연초록색이다. 11~3월에 꽃잎이 5~6장인 빨간 꽃이 피고 둥근 열매를 맺는다. 열매는 삭과로 짙은 갈색의 씨앗이 들어 있다.

유래 한자로 '동백(冬柏)'인 것처럼 겨울에 꽃이 핀다고 해서 붙여진 이름이다. 동백꽃은 3~4월에 피는 곳도 있지만, 남부 해안지대의 동백나무 고장에서는 1월에 이미 꽃이 한창 피어 있는 곳도 있다.

이용방법 생잎은 필요할 때 따서 이용하며, 타닌(tannin) · 클로로필(chlorophyll, 엽록소)을 함유한다. 절상 · 찰과상 · 부스럼 등에 잎을 찧어 붙인다. 또는 잎을 5~6장 알루미늄포일에 싸서 프라이팬에서 찜구이하여 동백기름이나 신선한 샐러드유를 넣고 반죽하여 붙인다. 그늘에서 말린 잎은 모깃불로 이용한다. 꽃이 피는 시기에 꽃을 따서 그늘에 말린 것은 안토시아닌(anthocyanin) · 오이게놀(eugenol) 등을 함유한다. 잘게 썰어서 컵에 1작은술을 넣고 뜨거운 물을 부어 3분간 두었다 마시면 자양강장에 좋다. 정장에는 1일 10g을 달여 먹는다. 씨앗을 갈아서 샴푸로 사용하면 사포닌(saponin)이 오물을 제거하고, 동백기름이 머리카락의 성장을 돕는다.

동백나무꽃. 11~3월에 꽃잎이 5~6장인 빨간 꽃이 핀다

동백나무 씨앗

동아

과 명	박과
별 명	동과 · 백과 · 수지
생약명	동과 · 동과자
약용부	열매 속껍질, 씨앗
약 용	이뇨 · 주근깨
이용법	● ● ●

아시아의 열대 또는 인도 원산으로 알려진 덩굴성 한해살이풀. 7~8월에 황색 꽃이 피고 액과가 달린다

생태　아시아의 열대 또는 인도 원산으로 알려져 있으며, 예부터 재배해 온 덩굴성 한해살이풀이다. 줄기는 땅 위를 기면서 길게 뻗고, 가지가 갈라지는 덩굴손과 털이 있다. 잎은 넓은 심장모양으로 가장자리에 물결모양의 톱니가 있고 약간 갈라져 있다. 7~8월에 잎겨드랑이에서 황색 꽃이 피고, 원형 또는 긴 타원형의 액과(다육과)가 열린다. 과육은 백색이며 즙이 많다.

유래　다른 이름으로 '동과(冬瓜)' 라고도 하는데, 보통 늦가을에 늦게 성숙하여 서리가 내린 후에 저장하였다가 먹기 때문에 이런 이름이 생겼다. 백과(白瓜) · 수지(水芝) 등으로도 불린다.

이용방법　익은 열매의 겉껍질을 벗겨내고, 속껍질 부분을 적당한 크기로 얇게 잘라서 햇볕에 말린 것을 '동과' 라고 한다. 씨앗을 꺼내서 물로 씻어 햇볕에 말린 것은 '동과자(冬瓜子)' 라고 한다.

종기가 생기거나 몸에 부종이 있을 때에 햇볕에 말린 동과를 1일 20g을 달여서 먹는다. 동과자는 1일 10g이면 된다.

치질에는 동과자를 1일 10g을 달여서 차게 식힌 후 환부를 씻고 냉습포한다.

주근깨를 없애려면, 같은 양의 동과자와 백도화(하얀 복숭아꽃을 햇볕에 말린 것)를 가루로 만든 후, 꿀을 조금 넣고 크림상태로 만들어 환부에 바른다.

● 내복(마시는 약)　● 외용(고약 · 바르는 약 · 습포)　● 목욕제　● 약술　● 약초차　● 요리 · 음식　● 취급주의

두충

과 명	두충과
별 명	두중 · 사선 · 목면 · 사중
생약명	두충
약용부	나무껍질 · 잎
약 용	자양강장 · 이뇨 · 진통
이용법	● ● ●

생태 중국 원산의 갈잎큰키나무로, 우리나라에서도 약용으로 재배한다. 높이는 약 20m이며, 나무껍질은 어두운 갈색이고 세로로 불규칙하게 갈라진 틈이 있다. 나무껍질이나 잎을 꺾으면 하얀 실이 늘어난다. 잎은 어긋나고, 긴 타원형으로 끝이 뾰족하며, 가장자리에 둥글고 고르지 못한 톱니가 있다. 암수딴그루이다. 4~5월에 잎겨드랑이에서 꽃잎이 없는 꽃이 피고, 열매가 달려서 10월에 익는다.

유래 중국의 고서에 "옛날에 두충이라는 사람이 두충을 먹고 득도를 하였기 때문에 이름이 두충(杜冲)이 되었다"는 기록이 있다. 『동의보감』에는 "신장이 과로하여 허리와 등뼈가 조여들고 아프며, 다리가 시큰거리는 것을 낫게 한다"고 하였다.

이용방법 6~7월에 나무껍질을 벗겨서 바깥쪽의 코르크층을 제거하고, 속껍질만 햇볕에 말린 것을 '두충' 이라 한다. 같은 시기에 잎을 따서 햇볕에 말린 것은 '두충잎' 이라 한다. 실처럼 늘어나는 것은 구타페르카(guttapercha)로 물에 녹지 않는다. 최근 연구에서 리그난류(lignane)의 피노레시놀글루코피라노시드(pinoresinol-glucopyranoside) 등에 혈압 강하 효과가 있다는 사실이 알려졌다.

자양강장, 고혈압 예방, 몸의 부종, 요통 등에 두충을 1일 10g을 달여 먹는다.

자양강장, 피로회복, 요통 등에는 35° 소주 1.8*l* 에 두충 200g을 잘게 썰어 넣고 약술을 만들어서 하루에 1잔씩 마시면 좋다.

중국 원산의 갈잎큰키나무로 우리나라에서도 약용으로 재배한다

둥굴레

과 명	백합과
별 명	괴불꽃·황정·죽네풀이
생약명	위유·옥죽
약용부	뿌리줄기
약 용	자양강장·염좌
이용법	● ● ●

4월경 잎겨드랑이에서 초록빛을 띠는 범종모양의 하얀 꽃이 핀다 오른쪽 위 / 둥굴레의 뿌리줄기

생태 햇빛이 잘 드는 산과 들의 풀밭에 자생하는 여러해살이풀. 뿌리줄기는 원기둥모양으로 마디가 있고, 가지가 갈라진다. 높이 약 50cm. 줄기에 모서리(세로줄)가 있으며(매우 비슷한 진황정의 줄기는 둥글다), 잎은 어긋나고 약간 폭이 넓은 타원형이다. 6~7월에 잎겨드랑이에서 아랫부분은 백색이고 윗부분은 초록색인 종모양의 꽃이 1~3송이 아래를 향해 늘어지듯이 핀다. 열매는 공모양이며 익으면 까맣게 된다.

유래 잎맥이 잎 끝쪽으로 둥글게 모아지기 때문에 둥굴레라는 이름이 생겼다. 잎이 아름다운 대나무잎 같아서 옥죽(玉竹), 고고한 것이 신선같이 보인다고 해서 신선초라고도 한다.

이용방법 땅 위의 잎줄기가 누렇게 되는 10~11월에 뿌리줄기를 파내서 물로 흙을 깨끗이 씻어내고, 3~5mm 두께로 둥글게 잘라 햇볕에 말린 것을 '옥죽' 이라고 한다. 옥죽에는 점액질의 만노오스(mannose), 배당체의 콘발라린(convallarin) 등을 함유한다.

자양강장에는 옥죽을 1일 10g을 달여 먹는다. 또한 35° 소주 1 l 에 옥죽 30g의 비율로 넣어서 약 3개월 동안 차고 어두운 곳에 보관하였다가 찌꺼기를 제거하고 하루 1잔씩 마시면 좋다. 염좌나 타박상에는 생뿌리줄기를 물에 씻어서 간 후 식초를 조금 섞고, 헝겊에 펴발라 환부에 냉습포하면 좋다.

● 내복(마시는 약) ● 외용(고약·바르는 약·습포) ● 목욕제 ● 약술 ● 약초차 ● 요리·음식 ● 취급주의

등골나물

과 명	국화과
별 명	산란 · 택란
생약명	난초
약용부	꽃이 필 때의 잎줄기
약 용	이뇨 · 피로회복 · 보온 · 부인병
이용법	

여름부터 가을에 걸쳐 자줏빛을 띠는 백색의 작은 꽃이 줄기 끝에 많이 핀다

생태

중국 원산으로 알려진 여러해살이풀로, 산과 들의 풀밭에서 자란다. 줄기는 원기둥모양으로 단단하며, 곧게 위로 자라서 높이 약 1m이다. 잎 표면에 윤기가 있고, 가장자리는 톱니모양으로 깊게 패였으며, 덜 마른 것은 약간 냄새가 난다. 여름부터 가을에 걸쳐 줄기 끝에 산방꽃차례로 자줏빛을 띠는 백색의 작은 꽃이 많이 핀다.

유래

꽃이 등나무색을 띠고 등나무꽃의 향과 같아서 이름이 등골나물이 된 것으로 추측한다. 중국에서는 기름과 섞어서 여성의 머리카락에 윤기를 내는 데 사용하였기 때문에 난택향년초(蘭澤香年草)라 불렀으며, 이것이 줄어서 한자이름 난초(蘭草)가 되었다.

이용방법

8~9월에 꽃이 피기 시작할 때 꽃봉오리가 달린 채로 땅 위의 잎줄기를 밑동에서 잘라 길이 3~5cm로 굵게 썰어서 2~3일 정도 햇볕에 말리다가 향이 나면 그늘에서 완전히 말린다. 이것을 '난초' 라 한다. 배당체 쿠마린(cumarin) 이외에 티모히드로퀴논(thymohydroquinone)과 미네랄 등을 함유한다.

위염 등으로 몸에 부종이 있으면, 1일 난초 10g에 물 2컵(360~400cc)을 넣어 반이 될 때까지 달여서 찌꺼기를 제거하고, 식사 사이에 3회 나누어 마시면 이뇨작용을 돕는 효과가 있다. 또한 난초 1~2움큼을 헝겊주머니에 넣어 목욕제로 사용하면, 보온효과가 있고 어깨 결림, 신경통 등의 통증을 줄여주며 피로회복에 좋다.

디기탈리스

과 명	현삼과
별 명	심장초 · 양지황
생약명	디기탈리스 · 양지황
약용부	잎
약 용	강심 · 이뇨
이용법	●

생태 유럽이 원산인 여러해살이풀로, 높이 1m 전후이다. 줄기는 곧게 자라고 가지를 내지 않으며, 전체에 짧고 연한 털이 있다. 발아하여 1년째에는 근출엽으로 뿌리에서 잎이 모여 난다. 2년째부터는 줄기에서 잎이 나오는데, 어느 것이나 모두 달걀모양의 바소꼴로 부드러우며, 가장자리가 물결모양이고 오글오글하다. 초여름에 종모양의 붉은 자주색 꽃이 수상꽃차례로 핀다.

정원이나 화단 · 화분 등에 관상용으로도 심는다.

유래 꽃색이 자줏빛이어서 학명을 *digitalis purpurea*라고 하였으며, 중국에서는 잎 표면의 오글거림이 지황과 비슷하기 때문에 양지황(洋地黃)이라고 한다. 심장약을 만드는 식물이란 의미로 심장초(心臟草)라고도 한다.

이용방법 잎에는 디기톡신(digitoxin) · 디기타민(digitamin) 등의 배당체가 들어 있다. 1775년 영국의 의사 위더링 윌리엄에 의해 강심작용이 있다는 사실이 알려졌으며, 심장을 튼튼히 하고 부종을 없애는 세계적인 약용식물이 되었다. 그러나 초보자는 사용하지 않는 것이 좋다. 아주 쓴 성분이 있고 부작용도 있으므로 먹거나 마시지 않는다.

잎이 컴프리(p.235 참조)와 매우 비슷한데, 디기탈리스는 생잎을 아주 조금만 씹어보아도 쓰고 컴프리는 쓰지 않으므로 구별할 수 있다. 쓴맛이 느껴질 때 침과 함께 뱉으면 해는 없다.

중요한 제약원료이지만 독이 있다. 잎이 컴프리와 비슷하므로 주의한다

● 내복(마시는 약)　● 외용(고약 · 바르는 약 · 습포)　● 목욕제　● 약술　● 약초차　● 요리 · 음식　● 취급주의

땅콩

과 명	콩과
별 명	호콩 · 남경두
생약명	낙화생
약용부	씨앗
약 용	낙화생유 원료, 습진, 가려움증
이용법	● ●

꽃이 지면 씨방 아래쪽이 자라서 땅 속으로 들어가 땅콩을 만든다

8~9월에 나비모양의 노란 꽃이 핀다

생태 브라질 원산으로 알려진 콩과의 한해살이풀로 높이 약 50㎝. 8~9월에 나비모양의 노란 꽃이 핀다. 꽃이 지고 수정이 되면 씨방이 자라서 겉은 그물모양이고 가운데가 잘록한 긴 타원형의 꼬투리가 된다. 안에 붉은빛이 나는 갈색의 얇은 껍질에 덮인 하얀 타원형 씨앗이 2~3개 들어 있다.

유래 꽃이 지면 씨방의 밑부분이 길게 자라서 땅 속으로 들어가 콩 열매(꼬투리)가 열리는 모습 때문에 '낙화생(落花生)' 이란 한자이름이 생겼다. 땅콩에도 땅 속에서 자라는 콩과 작물이란 의미가 있다. 중국에서 전해졌다고 하여 호콩 · 남경두라고도 한다.

이용방법 늦가을에 잎이 약간 누렇게 되었을 때, 꼬투리가 달린 채로 뿌리를 파내서 땅콩을 채취하여 얇은 껍질을 벗긴 것을 '낙화생' 이라 한다. 조지방(내부작용을 거쳐야만 흡수할 수 있는 지방) 함유율이 40~50%이며, 주성분은 올레인산(oleic acid)의 글리세리드(glyceride)이다.

땅콩으로 짠 기름을 '땅콩기름' 또는 '낙화생유' 라고 하며, 식용 이외에 연고 · 주사제 · 비누 등의 원료가 된다.

습진 · 가려움증 등의 딱지에 땅콩기름을 바르면 빨리 낫는다.

또한, 땅콩을 볶아 먹으면 자양강장에 좋다. 중국에서는 붉은빛이 나는 갈색의 얇은 땅콩 껍질을 잇몸 출혈에 달여 먹는다고 한다.

떡쑥

과 명	국화과
별 명	괴쑥·솜쑥·서국초·모자초
생약명	서국초
약용부	꽃이 달린 포기 전체
약 용	거담·이뇨
이용법	● ● ●

생태 고대 중국에서 들어온 것으로 추측되는 두해살이풀로, 들이나 길가에 자생한다. 가을에 싹이 터서 겨울을 나며, 높이는 약 30cm로 전체가 하얀 솜털로 덮여 있다. 잎은 구둣주걱 모양 또는 바소꼴이며 어긋나고, 4~6월에 줄기 끝에 작고 노란 꽃이 산방꽃차례를 이루며 모여서 핀다. 열매는 수과이며, 길이 약 2.5mm의 황백색 갓털이 있다.

유래 예전에 잎과 어린 싹을 쑥처럼 떡을 만드는 데 이용했기 때문에 떡쑥이란 이름이 생겼다. 괴쑥·솜쑥·서국초·모자초 등의 다른 이름으로도 불린다.

이용방법 4~6월에 꽃이 핀 포기 전체를 뽑아서 햇볕에 말린 것을 '서국초(鼠麴草)' 라고 한다. 플라보노이드(flavonoid)·피토스테롤(phytosterol)·초산칼륨·칼륨염 등의 성분이 들어 있고, 이뇨·거담 등의 작용을 한다.

감기로 기침이 나오거나 편도선염으로 목이 부었을 때, 서국초를 잘게 썰어서 1일 20g에 물 3컵을 붓고 반으로 줄 때까지 뭉근한 불에 달여서 하루에 몇 번씩 양치질하면 좋다. 또한, 급성신장염 등으로 몸이 부었을 때 서국초 달인 액을 식사 사이에 3회 나누어 마시면 이뇨작용으로 소변이 잘 나오므로 부종이 가라앉는다.

옛날에는 이 풀로 떡을 만들어 먹었으나 지금은 쑥으로 바뀌었다고 한다.

가을에 싹이 터서 겨울을 나며, 4~5월에 줄기 끝에 작고 노란 꽃이 모여 핀다

● 내복(마시는 약)　● 외용(고약·바르는 약·습포)　● 목욕제　● 약술　● 약초차　● 요리·음식　● 취급주의

띄

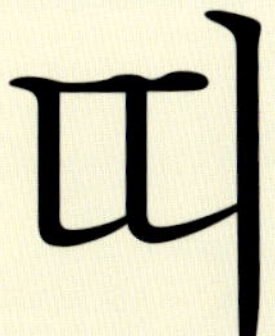

과 명	벼과
별 명	새
생약명	백모근
약용부	잎을 떼어낸 뿌리줄기
약 용	이뇨·지혈
이용법	🟢 🔵

해가 잘 드는 강가나 풀밭 등에 모여 나는 여러해살이풀. 5~6월에 꽃이삭이 자라고 작은 꽃이 무리지어 핀다

생태 햇볕이 잘 드는 강가의 모래밭이나 풀밭 등에 무리지어 자라는 여러해살이풀로, 높이는 50cm 내외다. 하얀 뿌리줄기는 땅 속에서 옆으로 뻗으며, 곳곳에 마디가 있어서 잔뿌리가 나온다. 뿌리줄기의 번식력은 강하다. 5~6월에 벼와 비슷한 줄모양의 잎 사이에서 꽃이삭이 나오고, 비단실 같은 털에 싸여서 작은 꽃이 무리지어 핀다. 이 꽃이삭을 따서 입에 넣고 핥아보면 약간 단맛이 있다.

유래 뿌리줄기는 말려서 약재로 사용하는데, 말린 것은 색이 하얗다고 해서 '백모근(白茅根)' 이라 한다. 꽃은 백모화(白茅花)라고 한다.

이용방법 11~12월에 땅 윗부분이 시들면 뿌리줄기를 파서 물로 씻어 모래흙과 잎·뿌리를 제거하고, 하얀 부분을 햇볕에 말린 것을 '백모근' 이라고 한다. 아룬도인(arundoin)·실린드린(cylindrin)·시미아레놀린(simiarenol) 등이 들어 있으며, 한방에서는 이뇨·지혈·발한 등의 목적으로 처방조제한다. 민간에서는 급성신장염, 임신 부종에 백모근을 1일 15g을 달여 마시면 좋다. 또한, 꽃이삭의 털을 찰과상이나 절상의 환부에 붙이면 지혈효과가 있다. 코피가 날 때 콧구멍에 솜 대신 틀어막아도 좋다. 옛날에는 갈대와 함께 오두막집의 외벽이나 지붕 등을 만드는 데 이용하여 비가 와도 물이 새지 않았다고 한다.

마늘

과 명	백합과
별 명	
생약명	대산 · 호산 · 산
약용부	비늘줄기
약 용	자양강장·편도선염·불면증·냉증·습관성 변비
이용법	

생태 중앙아시아 원산으로 알려진 여러해살이풀. 오래전부터 재배되어 왔으나 그 기원은 알려져 있지 않다. 강한 향이 있고, 비늘줄기가 크며 연한 갈색 껍질에 싸여 있고, 안에는 작은 비늘줄기가 5~6개 들어 있다. 줄기는 높이 약 60cm로 곧게 자라며, 줄모양의 편평한 잎이 2~3장 드문드문 어긋나 있다. 4~5월에 자줏빛이 도는 하얀 꽃이 핀다.

유래 마늘의 어원은 몽골어 manggir로, gg가 탈락하여 마닐, 마늘로 변화한 것으로 추측된다. 또한 마늘을 산(蒜) · 대산(大蒜)이라고 하는데, 『동의보감』에서는 '대산을 마늘, 소산을 족지, 야산을 달랑괴'로 구분하였다.

이용방법 우리나라의 대표적인 양념으로 강한 향이 있다. 뿌리줄기에는 알리인(alliin) · 디설파이드(disulfide) 등의 정유와 다당체 · 비타민 등이 있어 건위 · 정장 · 발한 · 이뇨 · 자양강장 등에 도움이 된다. 민간에서는 편도선염, 목의 부종이나 통증에 생마늘을 갈아서 즙을 짠 후 면봉에 묻혀서 환부에 발라주거나, 5~10배의 물로 희석해서 양치질하면 좋다. 버짐 · 무좀 · 원형탈모증에는 하루에 몇 번씩 생즙을 발라준다.

또한, 마늘 150g, 생강 50g을 굵게 썰어서 35° 소주 1.8ℓ에 넣고 약술을 만들어 자기 전에 반 잔 정도 마시면 냉증, 불면증, 습관성 변비 등에 좋다.

생마늘을 장기간 많이 먹으면 장내의 유익한 균의 활동을 방해하므로 피한다.

줄처럼 가늘고 길며 편평한 잎이 드문드문 어긋나 있고, 4~5월에 자줏빛이 도는 하얀 꽃이 핀다

마늘의 비늘줄기. 식용 · 약용으로 다양하게 쓰인다

● 내복(마시는 약) ● 외용(고약 · 바르는 약 · 습포) ● 목욕제 ● 약술 ● 약초차 ● 요리 · 음식 ● 취급주의

마름

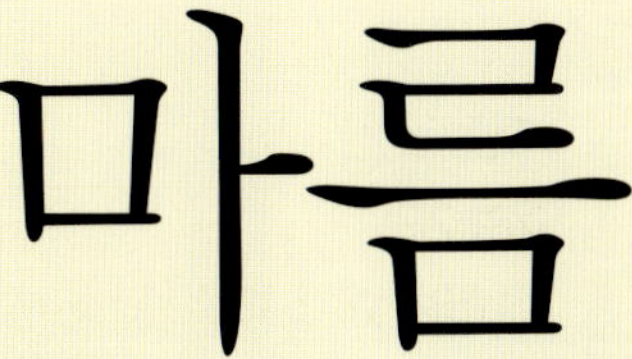

과 명	마름과
별 명	골뱅이
생약명	능실
약용부	열매
약 용	자양강장 · 소화촉진
이용법	●

마름의 공기주머니. 마름모꼴의 잎이 물 위에 방사상으로 퍼지고, 표면에 광택이 있다

생태 저수지나 연못 등에서 자라는 한해살이 수생식물. 뿌리는 땅 속에 가늘고 빈약하게 뻗어 있다. 줄기가 끈처럼 길며 물 속의 마디에서 깃꼴의 뿌리가 나온다. 잎은 물 위에 방사상으로 퍼지고, 마름모꼴 비슷한 삼각형으로 지름 3~6㎝이며, 표면에 광택이 있고, 뒷면에는 털이 빽빽하다. 가장자리에는 불규칙하게 치아모양의 톱니가 있다. 7~8월에 꽃잎이 4장인 하얀 꽃이 핀다.

유래 물에 떠서 자라는 풀로 잎이 마름모꼴 비슷하고, 가을에 가시가 있는 마름모꼴의 열매가 열린다. 마름이란 이름은 잎과 열매가 마름모꼴이어서 생긴 것으로 추측된다. 열매를 물밤 또는 말밤이라고 하고, 한자어로는 능실(菱實) · 수율(水栗)이라고 한다.

이용방법 마름의 열매는 '능실' 이라고 한다. 약 15%가 전분이며, 포도당, 단백질, 비타민B · C 등을 함유한다. 그 밖에 엘러지타닌(ellagitannin)형의 트라판이 있으며, 위장이나 몸상태를 조절하는 역할을 한다. 죽으로 먹기도 하고 그냥 끓여서 먹기도 한다. 마름죽은 쌀죽을 끓이다 다 되었을 때 마름가루를 쌀죽의 ½ 또는 같은 양으로 넣어서 끓이는데, 위장이 좋아지고 속에 있는 열을 내려준다.

옛날부터 자양강장 · 소화촉진 등에 열매를 생식하거나 쪄서 먹었다.

마취목

유독식물

과 명	진달래과
별 명	
생약명	마취목
약용부	잎줄기
약 용	살충(농업용, 소·말의 기생충, 구더기)
이용법	●

마취목꽃. 작은 단지모양의 흰 꽃이 많이 늘어져 핀다. 잎줄기는 유독성

생태 일본이 원산인 늘푸른떨기나무로, 주로 정원수나 울타리로 심는다. 높이가 4m까지 자라며, 잎은 거꾸로 선 바소꼴로 광택이 있고, 가장자리에 부드러운 톱니가 있다. 꽃은 복총상꽃차례로 4~5월에 가지 끝에 하얀 꽃이 늘어져서 핀다. 열매는 평평하고 둥근 모양이며, 익으면 벌어지는 삭과이다. 유사종으로 잎에 무늬가 있는 무늬마취목, 키가 작은 애기마취목, 잎이 붉은 붉은마취목 등이 있다.

유래 잎줄기에 독성분이 있어서 소나 말이 먹으면 중독을 일으켜 마비되므로 마취목이라고 부른다. 잎줄기를 삶아서 해충이나 파리 등 농작물의 해충 구제 등에 사용한다.

이용방법 유독식물로 유명하다. 잎줄기, 특히 잎에는 아세보톡신(asebotoxin) Ⅰ·Ⅱ·Ⅲ, 그라야노톡신Ⅲ (grayanotoxin Ⅲ) 등의 성분이 있어서 잘못 먹으면 복통·구토·설사 등을 일으킨다.

농업용 살충이나 소·말의 피부기생충(이)을 구제하기 위해 잘 건조된 마취목의 잎줄기를 10배의 물을 부어서 반 정도 될 때까지 삶고, 그 물을 10배의 물로 희석하여 식힌 후 농작물에 뿌린다. 소·말의 피부기생충에는 희석시킨 액을 발라준다. 재래식 화장실 등의 구더기를 구제하려면 잎줄기를 잘라서 넣는다.

● 내복(마시는 약)　● 외용(고약·바르는 약·습포)　● 목욕제　● 약술　● 약초차　● 요리·음식　● 취급주의

마타리

과 명	마타리과
별 명	가얌취
생약명	패장근 · 패장
약용부	뿌리 · 포기 전체
약 용	소염 · 배농 · 이뇨
이용법	🟢 🟢 🔴

여름부터 가을에 걸쳐 줄기 끝에 작은 노란 꽃이 핀다

생태 햇빛이 잘 드는 산과 들에 자생하는 여러해살이 풀. 뿌리줄기는 굵고 옆으로 뻗으며, 줄기는 곧게 자라서 높이 약 1m가 된다. 잎은 마주보고 나며 깃꼴로 갈라지고, 갈라진 작은잎은 좁고 끝이 뾰족하다. 여름부터 가을에 걸쳐 줄기 위쪽에서 가지가 갈라지고 갈라져 나온 줄기 끝에 작은 노란 꽃이 산방꽃차례를 이루며 핀다. 열매는 타원형의 편평한 모양이다.

유래 중국의 고서에 "뿌리를 햇볕에 말리면 간장 썩는 냄새가 나기 때문에 패장(敗醬)이라는 이름이 생겼다"고 기록되어 있다. 우리나라에서는 꽃이 달린 마타리의 잎줄기를 말린 것을 패장(敗醬)이라고 한다.

이용방법 꽃이 필 때 포기 전체를 뿌리째 파내서, 뿌리를 물로 씻고 흙과 잔뿌리를 제거하여 햇볕에 말린 것이 '패장근(敗醬根)', 꽃이 달린 잎줄기를 굵게 썰어서 말린 것은 '패장' 이라 한다. 트리테르페노이드(triterpenoids)의 올레아놀산(oleanolic acid), 사포닌(saponin), 파트리노사이드(patrinoside) 등을 함유한다.
종기 · 배농 · 이뇨 등에 패장근을 1일 5~10g을 달여 먹으면 좋다. 단, 빈혈이 있을 때는 피한다.
어린 싹과 어린잎은 살짝 데쳐서 물에 담가 떫은맛을 없앤 후 간장에 무쳐 먹는다.

마황

과 명	마황과
별 명	초마황
생약명	마황
약용부	땅 위의 줄기
약 용	발한해열 · 진해 · 거담
이용법	

산마황. 헛열매는 분홍색의 장과이다

생태 중국 산시성〔山西省〕 북부, 몽골에 자생하는 풀 모양의 늘푸른떨기나무. 높이 30~50cm이며, 붉은빛을 띠는 목질의 줄기는 땅 속으로 뻗는다. 풀모양의 줄기는 무리지어 나와 곧게 자라며, 마디와 마디 사이가 길고, 잎이 변하여 얇은 반투명 종이처럼 생긴 삼각형 비늘조각잎이 마디에 마주보며 난다. 암수딴그루로 여름에 2개의 꽃으로 된 단성꽃차례가 달리고, 헛열매는 분홍색의 장과로 씨앗이 2개 들어 있다.

유래 중국의 『본초강목』(1596년)에는 '맛이 삼〔麻性〕과 같고 색이 황색이므로 생긴 이름' 이라고 나온다. 즉, 땅 위의 줄기를 씹어보면 혀끝이 마비되고, 생약이 황록색이므로 마황(麻黃)이라 한다.

이용방법 9~10월에 땅 위의 줄기를 잘라서 햇볕에 말린 것을 '마황' 이라 한다. 알칼로이드(alkaloid)의 에페드린(ephedrine) · 메틸에페드린(methyle-phedrine) 등을 함유한다.

땅 위 줄기의 마디와 땅속줄기 · 뿌리에는 지한작용(止汗作用), 땅 위 줄기는 발한작용으로 반대 작용을 한다. 일반적으로 제약원료로 쓰이며, 강한 성분이 있어 마황만을 사용하지는 않는다.

감기의 발한해열, 천식이나 백일해의 진해, 신경통, 관절염, 류머티즘 등에 처방조제하여 이용한다. 체질에 맞춰 사용해야 하므로 전문의나 약사 등과 상담하고 이용한다.

● 내복(마시는 약)　● 외용(고약 · 바르는 약 · 습포)　● 목욕제　● 약술　● 약초차　● 요리 · 음식　● 취급주의

말라바시금치

과 명	덩굴지치과
별 명	바우새 · 황궁채
생약명	
약용부	덩굴 · 잎
약 용	자양강장 · 해열 · 소염
이용법	● ● ●

열대 아시아 원산의 덩굴성 두해살이풀. 덩굴이 자주색을 띠며, 둥근 모양의 열매도 짙은 자주색으로 익는다

생태 열대 아시아 원산의 덩굴성 두해살이풀이지만, 재배할 때에는 한 해 길러서 수확한다. 줄기는 2m 이상 되고, 잎줄기 모두 다육질로 평평하고 매끄러우며 털이 없다. 덩굴은 자주색을 띤다. 잎은 잎자루가 있고 어긋나며, 넓은 타원형이고, 잎 가장자리는 톱니가 없이 매끄럽다. 7~9월에 잎겨드랑이에서 꽃줄기가 자라 나와 하얗고 끝쪽이 붉은 자주색 꽃이 수상꽃차례로 피고, 열매는 둥근 모양이며 짙은 자주색으로 익는다.

유래 덩굴과 잎이 붉은 자주색인 것과 초록색인 것, 두 종류가 있다. 타이 황실에서 지정해서 먹었다는 채소라 해서 중국 · 타이완에서는 황궁채(皇宮菜)라고 한다.

이용방법 생잎줄기를 이용하므로 주위에 가깝게 재배하면 좋고, 구입할 수도 있다. 꽃을 포함한 잎줄기에는 카로틴(체내에서 비타민A가 된다) · 루틴(rutin) · 비타민C 등이 있다. 비타민 C는 100g에 80mg으로 90mg인 레몬에 크게 뒤지지 않는다. 열을 가하지 않고 이용하는 것이 좋다.

자양강장에는 꽃도 포함하여 잎줄기를 1회에 약 30g을 굵게 썰어서 우유 100cc와 함께 믹서에 갈아 1일 1~2잔 마시면, 비타민C도 섭취하고 감기예방 효과도 있다.

또한, 감기로 열이 날 때는 잎줄기의 양을 1회 60g으로 한다. 타박상 · 염좌 등의 부종을 가라앉히려면 생잎줄기를 갈아서 환부에 냉습포한다.

망고

과 명	옻나무과
별 명	
생약명	몽과
약용부	열매
약 용	건위 · 진해
이용법	● ● ●

생태 인도 북부부터 말레이시아가 원산으로 알려진 늘푸른큰키나무. 높이 10~30m. 나무껍질이 어두운 회색이며, 잎은 어긋나고 두꺼우며 긴 타원형으로 끝이 뾰족하고 고무질이다. 잎 가장자리에 톱니가 없으며, 표면은 짙은 초록색으로 가운데 주맥이 뚜렷하고 광택이 있으며, 뒷면은 연초록색이다. 1~4월에 가지 끝에 황백색 꽃이 복총상꽃차례로 피고 결실한다.

유래 남인도의 타밀어 man-kay에서 나온 말이다. 포르투갈 사람들이 만가(manga)라고 부르다가 변하여 영어이름 망고(mango)가 생겼다고 한다. 우리나라에서는 1980년대 후반부터 제주지역에서 시설 재배가 시작되었다. 중국에서는 레몬을 의미하는 몽과(檬果)라고 부른다.

이용방법 익은 망고는 후식용으로 사용한다. 인기 최고의 동양 과일로 '모든 과일 중의 왕' 이라는 평을 듣는다. 익은 열매에는 이소망기페릭산(isomangiferic acid), 사과산 등이 들어 있다. 항산화제로 알려진 페놀계 화합물(phenolic compounds)을 많이 함유하여 암 예방에 효과가 있다는 연구 결과도 나왔다. 얇게 썰어서 햇볕에 말린 망고를 식욕부진, 기침 감기 등에 1일 15~25g을 달여 마시면 좋다. 생식할 때는 60~100g을 먹는다. 피부가 약한 사람은 피부에 과즙이 닿지 않도록 주의한다.

깊은 단맛이 있는 망고 열매

망고꽃

● 내복(마시는 약) ● 외용(고약 · 바르는 약 · 습포) ● 목욕제 ● 약술 ● 약초차 ● 요리 · 음식 ● 취급주의

매화나무

과 명	장미과
별 명	매실나무
생약명	오매
약용부	덜 익은 열매
약 용	진해 · 해열 · 정장 · 자양강장
이용법	● ● ● ●

생태 중남부지방에 분포하는 갈잎 작은큰키나무이고, 씨앗으로 번식한다. 높이 약 4~5m로, 가지를 많이 치고 잔가지는 초록색이다. 잎은 어긋나며 길이 4~10㎝의 달걀모양으로, 가장자리에 작고 예리한 톱니가 있다. 꽃은 4월경에 피는데, 작은 가지에 연한 붉은빛을 띠는 하얀 꽃이 1~2송이씩 달리고, 약간 둥근 모양의 핵과를 맺는다.

유래 매화나무라는 이름은 한자이름인 매(梅)에서 유래한다. 덜 익은 열매를 훈제한 것을 한방에서 오매(烏梅)라 하여 약재로 이용하는데, 까마귀의 젖은 날개처럼 검고 윤기가 있다고 하여 붙여진 이름이다.

이용방법 6월경에 덜 익은 푸른 열매를 따서 훈제한 '오매'를 한약방에서 구입할 수 있다. 가정에서는 매실을 말려서 알루미늄포일에 싼 후, 프라이팬에 넣어 뚜껑을 덮고 찌듯이 구워서 쓰면 좋다. 감기 초기에 기침을 멈추게 하고 발한해열시키는 데 좋은데, 훈제한 매실 1~2개를 컵에 넣고 뜨거운 물로 풀어서 먹는다.

가시에 찔린 곳이나 손가락 끝의 종기 등에 말린 매실의 씨를 찧어서 거즈 등에 발라 환부에 붙이면 좋다. 또한 여름 더위나 자양강장에는 매실주를 1잔 마신다. 매실 엑기스(만드는 방법은 p.282 참조)는 설사를 멈추게 하는 효과가 있다.

봄의 시작을 알리는 매화

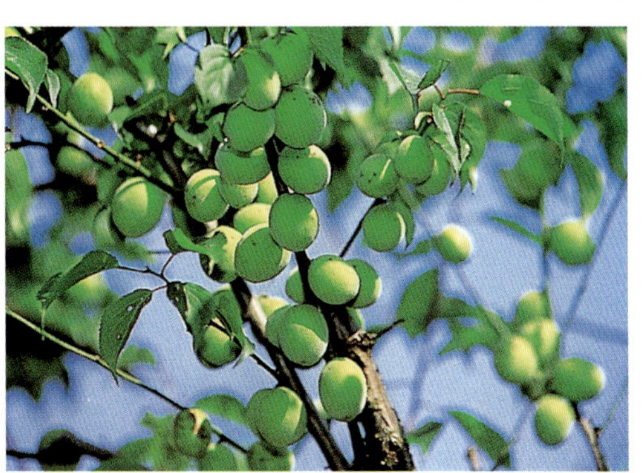

매실. 푸른 색의 덜 익은 열매는 독성이 있으므로 생식하면 안 된다

오매(생약)

맥문동

과 명	백합과
별 명	맥동겨우살이풀
생약명	맥문동
약용부	덩이뿌리
약 용	진해 · 자양강장
이용법	●

여름에 짧은 꽃줄기 끝에 백색 또는 연보라색의 작은 꽃이 달린다

생태 산기슭이나 햇빛이 잘 드는 풀밭에 자생하며, 또한 공원이나 정원의 나무 밑 등에 관상용으로도 심는 늘푸른 여러해살이풀이다. 수염뿌리가 뿌리줄기에서 여러 개 나오며, 땅 속의 수염뿌리가 군데군데 방추형(紡錘形)으로 굵어진다. 잎은 뿌리에서 나오며, 가는 줄모양으로 짙은 초록색이고, 7~8월에 짧은 꽃줄기가 나와서 백색 또는 연보라색의 작은 꽃이 총상꽃차례로 달린다. 9~10월에 둥근 모양의 청자색 씨앗이 맺힌다.

유래 뿌리가 보리와 비슷하고 잎이 겨울에도 시들지 않아서 맥문동(麥門冬)이란 이름이 생겼다. 중국 고서에는 "뿌리의 굵은 부분이 보리류와 비슷하기 때문에 맥문이라 한다"고 설명하였다.

이용방법 땅 속에 방추형으로 굵어진 수염뿌리 부분을 캐서 물로 씻어 햇볕에 말린 것이 '맥문동' 이다. 스테로이드계(steroid) 사포닌(saponin)인 오피오포고닌(ophiopogonin), 세로토닌(serotonin), 당류 등을 함유한다. 감기 기침, 천식, 백일해 등이나 분비물이 적은 헛기침, 가래가 잘 안 없어지는 기침 등에 맥문동을 1일 10g을 달여서 마신다.

심장병, 병후의 자양강장 목적으로 옛날부터 널리 이용하였는데, 꿀을 5~10g을 넣어서 달여 마시면 더 효과가 있다. 당뇨 · 변비 등에도 달여 먹지만 한약을 쓰는 것이 더 좋다.

● 내복(마시는 약)　● 외용(고약 · 바르는 약 · 습포)　● 목욕제　● 약술　● 약초차　● 요리 · 음식　● 취급주의

맨드라미

과 명	비름과
별 명	계관 · 계두 · 맨도라미
생약명	계관화 · 계관자
약용부	꽃이삭 · 씨앗
약 용	정장 · 지혈
이용법	●

오래 전부터 재배되었다고 전해지며, 잎은 염색에 이용해 왔다

생태 열대 아시아, 인도 원산의 한해살이풀(열대에서는 여러해살이)이며, 관상용으로 많이 심는다. 높이 약 90cm이며, 줄기는 굵고 곧게 자라며 줄이 있다. 잎은 어긋나며, 달걀모양의 바소꼴로 끝이 뾰족하고, 잎줄기 모두 털이 없다. 7~8월에 꽃줄기 위쪽이 굵어져서 닭 볏모양이 되고, 아래쪽에는 작은 꽃이 많이 나와서 열매를 맺는다.

유래 중국에서는 줄기 끝의 꽃모양이 마치 닭의 볏과 비슷하다고 해서 '계관(鷄冠)' 이라는 이름이 생겼다. 맨드라미의 속명 *celosia*는 그리스어로 '불타오르다' 는 의미로, 꽃이 불타는 듯한 적색이라서 생긴 이름이다. 종명 *cristata*는 라틴어로 닭의 볏(crest)을 뜻하는데, 꽃모양을 나타낸다. 우리나라는 15~16세기에 들어와 재배하기 시작한 것으로 보인다.

이용방법 꽃은 색이 여러 가지인데, 꽃이 필 때 꽃이삭을 가위 등으로 잘라 햇볕에 말린 것을 모두 '계관화(鷄冠花)' 라고 한다. 치질로 인한 출혈, 설사 등에 1일 10g을 달여 마시면 좋다. 또한 말린 꽃이삭을 비벼서 가루를 내어, 설사에 1회 8g씩 미지근한 물로 먹는 것도 좋다. 가을에 씨앗이 익을 무렵 씨앗을 채집하여 햇볕에 말린 것은 '계관자(鷄冠子)' 라고 한다. 냄비 등에 씨앗을 넣고 살짝 볶아서, 자궁출혈(배변 후 출혈 같은 때)에 1회 5g을 식후 30분에 미지근한 물 또는 찬물로 먹으면 좋다. 갈아서 먹어도 좋다.

머위

과 명	국화과
별 명	머우 · 머구 · 머웃대
생약명	관동화 · 관동엽
약용부	꽃봉오리 · 잎
약 용	식욕증진 · 거담 · 염좌
이용법	● ● ●

큰 비늘조각잎에 싸인 꽃이삭이 머위의 꽃줄기로 잎보다 먼저 나온다.

생태 들과 집 주변에 자라는 여러해살이풀. 가늘고 긴 땅속줄기가 3~4줄기 나오며, 7~8마디 자라면 각 마디에서 잎자루와 4~5장의 둥근 잎이 나온다. 암수딴그루로 암그루에 암꽃이 많고, 꽃이 지면 암꽃이삭이 약 30㎝ 자란다. 땅속줄기에서 잎이 나오기 전에 큰 비늘조각잎에 싸인 어린 꽃줄기가 먼저 나온다.

유래 학명 중 *petasites*는 그리스어의 petasos에서 유래하며, 이는 '챙이 넓은 모자' 라는 뜻으로 머위의 넓은 잎모양 때문에 붙여진 이름이다. 한자어로 '관동화(款冬花)' 라고도 하는데, 모든 것이 얼어붙는 추운 겨울에도 때가 되면 얼음을 뚫고 싹이 나오는 머위의 특성을 잘 나타낸다.

이용방법 3~4월에 머위의 꽃줄기를 잘라서 그늘에 말린 것은 쿠에르세틴(quercetin) · 켐페롤(kaempferol) · 고미질(苦味質) · 정유 · 포도당 · 안겔릭산(angelic acid) · 카프론산(caproic acid) 등이 들어 있다. 약간 씁쓰레한 맛이 봄의 미각을 돋운다.

9월경에 잎을 따서 썰어 그늘에 말린 것은 고미배당체 · 점액질 · 사포닌(saponin) · 콜린(choline) · 타닌(tannin) · 타르타르산(tartaric acid, 주석산) 등을 함유하고 있다.

꽃봉오리나 잎 모두 식욕증진과 거담의 목적으로 1일 15g을 달여서 식사 전에 마시거나 양치액으로 이용한다. 타박상 · 염좌에는 생잎을 불에 구워서 부드럽게 만들어 환부에 온습포하면 통증이 약해지고 빨리 낫는다.

● 내복(마시는 약)　● 외용(고약 · 바르는 약 · 습포)　● 목욕제　● 약술　● 약초차　● 요리 · 음식　● 취급주의

메밀

과 명	마디풀과
별 명	교맥 · 모밀
생약명	교맥
약용부	열매 · 잎줄기
약 용	고혈압 예방, 소염, 지혈
이용법	● ●

꽃은 백색 또는 옅은 붉은빛이며, 꽃받침이 깊게 5개로 갈라지고 꽃잎은 없다

메밀 열매

생태 중앙아시아에서 중국 동북부까지가 원산으로 알려진 한해살이풀이며, 전국적으로 재배한다. 높이 약 50㎝. 원줄기는 속이 비어 있으며 곧게 자라고, 연초록이지만 흔히 붉은빛을 띤다. 마주보며 나는 잎은 삼각형에 가까운 심장모양으로 끝이 뾰족하고, 긴 잎자루가 있다. 꽃은 지름이 약 6㎜이고, 백색 또는 엷은 붉은빛이며, 꽃받침이 깊게 5개로 갈라지고 꽃잎은 없다. 수과(瘦果)인 열매는 삼각형이며, 짙은 갈색 또는 회색을 띤 갈색으로 딱딱한 열매껍질에 싸여 있다.

유래 모가 난 밀이라 해서 모밀 또는 메밀이라는 이름이 붙었다고 한다. 『동의보감』(1613년)에는 "메밀이 비 · 위장의 습기와 열기를 없애주며, 소화가 잘되게 한다"고 기록되어 있다.

이용방법 여름메밀이나 가을메밀 모두 수과와 잎줄기를 채집하여 햇볕에 말린 것을 '교맥(蕎麥)'이라고 한다. 플라본류(flavone)의 비텍신(vitexin) · 오리엔틴(orientin), 플라보노이드류(flavonoid)의 쿠에르세틴(quercetin), 배당체의 루틴(rutin) 등을 함유하고 있다. 루틴은 모세혈관을 튼튼하게 한다. 메밀국수나 메밀국수 삶은 물에도 루틴이 들어 있어서 먹으면 고혈압 예방에 효과적이다. 가시에 찔린 곳, 타박상, 염좌, 종기 등에는 메밀가루를 식초에 개서 환부에 붙이면 좋다. 조금 베인 상처에는 메밀을 수확하고 남은 잎줄기를 햇볕에 말려서 태운 후 남은 재를 물에 섞어서 환부에 바른다. 잿물은 병 등에 넣어 머리 감을 때 사용한다.

명자나무·풀명자나무

과 명	장미과
별 명	
생약명	모과
약용부	열매
약 용	자양강장 · 피로회복
이용법	🟢 🟠

생태 우리나라와 중국 원산으로 알려진 갈잎떨기나무. 높이 약 1.5m로 줄기가 매끄러우며, 2년지는 비스듬히 위쪽을 향해 자라고 가시모양의 잔가지가 있다. 잎은 타원형이며 가장자리에 잔 톱니가 있다. 3~4월에 잎보다 먼저 꽃잎이 5장인 주홍색 꽃이 모여 핀다. 9월경 타원형의 열매가 열리는데, 처음에는 연초록색이고 익으면 노랗게 되며 향기가 있다.
아주 비슷한 풀명자나무는 높이 50~100㎝의 갈잎떨기나무이며, 관상용으로 정원에 심는다.

유래 한자이름이 목과(木瓜)로 나무에 달린 참외라는 뜻이며, 모과나무와 한자이름이 같다. 꽃이 화려하지 않고 은은하며 청초한 느낌이므로 옛날부터 '아가씨나무' 라고도 하였다.

이용방법 8~9월에 노랗게 익기 전의 연초록색 열매를 따서 두 쪽으로 나누어 그늘에 말린 것을 모과〔木瓜〕라고 한다. 구연산(citric acid) · 타르타르산(tartaric acid, 주석산) · 사과산 · 과당 등이 들어 있다. 근육 경련에 모과를 썰어서 1일 5~10g을 달여 마시면 좋다.
35° 소주 1.8 *l* 에 연초록색의 덜 익은 열매를 그대로, 또는 두 쪽을 내어 800g을 넣고(열매는 물에 씻지 말고 마른 헝겊으로 더러운 것만 닦는다), 3개월 정도 어둡고 서늘한 곳에 두었다가 열매를 건져낸 것이 모과주이다. 자기 전에 1잔 정도 물에 희석해서 마시면 자양강장 · 피로회복 · 저혈압 · 불면증 등에 좋다.

3~4월경 잎보다 먼저 피는 명자나무꽃

풀명자나무꽃

명자나무 열매. 처음에는 연초록색이며 익으면 노랗게 된다

🟢 내복(마시는 약)　🔵 외용(고약 · 바르는 약 · 습포)　🟣 목욕제　🟡 약술　🟤 약초차　🟢 요리 · 음식　🔴 취급주의

모과나무

과 명	장미과
별 명	대이 · 산목과 · 향목과
생약명	목과
약용부	열매
약 용	진해 · 피로회복
이용법	🟢 🟠

가을이 되면 누렇게 익는 모과 열매. 아이들에게는 설탕에 재워서 주어도 좋다

5월에 피는 모과꽃

생태 중국 원산의 갈잎큰키나무로 높이가 10m나 된다. 나무껍질은 초록빛을 띠는 갈색이며, 자라면 비늘모양으로 벗겨져서 구름무늬가 된다. 잎은 자루가 있고 거꾸로 된 달걀모양이며, 뒷면에 털이 있으나 나중에는 떨어진다. 5월경 새잎과 함께 꽃잎이 5장인 옅은 붉은빛 꽃이 피고, 9월에 거꾸로 된 달걀모양의 열매가 누렇게 익는다.

유래 가을에 모과나무를 보면 노랗게 잘 익은 열매의 크기와 모양이 참외를 닮았다. 그래서 '나무에 달린 참외'라는 뜻의 목과(木瓜)라는 이름이 생겼으며, 이것이 모과로 바뀌었다. 옛 사람들은 모과나무가 없는 정자는 생각할 수 없다고 하여 정자목(亭子木)이라 하였으며, 고급 가구재로 사용했다.

이용방법 9월에 열매가 누렇게 익기 전에 따서 적당한 크기로 둥글게 썰어 그늘에 말린 것을 '목과'라고 한다. 당분 이외에 지방질 · 단백질 · 사과산 · 정유 · 구연산(citric acid) 등이 들어 있다.

진해 · 피로회복 · 자양강장 등에 모과주를 매일 1~2잔씩 마시면 좋다. 모과주를 만드는 방법은 간단하여, 35° 소주 1ℓ 에 생모과는 500g, 말린 모과는 100g의 비율로 넣어서 어둡고 서늘한 곳에 3개월 두었다가 모과를 건져내면 완성이다. 또한 기침을 멈추게 하려면, 모과를 1일 10g을 달여서 꿀을 조금 넣고 3회로 나누어 식사 사이에 마신다.

모란

과 명	미나리아재비과
별 명	목단
생약명	목단피
약용부	뿌리껍질
약 용	진통 · 소염 · 정혈
이용법	

생태 중국 원산의 갈잎떨기나무. 땅 속의 무성한 뿌리에는 특유의 향이 있다. 줄기는 50~80cm이고 가지를 많이 친다. 어긋나는 잎은 3~5개의 작은잎으로 이루어지고, 연초록색의 깃꼴겹잎이다. 5~6월에 원줄기나 가지 끝에 큰 꽃이 핀다. 꽃은 자주색 · 적색 · 백색 · 황색 등 다양하다. 열매는 골돌과로 짧은 털이 빽빽이 나며, 씨앗은 둥글고 검다.

유래 『본초강목』(1596년)에 "모란(牡丹)은 색이 빨간 것을 더 좋은 것으로 본다. 또한 씨앗을 맺지만 새싹은 뿌리에서 나온다. 그래서 모란(모는 수컷의 의미)이라 한다"고 설명하였다. 흔히 목단(牧丹)으로 불리기도 한다.

이용방법 9월 말경 포기나누기할 때, 뿌리 윗부분의 싹이 상하지 않도록 뿌리를 잘라서 물로 씻는다. 나무망치로 가볍게 두드려서 갈라진 틈으로 심(목질화된 것)을 제거하여 햇볕에 말린 것을 '목단피(牧丹皮)'라고 한다.
페오놀(paeonol) 등의 배당체를 함유하고 있으며, 한방에서는 대황목단피탕 등으로 조제되어 진통 · 소염 · 정혈약으로 쓰인다.
모란의 뿌리는 옆으로 뻗어서 화분에 심기 어렵기 때문에 원예종은 작약 뿌리에 모란을 접붙인 것이 많다. 이것은 목단피로 이용하지 않는다.

5~6월에 가지 끝에 꽃이 핀다. 꽃은 자주색 · 적색 · 백색 · 황색 등 여러 가지 색이 있다

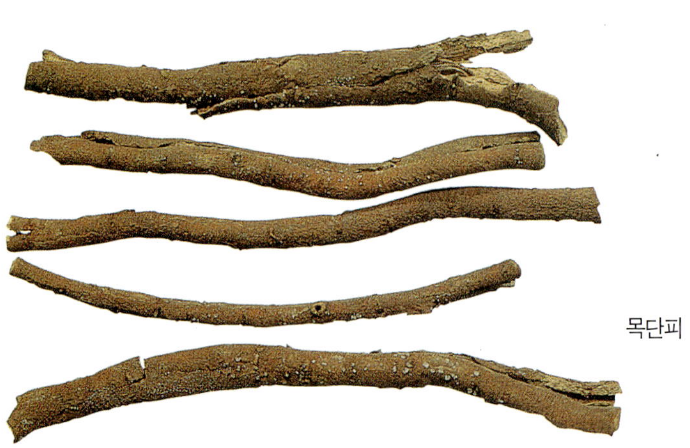

목단피

● 내복(마시는 약) ● 외용(고약 · 바르는 약 · 습포) ● 목욕제 ● 약술 ● 약초차 ● 요리 · 음식 ● 취급주의

목련

과 명	목련과
별 명	신이
생약명	신이
약용부	꽃봉오리
약 용	코질환 · 진통 · 창독
이용법	●

생태 갈잎큰키나무로 높이 10~15m. 나무껍질은 잿빛을 띠는 백색이고 잔가지를 자르면 향이 난다. 잎은 어긋나며, 달걀모양으로 끝이 좁고 아래쪽은 쐐기모양이다. 잎 가장자리는 밋밋하며, 앞뒷면에 털이 있으나 차츰 없어진다. 4월경 잎이 나기 전에 꽃이 위를 향하여 피는데, 꽃잎이 6장이며 백색이다. 9~10월에는 자루모양의 붉은 열매가 달린다.

유래 연꽃 모양의 꽃이 피는 나무라는 뜻에서 목련(木蓮)이란 이름이 생겼다. 또한 중국의 고서에 '이(夷)는 띠의 꽃송이로, 꽃봉오리가 닮았으며 맵기 때문에 신이(辛夷)' 라고 되어 있다. 일본에서는 가을에 열매가 울퉁불퉁하여 주먹처럼 보이기 때문에 주먹이란 의미의 '고부시' 라고 한다.

이용방법 꽃이 피기 전의 꽃봉오리를 따서 그늘에 말린 것을 '신이' 라고 한다. 정유의 시트랄(citral) · 피넨(pinene) 등을 함유하고 있으며, 한방에서는 축농증 등의 코질환에 이용하는 신이청폐탕 등에 넣는다.

축농증, 비염, 꽃가루 알레르기 등에 신이를 1일 10g을 달여서 먹는다. 또한, 감기로 인한 두통 등에는 1일 5~10g을 달여 먹으면 좋다.

일본의 아이누족은 감기를 쫓고 두통을 치료하거나 뼈가 아플 때에 나무껍질을 달여서 먹었다는 기록이 있다.

같은 종류인 자목련의 꽃봉오리도 신이와 같이 약재로 이용한다.

자루모양의 열매. 익으면 열매가 벌어지고 하얀 실로 늘어뜨리듯이 붉은 씨앗이 나온다

4월경 잎이 나오기 전에 하얀 꽃이 핀다

몰로키아

과 명	피나무과
별 명	모로헤이야
생약명	
약용부	어린잎
약 용	자양강장
이용법	●●●

비타민류 외에 칼륨·칼슘·인·철 등의 미네랄이 풍부한 건강채소. 6~7월에 작고 노란 꽃이 핀다

생태 열대 아시아 원산으로 알려진 한해살이풀로 높이 약 2m(열대에서는 4m)이며, 줄기는 원기둥모양으로 곧게 자라서 가지를 친다. 잎은 어긋나며 바소꼴이고, 끝이 뾰족하며 잎자루가 길다. 6~7월에 꽃잎이 5장인 노란 꽃이 피며, 긴 원기둥모양에 긴 부리가 있는 삭과를 맺는다. 씨앗은 청흑색이다.

유래 고대 이집트왕이 중병에 걸렸을 때 몰로키아 수프를 먹고 나은 뒤 이 식물의 이름을 '무르키야'라고 하였다. 왕이라는 뜻의 '무르'와 무리들이라는 뜻의 '키아'가 합쳐진 것으로, 왕족들만 먹을 수 있도록 한 것이다. 이후 일본에서 무르키야를 수입하며 '모로헤이야'라 하였으며, 우리나라에서는 모로헤이야·몰로키아라 한다.

이용방법 중국에서는 황마(黃麻)라고도 하며, 뿌리나 줄기 등에 γ락톤(γlactone)·스테로이드(steroid)를 함유하고 있어 약으로 사용된다.

칼륨·칼슘·인·철 등의 미네랄이 많고, 비타민 A·B$_1$·B$_2$·C가 풍부하여 건강채소로도 이용된다. 이집트에서는 옛날부터 매일 아침 잎을 잘게 썰어서 수프로 만들어 먹었다고 하며, 자양강장 효과가 있다.

꽃이 필 때 잎을 따서 잘게 썰어서 햇볕에 말려 저장하며, 저장한 잎을 적당량 넣고 뜨거운 물을 부어서 차 대신 마시면 자양강장에 좋고, 또한 미네랄 섭취에도 좋다.

● 내복(마시는 약) ● 외용(고약·바르는 약·습포) ● 목욕제 ● 약술 ● 약초차 ● 요리·음식 ● 취급주의

무

과 명	배추과
별 명	제갈채·나백자·나소자
생약명	내복자·나복자
약용부	땅 속 부분, 잎, 씨앗
약 용	해열·숙취·타박상·염좌·보온
이용법	● ● ● ●

김치의 재료로 많은 품종이 재배된다 오른쪽 위 / 초여름에 피는 무꽃

생태 재배종은 중앙아시아 원산으로 알려져 있으며, 기원전에 중국에서 들어와 재배된 것으로 추정되는 두해살이풀이다. 잎은 근출엽이며 다발로 나고, 거꾸로 된 바소꼴이며 깃꼴로 깊게 갈라지고, 보통 거친 털이 있다. 봄에 백색이나 연보라색 십자모양의 꽃이 총상꽃차례로 핀다. 꽃이 질 때 붉은 갈색 씨앗이 1개 들어 있는 장각과(긴 꼬투리모양의 모가 난 열매)를 맺는다.

유래 학명 중 *raphanus*는 그리스어인 raphanis에서 유래한다. '빠르다' 는 뜻의 ra, 또는 '쉽다·빠르다' 란 뜻의 rha와, '생기다' 란 뜻의 phaino-mai의 합성어로, 무의 뿌리가 매우 빠르게 생장해서 붙여진 이름이다.

이용방법 씨앗을 받아서 햇볕에 말린 것을 '내복자(萊菔子)·나복자(蘿蔔子)' 라고 하며, 거담·해수·소화 등의 목적으로 처방조제한다. 초기 감기의 발열, 건위, 숙취 등에 껍질째 갈아서 먹기 좋게 맛을 첨가하여 하루에 1~2컵 마시면 좋다. 디아스타제(diastase, 소화효소)도 많이 들어 있으므로 전분의 소화가 잘된다.

타박상·염좌 등에는 갈아서 즙을 짜서 냉습포하고, 부기가 가라앉으면 생강을 섞어서 온습포한다. 목이 쉬거나 목에 종기가 있을 때 무즙으로 하루에 몇 번씩 양치질하면 좋다. 냉증·피로회복 등에는 잎을 그늘에 말려서 목욕제로 이용한다.

무궁화

과　　명	아욱과
별　　명	목근 · 목근화 · 훈화
생약명	목근피 · 목근화
약용부	나무껍질 · 꽃봉오리
약　　용	위염 · 정장
이용법	●

꽃은 분홍색 · 백색 · 연보라색 등 색이 다양하다. 꽃은 하루면 오므라들지만 계속 피므로 꽃이 피어 있는 기간은 길다

생태　우리나라의 나라꽃으로 품종이 다양하며 전국에 분포한다. 울타리나 정원수로 심는 갈잎떨기나무로 높이 약 3m이다. 줄기는 곧게 자라서 가지가 많이 갈라지며, 가지가 유연해서 잘 꺾이지 않는다. 잎은 어긋나며, 달걀모양으로 끝이 뾰족하고 때때로 얕게 3개로 갈라지며, 가장자리에 거친 톱니가 있다. 8~9월에 가지 끝에 꽃잎이 5장이며 지름이 약 5cm인 꽃이 핀다. 꽃은 분홍색, 백색, 연보라색, 꽃잎이 8장인 것 등 품종이 다양하다.

유래　계속 새로운 꽃이 피어 무궁무진하다는 의미에서 무궁화(無窮花)가 되었다고 한다. 한자이름은 환화(桓花) · 훈화(薰花) · 목근화(木槿花) 등으로 다양한데, 목근화가 변하여 무궁화가 되었다는 이야기도 있다.

이용방법　6~7월에 줄기와 가지의 나무껍질을 벗겨서 햇볕에 말린 것을 '목근피(木槿皮)'라고 한다. 병에 목근피 10g당 35° 소주 1컵(180~200cc)의 비율로 넣고, 밀봉하여 어둡고 서늘한 곳에 2~3개월 둔다. 이것을 무좀에 바르면 좋다고 하는데 성분이나 효과는 확실하지 않다.

또한 8~9월에 꽃이 필 때 꽃봉오리를 따서 햇볕에 말린 것을 '목근화'라고 하며, 플라본(flavone) 성분의 사포나린(saponarin)과 점액질 · 배당체 등을 함유한다. 위염 · 설사 등에는 1회 목근화 5g과 물 1컵을 뭉근한 불로 반이 될 때까지 달여서 찌꺼기를 제거한 후 식사 사이에 마시면 좋다.

● 내복(마시는 약)　● 외용(고약 · 바르는 약 · 습포)　● 목욕제　● 약술　● 약초차　● 요리 · 음식　● 취급주의

무화과나무

과 명	뽕나무과
별 명	은화과
생약명	무화과
약용부	열매 · 잎 · 유액
약 용	장염 · 해독 · 종기 · 변비 · 무좀
이용법	● ● ● ●

무화과 열매. 여름에 익는 것, 가을에 익는 것, 여름과 가을 겸용인 품종 등이 있다

생태 아라비아반도 남부가 원산지로 알려져 있으며, 오래전 시리아 · 소아시아에 전해져서 지중해 제도와 연안으로 퍼진 것으로 추측된다. 잎은 어긋나고, 꽃줄기가 비대한 항아리모양의 꽃받침 안쪽에 작은 꽃이 피는데 밖에서는 잘 안 보인다.

열매는 둥근 모양, 납작하면서 둥근 모양, 원뿔모양 등이 있다. 열매껍질도 초록색, 노란빛을 띤 초록색, 노랑, 붉은빛을 띤 초록색, 자줏빛을 띤 갈색, 자줏빛을 띤 검정 등으로 다양하다.

유래 봄부터 여름에 걸쳐 잎겨드랑이에 열매 같은 꽃이삭이 달리고 안에 작은 꽃이 피는데, 겉에서 꽃이 보이지 않아 무화과(無花果)라는 이름이 생겼다. 꽃이 피지 않고 열매가 달려 '신비의 과일' 이라고도 한다.

이용방법 가지 끝의 작은 열매는 겨울을 나고 6~7월에 커지며, 꽃무화과 · 여름무화과로 불린다. 봄에 새 가지에서 자라는 것은 가을무화과라고 하는데, 모두 무화과로서 약용한다. 말린 열매에는 주로 구연산(citric acid) · 사과산이, 잎에는 스티그마스테롤(stigmasterol) · 베르갑텐(bergapten) · 피쿠신(ficusin) · 루틴(rutin) 등이 들어 있다. 수치질 · 탈항 등의 치질에는 옛날부터 열매를 생식하면 좋다고 한다. 7~9월에 생육한 잎을 따서 햇볕에 말린 후 주머니에 1~2움큼 넣어서 목욕제로 이용해도 좋다. 또한 잎이나 열매를 딸 때 나오는 유액을 치질과 사마귀 치료에 쓴다. 사마귀 이외의 피부에 닿으면 피부염을 일으키므로 주의한다. 특히, 치질에 사용하면 풀독이나 가려움증이 생길 수 있다.

무환자나무

유독식물

과 명	무환자나무과
별 명	도육낭
생약명	연명피
약용부	열매껍질
약 용	머리 감기
이용법	●

10월경 공모양의 열매가 열린다. 처음에는 연초록색이지만 익으면 검은빛을 띠는 누른빛으로 변하며, 속에 있는 검은 씨앗이 보일 정도로 투명해진다

생태　한국 · 중국 · 인도 등에 분포하는 갈잎큰키나무로 높이는 약 15m이다. 여름에 어린 가지 끝에 연한 풀색의 작은 꽃이 원뿔모양으로 모여 피고, 10월경 공모양의 열매가 열린다. 열매는 지름 약 2㎝로, 처음에는 연초록색이지만 익으면 검은빛을 띠는 누른빛이 되며, 속에 있는 1개의 둥글고 단단한 검정 씨앗이 보일 정도로 열매껍질이 투명하다.

유래　옛날에 무당이 무환자나무로 만든 막대기로 귀신을 죽였기 때문에 귀신을 쫓고 근심을 없앤다는 설화가 전해졌다고 한다. 여기에서 유래하여 '환자가 생기지 않는 나무', '근심과 걱정이 없는 나무'란 뜻의 '무환자(無患子)'란 이름이 생긴 것으로 추측된다.

이용방법　씨앗은 빼고 열매껍질만 모아서 햇볕에 말린 것을 '연명피(延命皮)'라고 한다. 옛날부터 연명피를 헝겊주머니에 넣고 물에 적셔서 비비면 거품이 일기 때문에, 머리를 감거나 세탁할 때 세제로 사용해 왔다.

연명피에는 사피노사이드(sapinosaide) 등의 성분이 들어 있어, 잘못 사용하면 적혈구의 세포막이 파괴되어 그 안의 헤모글로빈이 혈구 밖으로 흘러나오는 용혈현상을 일으킨다. 토끼의 경우에는 체중 1kg에 대하여 0.03~0.04g이 치사량이라고 한다. 따라서 잘못 먹으면 사람도 위가 헐거나 복통 등을 일으킬 수 있으므로 유독식물로 취급하는 것이 좋다. 먹는 것은 피한다.

● 내복(마시는 약)　● 외용(고약 · 바르는 약 · 습포)　● 목욕제　● 약술　● 약초차　● 요리 · 음식　● 취급주의

미나리

과 명	미나리과
별 명	채근 · 수영 · 개미나리
생약명	수근
약용부	포기 전체
약 용	거담 · 식욕증진 · 완하 · 보온
이용법	● ●

대표적 봄채소인 미나리. 흰 수염뿌리가 나와서 번식한다

여름이면 꽃줄기가 곧게 자라며 하얗고 작은 꽃이 핀다

독미나리.
독이 있으므로 조심한다

생태 들의 습지나 논두렁 등 물기가 있고 햇빛이 드는 곳을 좋아한다. 여름에는 하얀 기는줄기를 뻗고, 마디에서 수염뿌리가 나와 번식한다. 잎은 깃꼴겹잎이고, 작은잎은 달걀모양으로 톱니가 있으며, 아래쪽은 꼬투리모양이다. 여름에 꽃줄기가 30㎝ 정도 곧게 자라서 하얗고 작은 꽃이 산형꽃차례로 무리지어 피며, 열매는 타원형으로 암술대에 달린다. 아주 비슷한 독미나리는 땅 속 부분이 초록색으로 굵고, 죽순모양의 마디가 있다. 수염뿌리가 하얀 미나리와 구별된다.

유래 미나리는 물에서 자라는 나리라는 뜻으로, 우리나라 최초의 국어사전인 『훈몽자회』(1527년)에 미나리로 표기되어 지금까지 쓰인다.

이용방법 잎줄기의 향 성분은 프탈산 디에틸 에스테르(phthalic acid diethyl ester) 등의 정유, 뿌리의 향 성분은 폴리아세틸렌(polyacetylene) 화합물, 열매의 정유는 미리스티신(myristicin) 등이다. 포기 전체에는 비타민 B_1 · C와 쿠에르세틴(quercetin) 등이 있다. 이 정유들은 미각신경을 자극하여 위액의 분비를 촉진하고 가래를 없애주며, 섬유질은 변통을 좋게 하는 효과가 있다. 생잎줄기를 살짝 데쳐서 나물이나 무침으로 먹으면 좋다. 또한 6~9월에 잎줄기를 채집하여 그늘에서 말린 것을 헝겊주머니에 2~3움큼 넣어서 목욕제로 사용한다. 독미나리는 포기 전체에 시쿠톡신(cicutoxin)이라는 유독성분이 있어서 잘못 먹으면 경직성 경련이 일어나므로 조심한다.

미치광이풀

유독식물

과 명	가지과
별 명	미친풀 · 미치광이 · 광대작약
생약명	낭탕근
약용부	뿌리줄기 · 뿌리
약 용	제약원료
이용법	●

4월 중순경에 자줏빛이 도는 노란 종모양의 꽃이 아래를 향해 핀다. 포기 전체에 유해성분이 있으므로 주의한다

생태 깊은 산의 계곡이나 습지, 드물게 햇볕이 드는 그늘에서 잘 볼 수 있는 여러해살이풀. 높이 약 40㎝이고, 3월 하순에 싹이 나와서 4월 중순경에 자줏빛이 도는 노란 종모양의 꽃이 아래로 늘어지듯이 핀다. 5월 하순에는 땅 윗부분이 시들어서 모습을 감춘다. 땅 속의 뿌리줄기는 굵고 마디가 있다.

유래 잘못 먹으면 아무데나 정신없이 돌아다니며 미친 사람처럼 행동하기 때문에 미치광이풀이란 이름이 생겼다고 한다. 흔히 미친풀 또는 광대작약이라고도 한다. 한방에서는 매우 쓴 뿌리를 '동랑탕'의 약재로 사용한다. 등산객들이 약초나 산나물로 잘못 알아서 중독 사고가 많은 풀 중의 하나다.

이용방법 5월 중하순경에 뿌리줄기나 뿌리를 파서 햇볕에 말린 것을 '낭탕근(莨菪根)' 이라고 한다. 히오시아민(hyoscyamine) · 아트로핀(atropine) · 스코폴라민(scopolamine) 등 강하게 작용하는 트로판알칼로이드(tropanealkaloid)가 함유되어 있으며, 동랑엑기스 · 동랑십배산 등 진통 · 진경약의 제약원료로 중요하다.

포기 전체, 특히 뿌리줄기에 유독성분이 많아서 잘못 먹으면 현기증이나 환각이 일어나거나, 또는 헛소리를 하거나 실없이 웃고, 술에 취한 사람처럼 경련을 일으키는 등 위험한 식물이다. 일반인이 그냥 사용하는 것은 위험하며 제제를 이용하는 것이 좋다.

● 내복(마시는 약) ● 외용(고약 · 바르는 약 · 습포) ● 목욕제 ● 약술 ● 약초차 ● 요리 · 음식 ● 취급주의

민들레

과 명	국화과
별 명	구덕초
생약명	포공영
약용부	뿌리
약 용	고미성 건위
이용법	● ●

민들레. 꽃턱잎의 길이는 약 2cm이며, 끝에 삼각 돌기가 있다

꽃턱잎이 바깥쪽으로 젖혀져 있는 서양민들레. 도시 주변에서 볼 수 있다

생태 전국의 들이나 길가에서 잘 자라며, 4~5월에 꽃이 피는 여러해살이풀이다. 뿌리는 곧은뿌리로 길게 자라고, 근출엽이 많이 나와서 로제트모양이 되며, 꽃턱잎이 모여 있는 노란 꽃이 핀다. 서양민들레는 유럽 원산으로 도시 주변에 많으며, 노란 꽃이 바깥쪽으로 젖혀진 모양이므로 구별할 수 있다.

유래 씨앗이 제각기 멀리 날아가서 자리를 잡고 피며, 예전에는 사립문 둘레에서도 흔히 볼 수 있었다. 그래서 문둘레라고 한 것이 변하여 민들레가 된 것으로 추측된다.

이용방법 우리나라 고유의 민들레와 서양민들레 모두 약용은 같은 것으로 취급된다. 꽃이 피어 있을 때 잎줄기가 달린 채로 뿌리를 캐내며, 뿌리를 물로 씻어서 굵게 썰어 햇볕에 말린 것을 '포공영(蒲公英)' 이라고 한다. 타락사스테롤(taraxasterol)·콜린(choline)·이눌린(inuline)·펙틴(pectin) 등을 함유한다.
위의 더부룩함, 식욕부진, 소화불량 등에 포공영을 1일 10g을 달여 마시면 좋다. 만약 뿌리만 이용한다면 1일 5g만 사용해도 된다.
꽃이 피기 전에 뿌리를 캐서 잎줄기를 떼내고, 물로 씻어서 5mm 두께로 썰어 햇볕에 말린다. 이것을 냄비 등에 볶으면 커피 대신 이용할 수 있다(카페인이 없다). 만들어진 제품도 판매한다.

민들레 뿌리

민바꽃

유독식물

과　명	미나리아재비과
별　명	오두 · 부자
생약명	부자
약용부	덩이뿌리
약　용	
이용법	●

산지에서 잘 볼 수 있는 여러해살이풀로 9~10월에 보라색 꽃이 핀다. 어린잎일 때 이질풀 등으로 잘못 알 수 있으므로 주의한다

생태 산지에서 잘 볼 수 있는 여러해살이풀로 높이 약 1m이다. 줄기는 곧게 뻗으며 원기둥모양이고, 위쪽은 약간 구부러진 모양(⟨)이며 털은 없다. 잎은 손바닥모양으로 보통 3~5갈래로 갈라지고, 표면은 윤기 있는 짙은 초록색이다. 9~10월에 줄기 끝의 잎겨드랑이에 보라색 꽃이 원추꽃차례로 여러 개 모여 피며, 독이 있어 보인다. 산나물과 혼동하기 쉬우므로 주의한다.

유래 꽃모양이 마치 투구 같고, 새의 머리모양 같아서 오두(烏頭) · 초오(草烏) · 투구꽃 등의 이름이 있다. 한자이름 오두 · 부자(附子)는 중국의 고서에서 '어미뿌리는 새의 머리모양과 비슷하므로 오두, 그 옆에 붙은 아들뿌리는 부자' 라고 명확하게 해설하고 있다.

이용방법 포기 전체, 특히 땅 속의 덩이뿌리는 아코니틴(aconitine)이라는 매우 강한 작용을 하는 성분이 있어서, 잘못 먹으면 중추신경에 작용하여 호흡마비와 경련이 일어나고 사망한다고 한다. 이 꽃의 꿀을 먹고 중독되었다는 보고도 있다.

한방에서는 가을에 뿌리를 파서 햇볕에 말리거나, 또는 가공해서 말린다. 이뇨 · 강심 · 진통 · 흥분 · 강장 등의 목적으로 이용하는데, 전문가 이외에는 사용하면 안 된다.

싹이 틀 때 뿌리에서 나오는 잎은 약초인 이질풀(p.191 참조)과 비슷하지만 잎을 씹어보면 쓴맛이 나므로 구별할 수 있다.

● 내복(마시는 약)　　● 외용(고약 · 바르는 약 · 습포)　　● 목욕제　　● 약술　　● 약초차　　● 요리 · 음식　　● 취급주의

바나나

과 명	파초과
별 명	
생약명	파초 · 감초
약용부	뿌리줄기 · 잎 · 열매
약 용	해열 · 지혈 · 이뇨 · 자양강장
이용법	● ● ●

생태 말레이시아반도가 원산으로 알려져 있으며, 대형의 늘푸른 여러해살이풀이다. 열대 · 아열대에서 재배되며 뿌리줄기로 번식하고, 거칠며 성긴 수염뿌리가 나온다. 줄기로 보이는 것은 잎자루가 겹쳐진 가짜줄기로 위에서부터 말린 바나나잎이 펴져나간다. 잎이 35장 정도 나오면 꽃이 피며, 열매를 맺으면 꽃이 또다시 피지 않으므로 베어내고 곁눈을 키우는 것이 일반적인 재배법이다.

유래 기니 원주민이 바나나 열매란 의미로 바나나라고 한 것이 스페인어 · 포루투갈어를 거쳐 영어이름인 바나나가 되었다고 한다. 우리나라에서도 바나나라고 한다. 열대 및 아열대 작물로 우리나라에서는 온실에서 관상용 관엽식물로 재배한다.

이용방법 오래된 가짜줄기를 베어낼 때 뿌리줄기와 잎을 채취하며, 잎은 굵게 썰어서 햇볕에 말린다. 뿌리줄기는 물로 씻어서 모래흙을 제거한 후 굵게 썰어서 햇볕에 말린다. 햇볕에 말린 것을 '파초(芭蕉)', '감초(甘蕉)'라고 한다.

감기로 인한 열 등에 파초의 뿌리줄기를 1일 20g을 달여서 마시면 좋다.

절상 · 찰과상 등에 생잎을 비벼서 으깨어 환부에 붙이면 지혈효과가 있다. 급성신장염, 임신 등으로 몸이 부었을 때 말린 파초 잎을 1일 10g을 달여 마시면, 소변이 잘 나와서 부종이 가라앉는다.

열매는 1일 1~2개씩 먹으면 자양강장에, 4~5개이면 변비에 효과가 있다.

자양강장의 목적으로 열매를 생식하는 것 이외에도 여러 가지 약효가 있다. 사진은 삼척바나나

바위담배

과 명	바위담배과
별 명	
생약명	고거태
약용부	잎
약 용	건위
이용법	● ●

바위 등에 꽃이 피어 눈에 잘 띄지만, 그렇기 때문에 잘 자라지도 않으므로 번식력은 약하다. 사진은 관상용이다

생태 숲 속 습기 있는 바위나 폭포 옆 바위 등에 무리 지어 나는 여러해살이풀. 잎은 길이 약 20cm, 폭 약 10cm로 크고, 1포기에 2~3장씩 뿌리 옆에 생긴다. 또한 타원형의 달걀모양으로 끝이 뾰족하며, 부드럽고 윤기가 있다. 7~9월에 잎의 아래쪽에서 길이 약 13cm의 꽃줄기가 나와 분홍색 꽃이 핀다.

유래 습기 있는 암벽에 무리지어 나며 잎모양이 담배와 비슷하기 때문에 바위담배라는 이름이 붙여졌다. 중국에는 바위담배는 없고 비슷한 종류로 거태(苣苔)라는 식물이 있으며, 쓴맛이 있어서 고거태라(苦苣苔)라고 한다.

이용방법 1포기에 잎이 2~3장 달리는데 채집할 때 1포기에 1장씩 남기며, 남은 잎에 상처가 나지 않도록 칼로 딴다.

딴 잎을 신문지에 말아놓거나 마른 헝겊으로 표면의 물기를 닦아서 햇볕에 말린 것을 '고거태' 라고 한다.

과식, 과음, 위의 더부룩함, 식욕부진, 소화촉진 등에 1일 고거태 5g에 물 3컵을 붓고 반으로 줄 때까지 달이며, 찌꺼기를 버리고 3회로 나누어 식사 사이에 마신다.

옛날부터 어린잎을 산나물로 이용하였으며, 약간 쓴맛을 그대로 초된장무침으로 하거나 살짝 데쳐서 나물 등으로 먹는다. 튀김으로 먹으면 쓴맛이 덜하다.

● 내복(마시는 약)　● 외용(고약·바르는 약·습포)　● 목욕제　● 약술　● 약초차　● 요리·음식　● 취급주의

박하

과 명	꿀풀과
별 명	야식향 · 번하채 · 인단초
생약명	박하
약용부	잎줄기
약 용	방향성 건위
이용법	● ● ● ●

생태 아시아 동부의 온대에 분포하며, 강둑이나 습기가 있는 들에서 자라는 여러해살이풀이다. 높이 약 30cm이며, 땅속줄기가 가지를 쳐서 번식한다. 줄기는 네모지며, 잎은 좁고 긴 타원형으로 마주보며 나고, 잎 표면에 드물게 털이 나 있다. 여름부터 가을에 걸쳐 가지 끝쪽에 가까운 잎겨드랑이에 연보라색 입술모양의 작은 꽃이 돌려나며, 전체에 향이 있다.

유래 그리스어 bacaim에서 박하(薄荷)라는 한자이름이 생겼다. 그리스신화에 나오는 명계의 신 하데스의 연인 민테에서 유래한 민트(mint)라는 영어이름으로도 잘 알려져 있다. 『동의보감』에는 "나쁜 기운을 없애고 피로를 풀며, 머리와 눈을 맑게 하고, 소화를 도와 속을 편하게 한다"고 기록되어 있다.

이용방법 꽃이 필 때 줄기의 밑동을 잘라서 잎과 줄기를 모아 그늘에 말린 것을 '박하'라고 한다. 멘톨(menthol)을 비롯해 피넨(pinene) · 캄펜(camphene) · 리모넨(limonene) 등의 정유가 함유되어 있다.

위의 더부룩함, 식욕부진, 복부팽만 등에 박하 잎을 잘게 썰어서 컵에 1회 3g을 넣고, 뜨거운 홍차를 부어 5분 정도 두었다가 마시면 좋다. 또한 벌레에 물렸을 때 생잎을 비벼서 즙을 내 환부에 바르면 가려움이 없어진다. 피로회복, 요통, 신경통 등을 가라앉히기 위해 목욕제로도 이용한다.

여름부터 가을에 걸쳐 가지 끝쪽의 잎겨드랑이에 연보라색의 작고 입술모양인 꽃들이 돌려난다

반하

과 명	천남성과
별 명	끼무릇 · 소천남성 · 법반하
생약명	반하
약용부	덩이줄기
약 용	진토 · 거담 · 진해 · 진정 · 입덧
이용법	●

생태 땅 속의 덩이줄기가 의외로 깊게 있어서, 밭 등에 번식하면 뽑을 때 고생하는 여러해살이풀. 덩이줄기는 지름이 약 1㎝이며, 잎은 자루가 길고 3개의 작은잎으로 되어 있다. 작은잎은 긴 타원형이며 끝이 뾰족하고, 가장자리에 톱니모양이 없이 매끄러우며 길이 3~12㎝, 폭 1~5㎝이다. 꽃은 5월에 피는데 꽃줄기가 잎보다 길게 자라며, 초록색 대롱모양의 꽃턱잎에 싸인 위쪽에 수꽃, 아래에 암꽃이 꽃줄기에 빽빽이 나온다. 꽃줄기의 끝은 꽃턱잎 바깥으로 가늘게 자라나온다.

유래 여름이 한창일 때 꽃이 시든다고 해서 반하(半夏)라고 한다. 또한 비슷한 종류 중에 천남성이 있는데, 성분이나 꽃 · 잎모양이 거의 비슷하지만 크기가 반하보다 훨씬 더 크다. 그래서 반하를 소천남성이라고도 한다.

이용방법 여름에 꽃이 필 때 덩이줄기를 파서 모래와 물을 넣은 용기 속에 넣고 휘저어 겉껍질을 벗기고, 물로 씻어서 햇볕에 말린 것을 '반하' 라고 한다. 메슥거림이나 구토를 진정시키는 효과가 있다고 한다. 한방에서 반하에 복령 · 생강 등을을 넣은 소반하복령탕이 임신부의 입덧을 가라앉히는 데 사용되지만, 독초이므로 주의한다.

민간에서는 구토를 멈추기 위해 1일 반하 8g에 생강 5g을 넣고 달여서 찌꺼기를 버리고, 식혀서 하루에 여러 차례 나누어 마신다. 반하에 생강을 넣지 않으면 맛이 강해서 마시기 힘들다. 반하는 독초이므로 의사나 약사와 상담하여 사용한다.

꽃줄기는 위쪽에 수꽃, 아래쪽에 암꽃이 빽빽이 달리며, 초록색 대롱모양의 꽃턱잎에 싸여 있다

● 내복(마시는 약)　● 외용(고약 · 바르는 약 · 습포)　● 목욕제　● 약술　● 약초차　● 요리 · 음식　● 취급주의

밤나무

과 명	참나무과
별 명	율과 · 판율 · 건율
생약명	율자 · 율화 · 율수피
약용부	잎, 밤송이 껍질, 나무껍질
약 용	소염, 수렴, 피부기생충 구제(소·말)
이용법	● ● ●

생태 전국의 산과 들에서 흔히 볼 수 있는 갈잎큰키나무로 높이 10~15m, 지름 30~40㎝이다. 잎은 긴 타원형으로 끝이 뾰족하며, 가장자리에 까끄라기모양의 톱니가 있다. 6월에 수꽃은 꽃줄기 끝에 잘 보이지 않게 미상꽃차례를 이루며 노란 꽃이 피고, 암꽃은 그 아래쪽에 2~3개 달린다. 가을에 가시모양의 꽃턱잎 속에 1~3개의 견과가 생긴다. 발아할 때 어린뿌리와 잎자루가 열매껍질 밖으로 나온다.

유래 씨를 뜻하는 '볻' 이 밭 → 발 → 발암 → 바암 등의 변화를 거쳐 밤이 되었다고 한다. 중국에서는 율(栗) · 율자(栗子)라 하며, 우리나라에서는 밤나무씨를 가리키는 생약명을 율자라 한다.

6월에 수꽃은 미상꽃차례로 노란 꽃이 핀다

이용방법 6~7월에 나무껍질, 8~9월에는 잎, 가을에는 열매를 수확한 후의 빈 열매껍질을 모으며, 어느 것이나 모두 굵게 썰어서 햇볕에 말려 보관한다. 모두 타닌(tannin, 떫은맛)을 함유하고 있다. 타닌은 종기를 없애는 소염작용, 조직세포를 수축시키는 수렴작용을 한다.

옻이나 풀독이 올랐을 때, 땀띠, 종기 등의 습진, 가려움증에 1일 30g(어느 부분이나 모두)을 달여서 찌꺼기를 버리고, 남은 액을 식혀서 헝겊 등에 적시어 환부에 발라준다. 구내염, 목의 종기나 통증에는 달인 액으로 적당히 양치질하면 좋다. 또한 거친 피부, 습진, 가려움증 등에 목욕제로 이용하면 좋다.

가시가 난 밤송이 껍질은 소염 · 수렴 작용을 한다

방기

과　명	방기과
별　명	청등
생약명	방기 · 한방기
약용부	뿌리줄기 · 뿌리 · 줄기(나무부분)
약　용	소염 · 이뇨 · 진통
이용법	●

따뜻한 곳에 자생하며, 다른 나무 등에 휘감겨 7m 정도 자란다

생태　들이나 산기슭에서 자라는 갈잎덩굴나무로, 다른 나무를 감아 올라가며 약 7m 높이로 자란다. 잎은 어긋나고, 둥글거나 넓은 달걀모양이며, 가장자리에 얕게 패인 흔적이 3~7개 있다. 암수딴그루로 여름이면 잎겨드랑이에서 꽃줄기가 나와 연초록색 꽃이 원추꽃차례로 달린다. 암그루에는 공모양의 약간 편평한 열매가 검게 익는다.

유래　『동의보감』에서는 "방기는 풍(風)과 습(濕)으로 입과 얼굴이 비뚤어진 것, 손발이 아픈 것을 낫게 하며, 대소변을 잘 보게 한다. 또한 방광열을 없애며, 옴과 버짐 등에 사용한다"고 설명하였다.

이용방법　가을에 뿌리줄기, 뿌리, 지름 1㎝ 이상의 목질화한 줄기 등을 채집하여 적당한 길이로 잘라서 햇볕에 말린 것을 '방기(防己)' 또는 '한방기(漢防己)' 라고 한다. 진통작용이 있는 알칼로이드(alkaloid)의 시노메닌(sinomenine) · 이소시노메닌(isosinomenine) 등을 함유한다.

손발의 부종을 소변이 잘 나오게 하여 가라앉히거나, 신경통 · 류머티즘 · 요통 · 관절통 등의 통증을 줄이기 위해, 1일 방기 10g에 물 3컵을 부어 반으로 줄 때까지 달여서 찌꺼기를 제거하고, 3회로 나누어 식사 사이에 마시면 좋다.

또한, 전문가와 상담하여 방기황기탕 · 방기복령탕 등을 증세에 따라 이용하는 것도 효과적이다.

● 내복(마시는 약)　● 외용(고약 · 바르는 약 · 습포)　● 목욕제　● 약술　● 약초차　● 요리 · 음식　● 취급주의

방아풀

과 명	꿀풀과
별 명	회채화
생약명	연명초
약용부	꽃이 필 때의 잎줄기
약 용	고미성 건위
이용법	●

생태 햇볕이 잘 드는 산과 들에 자생하는 여러해살이풀로 높이가 약 1.5m이다. 줄기는 모가 났으며 아래를 향하여 털이 빽빽이 난다. 잎은 마주보며 나고, 긴 잎자루가 달린 넓은 달걀모양으로 끝이 뾰족하며, 가장자리에 톱니가 있다. 8~9월에 가지 끝의 잎 사이에서 꽃이삭이 나와 작은 입술모양의 연보라색 꽃이 핀다.

유래 옛날에 산속에서 복통으로 쓰러졌던 사람이 길을 지나던 고승의 말에 따라 이 풀을 먹고 목숨을 구하여 연명초(延命草)라는 이름이 생겼다고 한다. 암을 이기는 항암 성분이 들어 있다.

이용방법 9~10월에 꽃이 피어 있을 때 꽃이 달린 잎줄기를 잘라서 바람이 잘 통하는 그늘에 말린 것을 '연명초'라고 한다. 쓴맛이 있는 엔메인(enmein) 등을 함유하며, 선명한 초록색이고 쓴맛이 강한 것이 좋은 것이며 제약원료로 쓰인다.

위가 안 좋거나 위하수·식욕부진일 때 1일 10g 정도에 물을 3컵 붓고 반이 될 때까지 뭉근한 불로 달이며, 찌꺼기를 제거하여 식사 후 3회에 나누어 마시면 좋다. 엔메인의 쓴맛은 물로 40만 배 희석하여도 느낄 정도인데, 같은 건위제인 탄산수소나트륨과 섞으면 쓴맛이 없어져서 고미성 건위의 역할을 제대로 못하므로 연명초 하나만 사용하는 것이 좋다.

병자의 목숨을 구하는 식물로 알려져 있으며, 8~9월에 연보라색 꽃이 핀다

배나무

과 명	장미과
별 명	생이 · 이과 · 쾌과
생약명	배
약용부	잎 · 열매
약 용	수렴 · 이뇨 · 진해 · 보온
이용법	● ● ● ● ●

생태 높이가 15~20m나 되는 것도 있으며, 잎은 어긋나고 달걀모양의 타원형으로 잎 가장자리에 잔 톱니가 있다. 4~5월에 잎과 함께 꽃잎이 5장인 하얀 꽃이 총상꽃차례로 핀다. 열매는 표면에 공모양에 가까운 껍질눈이 많으며, 가을에 어두운 누런빛으로 익는다.

유래 우리나라에서는 삼한시대부터 배나무를 재배한 기록이 있으며, 품종 분화도 오래 전에 이루어진 것으로 보인다. 허균의 『도문대작』 (1611년)에는 5품종이 나와 있고, 구한말에는 황실배 · 청실배 등이 널리 알려졌던 것으로 보아 이 품종들이 널리 재배된 것으로 짐작된다. 한자이름은 리(梨)인데, 어원에 대해서는 알 수 없다.

이용방법 7~8월에 잎을 따서 햇볕에 말린 것(검게 변한다)에는 알부틴(arbutin) · 타닌(tannin) 등이 들어 있다.

기침 감기, 편도선염, 입 안 종기, 목이 쉬었을 때 말린 잎을 1일 10~15g을 달여서 하루에 몇 차례 양치질하면 좋다.

습진 · 가려움증에는 달인 액을 차게 식혀서 헝겊에 적셔 환부에 냉습포한다. 거친 피부, 땀띠, 풀독 등에는 헝겊주머니에 말린 잎을 1~2움큼 넣어서 목욕제로 이용하면 혈액순환이 잘되고 보온에도 좋다. 그 밖에 숙취 · 기침 등에 익은 배의 껍질을 벗겨서 강판이나 믹서에 갈아 즙을 짜고, 생강을 갈아서 조금 넣어 1컵을 마시면 좋다.

대표적인 가을 과일. 약으로는 알부틴이나 타닌 등을 함유한 잎을 주로 이용한다

4~5월에 잎과 함께 꽃잎이 5장인 하얀 꽃이 핀다

● 내복(마시는 약)　● 외용(고약 · 바르는 약 · 습포)　● 목욕제　● 약술　● 약초차　● 요리 · 음식　● 취급주의

번행초

과 명	석류풀과
별 명	갯상추 · 법국파채
생약명	번행
약용부	꽃이 필 때의 잎줄기
약 용	건위 · 정장
이용법	● ●

어린잎은 데쳐서 먹을 수 있다. 4~10월에 잎겨드랑이에 노란 꽃이 달린다

생태 한국 · 중국 · 일본 · 남아시아 등지에 분포하며, 바닷가에서 자라는 여러해살이풀. 줄기는 땅을 기듯이 자라서 가지를 치며, 위쪽은 위로 자라서 높이 약 60㎝의 덩굴이 된다. 잎은 삼각형 또는 모가 났으며 두께가 있고, 잎 가장자리는 약간 물결모양이다. 4~10월에 걸쳐 잎겨드랑이에 노란 꽃이 1~2개 피고, 꽃이 지면 마름 열매와 비슷한 돌기 있는 열매가 달린다. 잘 익은 것은 물에 뜨므로 파도를 타고 가까운 바닷가에 옮겨가 번식한다.

유래 명의 허준이 스승 유의태의 병을 치료하기 위해 구하던 것이 번행초로, 위암의 특효로 알려져 있다. 갯상추라고도 하며, 영어로는 뉴질랜드시금치(Newzealand spinach)라고 한다.

이용방법 옛날에 위암약으로 사용하였지만 효과는 확실하지 않다. 5~10월에 꽃이 필 때, 땅 위의 잎줄기를 꽃이 핀 채로 베어내 굵게 썰어서 말린 것을 '번행(蕃杏)' 이라고 한다. 번행을 1일 15g을 달여 마시면 위염, 위궤양, 십이지장궤양, 스트레스성 궤양 등에 좋다. 신선한 잎을 구할 수 있으면 살짝 얕은맛이 배게 쪄서 반찬으로 먹어도 좋다. 잎줄기의 점액질이 위염 · 위궤양 부분을 감싸서 자극을 줄여주며, 증상을 완화시키는 역할을 한다. 옛날부터 생잎줄기를 나물이나 무침 · 국거리 · 튀김 등으로 폭넓게 이용하였다.

범꼬리

과 명	마디풀과
별 명	만주범의꼬리
생약명	권삼
약용부	뿌리줄기
약 용	정장 · 양치액 · 습진
이용법	

6~7월에 꽃이 핀다. 꽃이 지면 열매껍질이 얇고 단단해지며, 안에 씨앗이 1개 들어 있는 수과가 달린다

생태 깊은 산 속 풀밭 등에서 자라는 여러해살이풀. 뿌리줄기가 흑갈색으로 굵고 단단하며, 잔뿌리가 많다. 높이 30~80㎝. 줄기는 곧게 서며 가지가 나뉘지 않고 초록색이다. 뿌리 가까이에서 나오는 잎은 무리지어 나고, 잎자루가 길며 넓은 달걀모양이지만 점차 좁아져서 끝이 뾰족하다. 꽃은 6~7월에 줄기 끝에 수상꽃차례로 달리며, 연분홍이나 하얀 작은 꽃이 핀다.

유래 꽃이삭의 모양이 범의 꼬리와 비슷해서 범꼬리란 이름이 붙여진 것으로 추측된다. 중국에서는 뿌리줄기의 모양이 주먹을 위아래로 늘어놓은 것처럼 꼬불꼬불하기 때문에 권삼(拳蔘)이라고 한 듯한데 확실하지 않다.

이용방법 가을에 잎줄기가 누렇게 변할 때 땅 속의 뿌리줄기를 캐내어, 물에 씻어서 흙과 잔뿌리를 제거한 후 햇볕에 말린 것을 '권삼' 이라고 한다. 권삼에는 타닌(tannin) 15~25%, 갈산(gallic acid), 에루산(erucic acid) 등이 들어 있다.

설사에는 권삼을 1일 10g을 달여 먹으면 좋다. 또한 구내염 · 치통 · 편도선염 등의 부기나 통증에 권삼 달인 액으로 하루에 몇 번씩 양치질하면 좋다. 습진 · 풀독 등에는 권삼 달인 액을 차게 식혀서 헝겊에 적셔 환부를 냉습포한다.

타박상 · 염좌 등에는 권삼가루에 밀가루 조금과 식초를 넣고 반죽하여 환부를 냉습포하면 좋다.

● 내복(마시는 약)   ● 외용(고약 · 바르는 약 · 습포)   ● 목욕제   ● 약술   ● 약초차   ● 요리 · 음식   ● 취급주의

범의귀

과 명	범의귀과
별 명	주걱잎범의귀 · 범의귀풀
생약명	호이초
약용부	잎
약 용	소아 경기, 이뇨, 건위, 정장, 습진
이용법	● ● ●

초여름에 크고 작은 모양의 흰 꽃이 많이 핀다. 싱싱한 어린잎은 튀기거나 무쳐 먹을 수 있다

생태 돌담 사이나 습한 바위틈에서 자라는 늘푸른 여러해살이풀이며, 관상용으로 정원에 심기도 한다. 잎줄기에 조금 긴 털이 있으며, 밑동에서 기는줄기가 나와 사방으로 뻗고, 끝쪽에 새싹이 나와서 번식한다. 6~8월에 뿌리에서 높이 약 20~50㎝의 꽃줄기가 자라서 끝에 작고 하얀 꽃이 많이 핀다.

유래 잎에 난 털이 호랑이 귀털 같아서, 또는 잎모양이 호랑이 귀를 닮았다고 해서 범의귀라는 이름이 붙여졌다. 한자이름 호이초(虎耳草)도 잎모양이 호랑이의 귀를 연상시켜서 생긴 것이다.

이용방법 5~7월에 꽃이 필 때 충분히 자란 잎줄기를 채취하여 햇볕에 말린 것을 '호이초' 라고 한다. 이뇨 효과가 있는 초산칼륨이나 염화칼륨, 건위 · 정장효과가 있는 베르게닌(bergenin)을 함유한다.

1일 호이초 10g에 물을 3컵 넣고 반으로 줄 때까지 약한 불로 달여서 찌꺼기를 제거하고, 식사 사이에 3회 나누어 마시면 좋다. 소아 경기는 생잎에 소금을 조금 넣고 찧어서 즙을 짜 먹이고, 안정되면 의사에게 진찰을 받는다.

습진 · 버짐 · 부종 등에는 생잎을 빻아서 환부에 붙이고 1일 2~3회 갈아준다. 가벼운 화상 등에는 생잎을 살짝 구워서 손으로 비벼 부순 것을 환부에 붙이면 좋다.

벚나무

과 명	장미과
별 명	
생약명	앵피
약용부	속껍질(나무껍질의 안쪽)
약 용	진해·거담·두드러기·타박상
이용법	● ●

생태 흔히 벚나무속에 속하는 식물을 통틀어 벚나무라고 한다. 특히 산벚나무는 산지에 자라는 갈잎큰키나무로 높이가 20m나 된다. 잎은 달걀모양의 타원형으로 끝이 뾰족하고, 가장자리에 톱니가 있다. 4월경 새잎과 함께 꽃잎이 5장인 분홍색 또는 하얀 꽃이 피고, 공모양의 붉은 열매가 열려 까맣게 익는다.

유래 옛 우리의 선조들은 벚나무를 화살 재료로 이용할 뿐 그다지 즐겨 사용하지 않았다. 조선시대에 들어오면서 벚나무에 대한 기록이 나오기 시작하는데, 『세종실록』(1473년)에 "붉은 칠을 한 활은 동궁이라 하고, 검은 칠을 한 것은 노궁이라 하는데 화피를 바른다"는 내용이 있다. 여기서 화피란 벚나무 껍질을 가리킨다.

이용방법 6~7월에 자생하는 벚나무 껍질을 벗겨서 바깥쪽의 코르크 껍질(울퉁불퉁하고 딱딱한 부분)과 초록색 부분을 제거하고 햇볕에 말린 것을 '앵피(櫻皮)'라고 한다. 어린가지 등 코르크층이 발달하지 않은 나무껍질은 목질 부분을 벗겨내고 이용한다. 배당체의 사쿠라닌(sakuranine) 등을 함유한다.

감기 등의 발열·가래·기침에 1일 15~20g을 달여 마시면 좋다. 또한 숙취, 생선 식중독(고등어 등에 의한)으로 인한 두드러기 등에는 1일 10g을 달여 마신다. 아이들은 설탕을 넣어 맛을 내고, 체중에 따라 양을 조절한다. 타박상·염좌에는 달인 액을 차게 하여 헝겊에 적셔서 냉습포한다.

일본의 나라꽃. 흔히 벚나무속에 속하는 식물을 통틀어 벚나무라고 한다

나무껍질의 안쪽을 햇볕에 말린 앵피

● 내복(마시는 약)　● 외용(고약·바르는 약·습포)　● 목욕제　● 약술　● 약초차　● 요리·음식　● 취급주의

별꽃

과 명	석죽과
별 명	성성초
생약명	번루
약용부	땅 윗부분
약 용	치약
이용법	🔵 🟢

작은 꽃잎이 5장인 하얀 꽃이 피는데, 꽃잎 하나가 2개로 깊게 갈라져 있어서 10장처럼 보인다

생태 산울타리나 길가 등 어디에서나 볼 수 있는 두해살이풀로, 가을에 발아하여 겨울을 난다. 전체에 연한 가지가 많이 갈라져 나와서 무성해진다. 줄기는 한쪽에 1열로 나란히 하얀 털이 있으며, 조심스럽게 벗겨내면 중심에 심이 1줄기 남는다. 잎은 달걀모양으로 끝이 뾰족하고, 마주보며 난다. 3~4월에 줄기 끝이나 잎겨드랑이에서 가는 꽃자루가 나와 작은 꽃잎이 5장인 하얀 꽃이 피는데, 꽃잎 1장이 2개로 깊게 갈라져 있어서 10장처럼 보인다.

유래 꽃받침이나 꽃잎, 그리고 피어 있는 모습이 모두 별과 같다 하여 별꽃이란 이름이 생겼다. 속명 Stellaria도 별이라는 뜻이다.

이용방법 꽃이 필 때 땅 위의 잎줄기째 잘라서 햇볕에 말린 것을 '번루(繁縷)' 라고 한다. 또한 충분히 말린 것을 가루로 만들어서 같은 양의 식염을 넣어 섞은 것을 '별꽃소금' 이라고 한다. 잇몸에서 피가 나거나 이가 흔들릴 때에 별꽃소금으로 이를 닦으면, 잇몸이 튼튼해지고 치조농루를 예방하는 효과가 있다. 특히 별꽃소금을 손가락에 묻혀서 잇몸을 마사지하면 효과적이다.

어릴 때 먹을 수 있으며, 부드러운 잎줄기를 살짝 데쳐서 물에 헹구어 떫은맛을 뺀 후 나물이나 무침 등으로 요리해도 좋다.

복령

과　명	구멍장이버섯과
별　명	솔뿌리혹버섯 · 백신
생약명	복령
약용부	균씨
약　용	이뇨
이용법	●

생태　베어낸 지 3~4년 된 소나무류의 그루터기가 조금이라도 썩어 있다면 뿌리에 복령균이 기생하고 있는 경우가 많다. 땅 속에 생긴 버섯을 찾아야 하므로, 뿌리가 자라는 방향을 따라 T자형의 복령 찾는 꼬챙이를 이용하여 찾는다. 둥근 공모양이거나 타원형이고 크기도 다양하다. 겉은 어두운 갈색이고, 안쪽은 단단한 펠트모양으로 하얗다.

유래　약초를 처음 발견한 사람인 소복의 '복(伏)'과 소령의 '령(苓)'을 따서 '복령'이라고 하였다. 나중에 위에 '풀 초(艹)'를 붙여 '복령(茯苓)'으로 바뀌었으며, 오늘날까지 습(濕)을 제거하는 약으로 사용한다.

이용방법　복령 찾는 꼬챙이로 찌르면 손에 쇠꼬챙이로 떡을 찌르는 듯한 느낌이 든다. 또한 꼬챙이 끝에 전분 같은 입자가 묻고 버섯냄새가 나므로 그곳을 파서 채취한다. 겉껍질을 벗기고, 속의 하얀 부분을 적당한 크기로 잘라서 햇볕에 말린 것을 '복령'이라고 한다. 포도당이 되는 다당류로, 파키만(pachyman) · 에르고스테롤(ergosterol) 등을 함유한다. 한방에서는 이뇨 · 건위 등에 이용한다. 몸의 부종, 배뇨 곤란, 불안 · 공포로 심장박동이 평소보다 강하고 빨라지는 증상, 불면증 등에 1일 10~15g을 달여 먹으면 좋다. 하얀 것을 '백복령(白茯苓)', 붉은 것을 '적복령(赤茯苓)'이라고 한다. 또 복령 속에 소나무 뿌리가 뚫고 지나가는 것을 '복신(茯神)'이라고 한다.

모양도 크기도 여러 가지이며, 무게가 1㎏이나 되는 것도 있다

겉껍질을 벗겨서 햇볕에 말린 복령

● 내복(마시는 약)　● 외용(고약 · 바르는 약 · 습포)　● 목욕제　● 약술　● 약초차　● 요리 · 음식　● 취급주의

복숭아나무

과 명	장미과
별 명	복사나무
생약명	도인 · 백도화
약용부	씨앗, 하얀 꽃봉오리, 잎
약 용	소염 · 진통 · 이뇨 · 완하 · 보온
이용법	🟣 🟢 🔴

복숭아꽃. 4~5월에 잎보다 먼저 꽃이 핀다 오른쪽 위/복숭아 열매. 약용으로도 중요하다

생태 중국 원산의 갈잎작은큰키나무. 높이는 3~4m이며, 잎은 어긋나고 바소꼴이며 뾰족하다. 4~5월에 잎보다 먼저 하양 또는 연분홍의 꽃이 피는데, 꽃은 보통 1겹이고 꽃잎이 5장이다. 열매는 큰 공모양으로 7~8월에 누렇게 또는 붉게 익는다.

유래 고대 중국에서부터 복숭아나무는 선과(仙果), 또는 악귀를 쫓는 주술적 나무로 신성시하여 상서목(祥瑞木) · 영목(靈木)으로 여겨왔다. 중국의 『본초강목』(1596년)에는 복숭아나무의 가지 · 잎 · 뿌리 · 열매 등에 병마를 쫓는 효력이 있다고 나와 있으며, 『동의보감』에는 복숭아를 먹으면 피부에 윤기가 흐르고 안색이 좋아져 미인이 된다고 한다.

이용방법 씨앗을 채집하여 햇볕에 말린 것을 '도인(桃仁)'이라고 한다. 지방유 · 아미그달린(amygdalin) 등을 함유하며, 한방에서 소염 · 진통의 목적으로 부인병 등에 처방조제한다. 3월 하순~4월 상순에 반쯤 벌어진 하얀 꽃봉오리를 따서 그늘에 말린 것은 '백도화(白桃花)'라고 한다. 배당체인 켐페롤(kaempferol) 등을 함유하며, 한방에서 이뇨 · 완하제로 처방조제한다. 그러나 도인 · 백도화 모두 강한 성분이 있으므로 전문가와 상담하여 이용하는 것이 좋다. 7~8월에 잎을 따서 생잎은 1회 500g, 햇볕에 말린 것은 2~3움큼을 헝겊주머니에 넣어 목욕제로 이용하면, 타닌(tannin) 등이 물에 녹아서 습진 · 가려움증 · 땀띠 등에 좋다.

봉출

과 명	생강과
별 명	아출
생약명	봉출
약용부	뿌리줄기
약 용	방향성 건위, 제약원료, 구풍
이용법	●●●

봄부터 초여름에 걸쳐 연한 붉은빛으로 깔때기모양의 꽃이 핀다

생태 인도와 히말라야 원산의 여러해살이풀. 높이는 약 1m이고, 뿌리가 생강과 비슷하며 속은 연노랑 또는 하양이다. 잎은 긴 타원형으로 끝이 뾰족하며 잎자루가 길고, 가운데의 잎맥을 따라서 붉은빛이 나는 자주색 줄이 있다. 늦은 봄부터 초여름에 걸쳐 꽃줄기가 자라서 길이 약 20㎝의 꽃이삭이 나온다. 위쪽의 꽃턱잎은 연한 붉은빛이거나 연노랑이며 깔때기모양의 꽃이 핀다.

유래 중국에서 '아출(莪朮)' 이라 하며, 뿌리줄기를 약재로 이용하였다. 우리나라에서도 다른 이름으로 아출이라고 한다.

일본에서는 식물분류학상 울금(p.183 참조)과 가까우며 뿌리줄기 속이 하얗기 때문에 백울금이라고도 한다.

이용방법 가을에 땅 위의 잎줄기가 시들 때 뿌리줄기를 파서 뿌리를 제거하고, 물로 흙을 씻어낸 후 60℃의 뜨거운 물에 5~10분 살짝 데쳐서 그늘에서 말린 것을 '봉출(蓬朮)' 이라고 한다. 또는 물로 씻어서 둥글게 썰어 그늘에 말린 것 역시 봉출이라 한다. 시네올(cineol)·제도아론(zedoarone) 등의 정유를 함유하고 있으며, 제약원료 등으로 이용된다.

민간에서는 위의 더부룩함, 소화불량, 구풍 등에 봉출을 1일 6~10g을 달여 먹는다. 다 자란 잎은 굵게 썰어서 그늘에 말려 목욕제로 사용하면 요통, 어깨 통증, 피로회복 등에 좋다.

뿌리줄기에서 전분을 얻을 수 있고, 어린 잎집의 싹은 채소로 이용한다.

● 내복(마시는 약) ● 외용(고약·바르는 약·습포) ● 목욕제 ● 약술 ● 약초차 ● 요리·음식 ● 취급주의

부들

과 명	부들과
별 명	향포 · 포채
생약명	포황
약용부	꽃가루
약 용	소염 · 지혈
이용법	●

부들. 높이가 1~1.5m이다

그늘에 말린 꽃가루가 포황이다

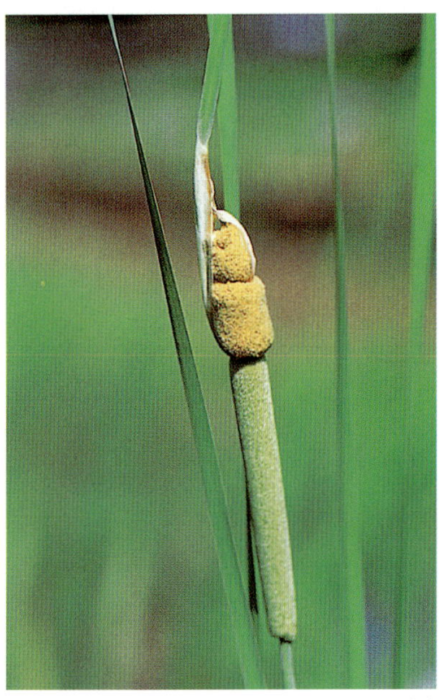

애기부들. 높이가 약 1m로 작다

생태 수생식물로 강가나 연못가에 잘 자라는 여러해살이풀이다. 높이가 1~1.5m이며 뿌리줄기나 씨앗으로 번식한다. 뿌리줄기는 원기둥 모양이고, 털이 없으며 밋밋하다. 잎은 줄모양이고, 밑부분은 줄기를 싸고 있다. 암수한그루로 6~7월에 짙은 갈색의 원기둥모양의 꽃이삭이 달리는데, 위에는 수꽃, 아래는 암꽃이 핀다.

우리나라에서 자라는 부들은 큰부들 · 부들 · 애기부들 · 좀부들 등 4종류이다

유래 잎이 부드러워서 부들부들하다는 의미에서 부들이란 이름이 생겼다. 애기부들은 높이가 약 1m로 작기 때문에 붙여진 이름이다. 잎으로 방석을 만들고, 꽃이삭은 꽃꽂이에 이용한다.

이용방법 6~8월에 꽃턱잎에 싸인 꽃이삭이 자라고 꽃턱잎이 떨어지면 노란 수꽃이 보인다. 수꽃이삭이 익어서 노란 꽃가루가 생길 때 베어내 꽃가루를 채취한 후 그늘에 말린 것을 '포황(蒲黃)' 이 라 고 한 다 . 플 라 보 노 이 드 (flavonoid) 배당체인 이소람네틴(isorhamnetin) 및 지방유를 함유한다.

절상, 찰과상, 가벼운 화상, 치질로 인한 출혈 등에 포황을 직접 환부에 바르면 염증이 가라앉는 소염효과와 지혈효과가 있다.

민간에서는 잎을 달여서 당뇨병에 이용하며, 뿌리줄기를 괴혈병 치료약으로 사용하기도 한다.

부처꽃

과 명	부처꽃과
별 명	두렁꽃·우렁꽃
생약명	천굴채
약용부	꽃이 필 때의 잎줄기
약 용	정장·지혈·습진·가려움증
이용법	● ● ●

7～9월에 걸쳐서 줄기 끝에 꽃이삭이 자라 나오며, 잎겨드랑이에 붉은빛이 나는 자주색의 작은 꽃이 핀다

생태 산과 들의 습지 등에서 자주 볼 수 있으며, 정원에도 많이 심는 여러해살이풀. 줄기는 네모지고 모가 나며, 곧게 자라서 높이 40～80cm가 된다. 잎은 가늘고 끝이 뾰족하며, 줄기에 붙어 있는 아래쪽도 좁아져서 줄기에 마주보며 난다. 매우 비슷한 털부처꽃도 전국에 야생으로 피어 있는데, 줄기나 잎 등에 털이 있고 잎 아래쪽이 넓어져서 줄기를 싸고 있으므로 구분할 수 있다.

유래 불교에서는 부처꽃의 꽃수술로 공양하는 공물에 물을 붓는 풍습이 전해지고 있다. 부처님께 드리는 공양을 깨끗하게 하는 데 사용하기 때문에 붙여진 이름으로 추측된다.

이용방법 꽃이 필 때 꽃이 달린 채로 땅 윗부분을 베어서 2～3cm로 잘라 햇볕에 말린 것을 '천굴채(千屈菜)'라고 한다. 배당체인 살리카린(salicarin)·타닌(tannin)·콜린(choline) 등을 함유한다.

설사에는 1일 천굴채 20g에 물 1컵(180～200cc)을 넣고 반으로 줄 때까지 달여서 찌꺼기를 제거하고, 식사 사이에 1회에 마신다. 달인 액을 차게 식혀서 거즈나 헝겊에 적셔 냉습포하면 땀띠, 구두에 쓸린 상처, 살갗이 쓸린 상처, 풀독 등의 습진, 가려움증에 좋고, 베인 상처의 지혈에도 이용한다.

여름철 갈증에는 1일 10g을 달여서 차게 해서 마시고, 겨울에는 따뜻하게 하여 차 대신 마신다.

● 내복(마시는 약)　● 외용(고약·바르는 약·습포)　● 목욕제　● 약술　● 약초차　● 요리·음식　● 취급주의

부추

과 명	백합과
별 명	정구지 · 부채 · 부초 · 솔 · 졸
생약명	구백 · 구자
약용부	잎줄기 · 씨앗
약 용	건위 · 정장 · 자양강장 · 피부질환
이용법	● ● ●

전체에 독특한 향이 있고, 건위 · 자양강장 등에 효과적인 건강채소 오른쪽 아래 / 부추 씨앗

생태

전체에 특유의 강한 향이 있는 여러해살이풀. 땅속 비늘줄기는 작고 종려나무 모양의 털에 싸여 있으며, 옆으로 이어져 있다. 높이 약 40㎝이고, 줄기는 속이 비어서 곧게 자라며, 아래쪽에 납작한 잎이 무리지어 난다. 7~8월에 잎 사이에서 꽃줄기가 나오고, 끝에 꽃잎이 6장인 작고 하얀 꽃이 산형꽃차례로 모여 핀다. 꽃이 지면 까만 씨앗이 맺힌다.

유래

정구지 · 부채 · 부초 · 솔 · 졸 등으로 불린다. 『동의보감』에도 "부추는 정구지 또는 솔이라고 불리는데, 어혈을 맑게 해준다"고 하였다. 재배는 고대 중국에서 시작되어 『시경』에 기록이 있고, 『본초강목』과 『식물명실도고』에도 재배와 이용에 관한 기록이 있다.

이용방법

잎줄기를 베어서 그늘에 말린 것을 '구백(韭白)'이라고 하며, 1일 10g을 달여서 먹으면 건위 · 식욕증진이나 설사 · 자양강장에 좋다. 생잎줄기를 조리해서 먹어도 같은 효과를 볼 수 있다. 씨앗을 채집하여 햇볕에 말린 것은 '구자(韭子)'라고 하며, 설사나 빈뇨로 곤란할 때 1일 5~10g을 달여 마시면 좋다. 또한 빈뇨 · 요통 등에 구자를 1회 30~40알, 미지근한 물이나 찬물로 바로 먹는 것도 좋다.

쇠버짐 · 기계충 등의 피부질환에는 생부추를 갈아서 환부에 붙인다.

자양강장 · 피로회복 등에는 잎을 된장국 · 무침 · 나물 · 부추잡채 등으로 이용한다.

비누풀

과 명	석죽과
별 명	소프워트 · 거품장구채
생약명	사포나리아
약용부	뿌리줄기
약 용	진해 · 거담 · 만성피부염
이용법	● ● ●

6~8월에 줄기 끝에 분홍색을 띠는 하얀 꽃이 핀다

생태 유럽 · 서아시아가 원산으로 알려진 여러해살이 풀. 높이 30~90cm이고, 뿌리줄기는 희며 굵고 옆으로 기듯이 자란다. 줄기는 곧게 자라거나 약간 비스듬하게 서고, 잎은 긴 타원형으로 마디에 마주보며 나고 양끝이 가늘다. 6~8월에 줄기 끝에 분홍색을 띠는 하얀 꽃이 피는데, 변종으로 빨강 · 분홍색도 있고 겹꽃인 것도 있다. 열매는 삭과이다.

유래 뿌리줄기를 잘게 썰어서 물에 넣고 세게 흔들면 작은 거품이 일어나므로, 라틴어로 비누라는 뜻의 saponaria란 학명이 생겼다. 같은 이유에서 비누풀이라는 이름과 소프워트(soapwort)란 영어이름이 생겼으며, 거품장구채란 이름도 있다.

이용방법 10~11월에 땅 위의 잎줄기가 시들기 시작할 때 뿌리줄기를 파서 물로 씻어 잎줄기나 흙을 제거하고, 1~2cm로 굵게 썰어서 햇볕에 말린 것을 '사포나리아' 라고 한다. 배당체인 사포닌(saponin), 플라보노이드(flavonoid)의 사포나린(saponarin) 등을 함유한다. 사포닌은 용혈작용(헤모글로빈이 혈구 밖으로 빠져나가는 현상)을 하므로 정확한 양을 사용해야 한다.

감기 등의 기침 · 가래, 만성피부염 등에 뿌리줄기를 가루로 만들어서 1회 0.5~1.5g씩 1일 3회, 식사 사이에 미지근한 물로 먹으면 좋다. 그러나 천식은 한 종류의 약초만으로는 치료가 어려우므로 전문가와 상의하여 한약을 쓰는 것이 좋다.

● 내복(마시는 약)　● 외용(고약 · 바르는 약 · 습포)　● 목욕제　● 약술　● 약초차　● 요리 · 음식　● 취급주의

비파나무

과 명	장미과
별 명	비파
생약명	비파엽
약용부	잎
약 용	건위 · 소염 · 지사
이용법	● ● ● ● ●

열매에 포도당 · 사과산 · 미네랄 등이 있어서 피로회복 등에 비파주를 담가 먹거나 생식하면 좋다

비파꽃

생태 우리나라 남부에 자생하는 장미과의 늘푸른작은큰키나무. 높이 약 10m이며, 어린 가지는 거무스름한 누른빛의 잔털로 덮여 있다. 잎에도 털이 있으나 자라면 앞면의 털은 없어지고 뒷면에만 남는다. 10~11월에 가지 끝에 향기가 좋으며 꽃잎이 5장인 하얀 꽃이 피고, 다음해 여름에 열매가 달려 익는다.

유래 한자이름 비파(枇杷)에서 유래하였다. 중국 고서에 "잎이 비파라는 악기를 닮아서 비파란 이름이 붙여졌다"고 기록되어 있다. 또 다른 이야기로는 열매의 모양이 비파와 비슷하기 때문이라고도 한다. 어느 것이나 모두 악기인 비파가 어원인 것 같다.

이용방법 9월 중순에 잎을 따서 잎 뒷면의 털을 솔 등으로 제거한 후 햇볕에 말린 것을 '비파엽(枇杷葉)' 이라고 한다. 타닌(tannin) · 아미그달린(amygdalin) 등을 함유한다. 설사에 1일 비파엽 약 20g에 물 3컵을 넣고 반이 될 때까지 달여서 찌꺼기를 제거하고, 식사 사이에 3회 나누어 마신다.

땀띠 · 습진 등에는 비파엽 달인 액을 식혀서 환부를 씻거나 목욕제로 이용한다.

또한 생잎 30장을 물로 씻어서 가로 1cm로 썰어 35° 소주에 담가서 약 1개월 보관하였다가 걸러낸 것이 비파주이다. 타박상 · 염좌일 때 헝겊에 적셔서 환부에 냉습포하면 부종을 가라앉히고 통증을 완화시키는 효과가 있다.

뽕나무

과 명	뽕나무과
별 명	오디나무 · 상지
생약명	상엽 · 상심 · 상백피
약용부	잎 · 열매 · 뿌리껍질
약 용	자양강장 · 냉증 · 불면증 · 고혈압
이용법	

생태 우리나라와 중국 북부 원산의 갈잎큰키나무. 높이가 6~10m 인데, 양잠용으로는 키가 작은 나무가 좋다. 잎은 어긋나며 잎자루가 있고, 넓은 달걀모양으로 아래쪽은 좌우가 같지 않으며, 뒤쪽의 잎맥에 짧은 털이 있다. 암수딴 그루로 6월에 꽃이삭이 아래를 향해 늘어지며, 6~7월에 암그루에 타원형의 열매가 달려 검게 익는다.

유래 뽕나무 열매인 오디를 많이 먹으면 방귀가 잘 나오므로 '방귀나무' 라는 뜻에서 뽕나무란 이름이 생겼다고 한다. 중국의 고서에는 "누에가 잎을 먹는 신목(神木)이므로 상(桑)이라 하였다"고 해설하고 있다.

이용방법 6월경에 잎을 따서 굵게 썰어 햇볕에 말린 것을 '상엽(桑葉)' 이라고 한다. 단백질 · 미네랄을 함유하므로, 병후의 기력회복, 자양강장, 빈혈일 때 피를 보충하기 위해 1일 20g을 달여서 차처럼 마신다. 당뇨에도 효과가 있다. 5~6월에 붉은빛의 덜 익은 열매를 딴 것을 '상심(桑椹)' 이라고 한다. 저혈압 · 냉증 · 불면증 등에 35° 소주 1*l* 에 상심 300g의 비율로 넣어서 만든 약술을 매일 밤 1잔씩 마시면 좋다. 6~7월에 뿌리껍질을 벗겨 굵게 썰어서 햇볕에 말린 것을 '상백피(桑白皮)' 라고 하며, 플 라 보 노 이 드 (flavonoid)의 모 루 신 (morusin), 구아논(kwanon) A~H 등을 함유한다. 고혈압 · 기관지염 등에 1일 15g을 달여 마시면 좋다.

뽕나무 열매(오디). 까맣게 익으면 먹을 수 있다

4월경 꽃이삭이 밑으로 늘어진다

● 내복(마시는 약)　● 외용(고약 · 바르는 약 · 습포)　● 목욕제　● 약술　● 약초차　● 요리 · 음식　● 취급주의

사과나무

과 명	장미과
별 명	평과 · 임과 · 시과
생약명	평과
약용부	열매(헛열매)
약 용	정장 · 건위
이용법	●●

서늘한 지방에서 재배되는 과일나무로 품종이 다양하다

사과나무꽃. 4~5월에 꽃잎이 5장인 연하게 붉은빛을 띠는 하얀 꽃이 핀다

생태 아시아 서부가 원산인 갈잎큰키나무로 높이 약 15m. 잎은 넓은 타원형이나 달걀모양으로 끝이 뾰족하고, 가장자리에 톱니가 있으며 잎맥 위에 털이 있다. 4~5월에 꽃송이 하나에 여러 개의 꽃이 피는데, 연한 붉은빛을 띠는 하얀 꽃으로 꽃잎이 5장이며, 가운데부터 차례로 바깥쪽으로 핀다. 열매는 헛열매로 꽃받침이 발달한 식용부분과 씨방이 발달한 열매 속부분으로 이루어지며 공모양이다.

유래 중국의 『본초강목』(1596년)에 "사과나무 열매는 맛이 달아서 새들이 많이 모인다. 그래서 임금(林禽) · 내금(來禽)이라 한다"고 설명하였다. 여기에서 능금이란 이름이 유래되었으며, 중국에서 사과가 들어올 때 능금이란 이름도 함께 들어온 것으로 추측된다. 엄격히 따지면 능금과 사과는 다르지만, 우리나라에서는 능금을 사과와 같은 의미로도 사용한다.

이용방법 사과의 신맛은 사과산 · 구연산(citric acid) · 타르타르산(tartaric acid, 주석산), 향기는 초산 · 카프론산(caproic acid) · 테르펜알코올(terpenealcohols) · 게라니올(geraniol) 등에서 나온다. 위산과다, 위 무력증, 만성위염, 만성설사 등에 어른은 주먹만한 사과 1개, 아이들은 나이와 체격에 맞게 줄여서 매일 아침 식사 전에 갈아 먹으면 좋다.

젖먹이 설사에는 사과즙을 약 1작은술 먹인다. 건강한 사람도 먹으면 소화효소 작용으로 소화가 잘되고, 셀룰로오스 작용으로 변을 잘 보게 되며, 식욕증진 · 자양강장에 좋다. 계속 먹으면 동맥경화 예방에도 좋다.

사철쑥

과 명	국화과
별 명	애탕쑥 · 인진 · 생당쑥 · 더위지기
생약명	인진호 · 면인진
약용부	꽃이삭, 어린 싹
약 용	소염 · 이뇨 · 이담
이용법	●

생태 냇가나 바닷가의 모래흙에 많은 여러해살이풀. 높이가 30~100㎝이며, 줄기는 위쪽에서 가지가 갈라지고, 아래쪽은 목질화된다. 줄기의 잎은 깊게 패여 가는 실 같고 털이 있다. 8~9월에 꽃이삭이 나와서 작고 노란 꽃이 피는데, 꽃받침이 초록색이라 눈에 잘 띄지 않는다.

유래 끈질기고 강한 생명력으로 눈 내리는 한겨울 추위에도 살아 있기 때문에 '사철쑥' 이라고 하며, 일반 약쑥과는 다르다. 『동의보감』에는 "맛이 쓰고 매우며, 몸안에 습열이 모여서 생긴 황달로 온몸이 노랗게 되고 소변이 잘 통하지 않는 증세를 치료한다" 고 나온다.

이용방법 예전에는 이른 봄에 하얀 털로 덮인 어린 싹을 따서 '면인진(綿茵蔯)' 이라 이름하여 이용하였다. 그러나 최근에는 가장 많은 성분이 들어 있는 가을의 꽃이삭을 따서 그늘에 말린 것을 '인진호(茵蔯蒿)' 라고 하여 이용한다. 정유인 카필린(capilline), 크로몬류(chromone)의 카필라린(capillarine), 쿠마린류(coumarin)인 스코파론(scoparone) 등의 성분이 들어 있으며, 모두 쓸개즙의 분비를 촉진하는 이담작용을 한다.

황달 초기, 알레르기 등에는 인진호를 1일 10~20g을 달여서 식후 30분마다 마신다. 면인진도 같은 방법으로 먹는다. 단, 간염 · 담낭염 등의 병에는 한의사 · 약사 등 전문가와 상담하여 인진호탕을 먹는다.

8~9월에 작고 노란 꽃이 피는데 눈에 잘 띄지 않는다

사철쑥의 마른 꽃이삭(인진호)

● 내복(마시는 약)　● 외용(고약 · 바르는 약 · 습포)　● 목욕제　● 약술　● 약초차　● 요리 · 음식　● 취급주의

사프란

과 명	붓꽃과
별 명	홍화
생약명	번홍화
약용부	암술머리
약 용	부인용약 · 진통 · 진정
이용법	●

10월에 꽃잎이 6장인 연한 자주색 꽃이 핀다. 고대 아라비아에서는 암술이 옷의 노란 염료로 귀하게 여겨졌다

생태

소아시아 · 남유럽이 원산으로 알려진 여러해살이풀. 땅 속에 동글납작한 공모양의 굵은 알줄기가 있다. 10월에 꽃잎이 6장인 연한 자주색 꽃이 피고, 수술이 6개이며, 암술대는 1개인데 끝이 3개로 나누어지고, 노란빛을 띠는 선명한 빨강이다. 꽃 피는 시기 전후에 긴 바늘모양의 잎이 무리지어 자란다.

유래

사프란(Saffron)의 어원은 '노랑' 이란 뜻의 아랍어 Sahafaran으로, 예부터 노란 염료로 귀중한 약초로 사용되었다. 『본초강목』(1596년)에는 번홍화(番紅花) · 박부람(泊夫藍) · 철법랑(撤法郞)으로 기록되어 있다.

이용방법

10월에 꽃이 피면 수술의 노란 꽃가루가 묻지 않도록 핀셋 등으로 조심해서 암술을 채집하여 그늘에서 말린 것이 '번홍화' 이다. 황색 색소 배당체인 크로신(crocin), 쓴맛 배당체 피크로크로신(picrocrocin), 정유 사프라날(safranal) 등이 들어 있다.

갱년기나 월경불순으로 인한 현기증 · 불면증 · 두통 · 생리통 등에 사프란을 1회 0.2~0.3g(6~7포기)씩 컵에 넣고 뜨거운 물을 부어 잠시 두었다가 누르스름한 붉은빛이 되면 마신다. 남은 사프란은 다음에 1~2회 더 사용한다. 1일 2~3회 식사 사이에 먹는다. 그러나 통경작용이 있으므로 임신부는 사용하지 않는다.

산달래

과 명	백합과
별 명	돌달래 · 큰달래
생약명	야산
약용부	포기 전체
약 용	자양강장 · 식욕증진
이용법	

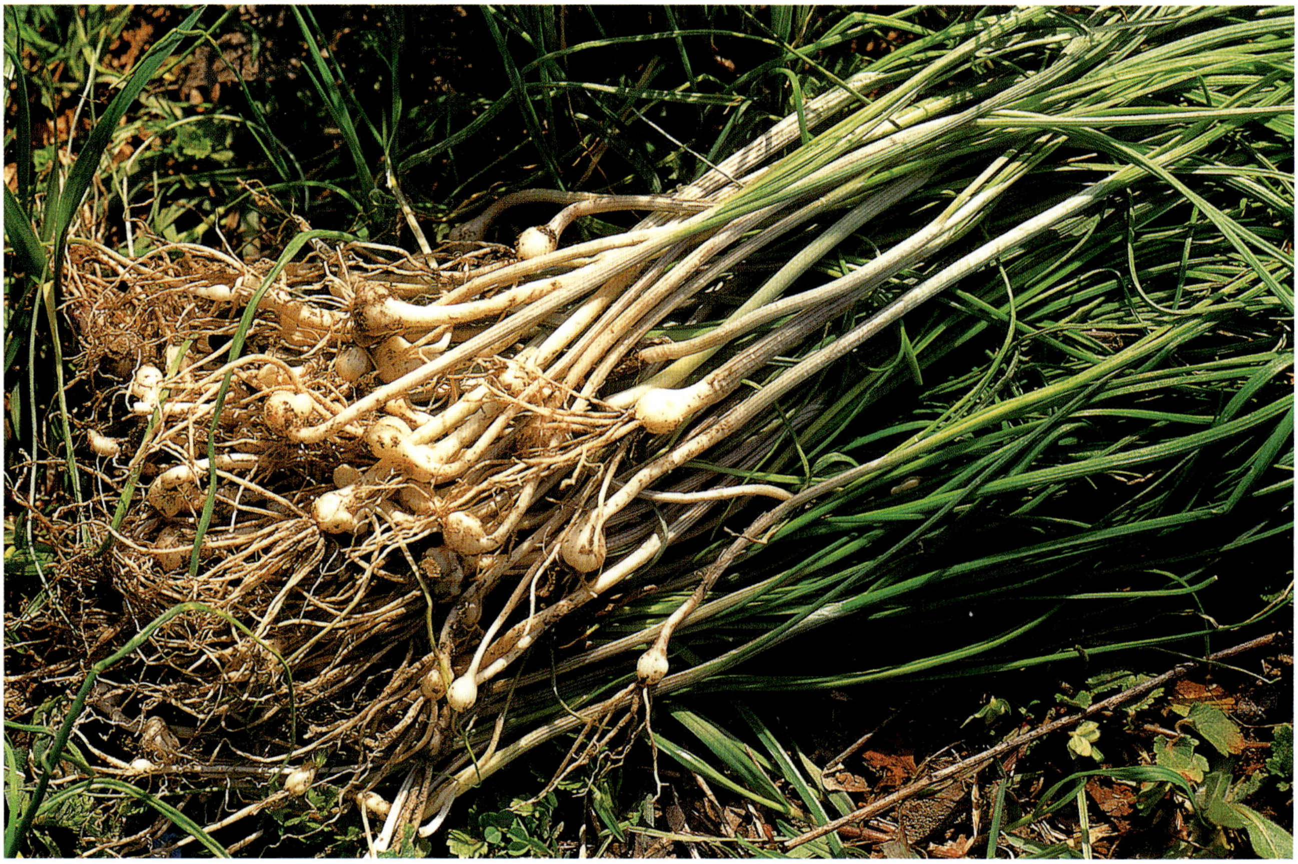

새끼손가락 1마디 크기의 하얀 비늘줄기가 공모양으로 달리고, 밑에 수염뿌리가 나온다

생태 햇볕이 잘 드는 풀밭 · 길가 · 제방 등에 모여 피는 여러해살이풀. 땅 속에 새끼손가락 1마디 크기의 하얀 비늘줄기가 공모양으로 달리고, 아래쪽에는 수염뿌리가 있다. 늦가을부터 잎이 나와서 겨울을 난다. 잎은 가늘게 약 30㎝ 자라며 연초록색이다. 5~6월에 약 50㎝의 꽃줄기가 올라와서 붉은빛이 나는 연한 자주색 꽃이 피고 구슬눈이 달린다. 포기 전체에 파와 같은 냄새가 있다.

유래 마늘을 옛날에는 산(蒜)이라고 불렀으며, 야생하는 마늘이라는 의미에서 산달래를 야산(野蒜)이라고도 하며, 한방에서 생약명으로도 사용한다.

이용방법 채소로 먹으면 자양강장 · 식욕증진에 좋다. 땅 속 비늘줄기를 포함하여 포기 전체에 마늘처럼 균을 억제하는 유황화합물이 들어 있다고 알려졌으며, 버짐 · 마른버짐 등에는 포기 전체를 생채로 갈아서 붙이면 빨리 낫는다.

유독식물인 흰꽃나도사프란은 산달래와 잎이 비슷하지만, 짙은 초록색으로 두껍고 약간 딱딱하다. 비늘줄기는 갈색이고 꽃은 백색이며, 전체에 파냄새가 없으므로 구분이 가능하다.

산사나무

과 명	장미과
별 명	산리홍 · 산로 · 홍과자
생약명	산사자
약용부	열매(헛열매)
약 용	건위 · 수렴
이용법	● ●

산사나무의 열매(헛열매). 10월에 열매가 달리며, 익으면 붉거나 노랗게 된다

4~5월에 가지 끝에 피는 산사나무꽃

생태 중국 중 · 남부가 원산으로 알려진 갈잎작은키나무로, 높이 약 1.5m. 가지가 많이 갈라지고, 잔가지가 변한 가시가 있다. 잎은 어긋나고 3~5개로 갈라지며, 거꾸로 된 달걀모양이고 잿빛을 띤 초록색이다. 잎집은 붉은 갈색이거나 노란 갈색이다. 4~5월에 새잎과 함께 꽃잎이 5장인 하얀 꽃이 피며, 10월경 공모양의 열매(헛열매)가 열려서 붉은빛이나 노란빛으로 익는다.

유래 『본초강목』(1596년)에 "산사(山査)는 맛이 사자(査子, 풀명자나무의 열매)와 비슷하기 때문에 사(査, 풀명자나무)라고 이름 붙였다"고 되어 있으며, 산에 있는 '사' 라는 의미에서 산사가 된 것으로 추측한다.

이용방법 9~10월에, 헛열매가 노랗게 되었을 때 따서 햇볕에 말린 것을 '산사자(山査子)' 라고 한다. 청산배당체 아미그달린(amygdalin), 플라보노이드(flavonoid)의 쿠에르세틴(quercetin), 트리테르페노이드(triterpenoids)의 우르솔산(ursolic acid), 유기산의 타르타르산(tartaric acid, 주석산), 비타민C 등이 들어 있다.

위가 더부룩하고 식욕이 없으며 소화가 잘 안 될 때 산사자를 1일 10g을 달여 마신다. 목이 붓고 아플 때는 1일 산사자 10g에 설탕 ½작은술을 넣고 달여, 여러 번 나누어서 따뜻하게 마신다.

옻이 올라 가려우면 1일 산사자 8g에 물 2컵(360~400cc)을 넣어 반으로 줄 때까지 달인 다음 찌꺼기를 제거하고, 달인 액을 차게 식혀서 냉습포하면 좋다.

산수유나무

과　명	층층나무과
별　명	석조 · 촉산조 · 계족 · 육조
생약명	산수유
약용부	열매
약　용	자양강장 · 피로회복
이용법	● ●

3～4월에 잎보다 먼저 노란 꽃이 무리지어 핀다　오른쪽 위 / 약으로 이용되는 산수유 열매

생태

우리나라가 원산으로 알려진 갈잎작은큰키나무. 높이 5m이며, 나무껍질의 바깥쪽이 얇은 조각이 되어 떨어진다. 잎은 마주보며 나고, 긴 타원형으로 끝이 뾰족하며, 가장자리에 톱니가 없다. 잎맥은 끝쪽을 향하여 활처럼 휘어져 평행으로 뻗으며, 뒷면은 잎맥에 갈색 털이 있다. 3～4월에 잎보다 먼저 노란 꽃이 무리지어 피며, 가을에 긴 타원형의 핵과가 붉게 익는다.

유래

한자이름의 산수유(山茱萸)를 그대로 사용하는데 이름의 어원은 알려지지 않았다. 산수유는 이른 봄에 노란 꽃이 피기 때문에 춘황금화(春黃金花)라고도 하며, 가을에 빨간 열매를 맺기 때문에 가을산호〔秋珊瑚〕라는 이름도 있다.

이용방법

예부터 한방에서는 과육을 약용하였다.

10월에 붉게 익은 열매를 따서 뜨거운 물에 5분 정도 담갔다가 소쿠리에 건져서 씨앗을 빼고 햇볕에 말린 것을 '산수유(山茱萸)'라고 한다. 쓴맛 배당체인 로가닌(Loganin), 모노테르펜(monoterpene) 배당체인 모로니사이드(Morroniside), 그 밖에 올레아놀산(oleanolic acid), 타닌(tannin), 코르닌(cornin)을 함유한다.

피로회복, 귀울림, 잦은 소변, 노인의 야뇨증 등에 산수유를 1일 10g을 달여 먹는다.

자양강장, 피로회복, 냉증, 저혈압, 불면증 등에는 35° 소주 1.8l 에 산수유 200g(생 열매는 800g)의 비율로 산수유술을 만들어 매일 자기 전에 1잔씩 마시면 좋다.

● 내복(마시는 약)　● 외용(고약 · 바르는 약 · 습포)　● 목욕제　● 약술　● 약초차　● 요리 · 음식　● 취급주의

산파

과 명	백합과
별 명	동방유북총
생 약 명	세향총
약 용 부	비늘줄기 · 잎
약 용	자양강장 · 절상
이 용 법	🔵 🟢

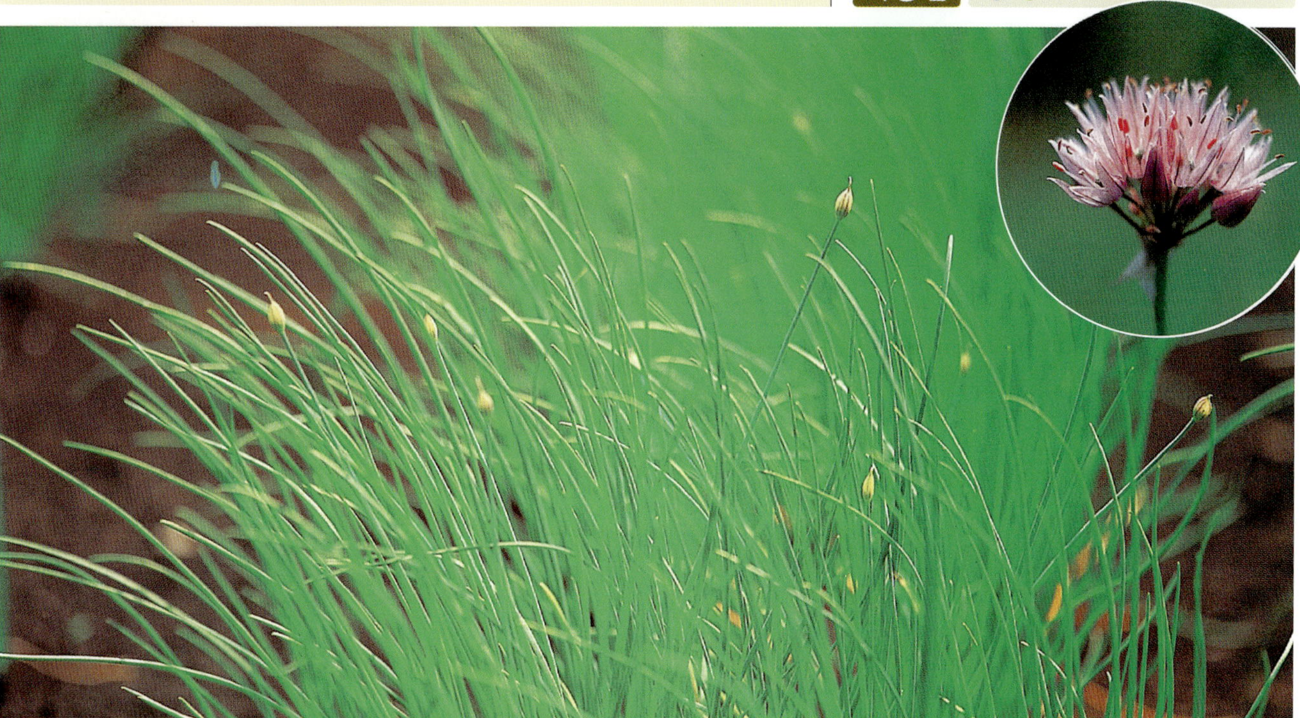

산파의 잎줄기 오른쪽 위/붉은빛이 나는 연한 자주색의 산파꽃

생태
북반구의 온대 · 한대에 분포하는 여러해살이 풀로, 들이나 산지 등에서 자란다. 예전부터 채소로도 재배하고 있다. 염교모양의 비늘줄기가 있고(매우 비슷하게 생긴 차이브에는 확실한 비늘줄기가 없다), 7~8월에 꽃줄기 끝에 붉은빛이 나는 연한 자주색 꽃이 산형꽃차례를 이루며 핀다.

유래
파 종류이며, 잎의 초록색이 파보다 옅다. 그래서 일본에서는 '옅은 색 파'란 의미로 천총(淺悤)이라고도 한다.

이용방법
잎과 비늘줄기에는 정유를 비롯해 펜토스(pentose) · 만닛(mannit) · 카로틴 등이 들어 있다. 파보다 강하지 않으나 특유의 향미는 주로 정유에서 나오며, 잎이나 비늘줄기를 생으로 찧으면 효소의 활동으로 휘발성 유황화합물이 만들어진다. 이것이 항균작용을 하고 지혈효과도 있어서, 긁히거나 베인 상처에 생잎이나 생비늘줄기를 갈아서 붙이면 좋다. 또한 정유는 위액의 분비를 촉진하므로, 나물 · 무침 · 국건더기 등으로 먹으면 자양강장 · 식욕증진 · 소화촉진에 도움이 된다.
유럽에서는 차이브를 산파와 같이 약용 또는 식용한다.

살구나무

과 명	장미과
별 명	행자목 · 밀살구
생약명	행인
약용부	씨앗 · 열매
약 용	자양강장 · 냉증
이용법	🟡 🟢

3~4월에 연분홍색의 매화와 비슷한 꽃이 핀다　왼쪽 아래/익으면 달고 좋은 향이 난다

생태
중국의 산둥〔山東〕, 산시〔山西〕, 허베이〔河北〕 등의 산지 및 둥베이〔東北〕 남부가 원산으로 알려진 갈잎큰키나무로, 높이가 5~10m이다. 나무껍질은 붉은빛을 띠며, 어린 가지는 자주고동색으로 털이 없다. 잎은 넓은 달걀모양으로 가장자리에 톱니가 있다. 4월경 묵은 가지에서 연분홍색 꽃이 피고, 7월에는 공모양의 귤색 열매가 달린다.

유래
한자이름 '행자(杏子)'를 그대로 가져와 행자목 이라고도 한다. 옛 상상 속의 낙원에서는 평화와 안녕을 상징하는 꽃이었으며, 그래서 살구나무를 가리키는 '행(杏)' 자를 따와 행화촌(杏花村)이라고 하였다.

이용방법
열매의 속씨를 싸고 있는 핵을 쪼개어 안의 속씨를 모아 햇볕에 말린 것을 '행인(杏仁)' 이라고 한다. 아미그달린(amygdalin, 청산배당체)이 들어 있으며, 한방에서 진해 · 천식 · 호흡곤란 · 동통 · 부종 등에 이용하지만 약으로 행인 하나만은 사용하지 않는다.

6월에 익지 않은 열매를 따서 35° 소주 1.8 l 에 덜 익은 열매 1kg의 비율로 넣어 살구주를 담근다. 피로회복 · 자양강장 · 냉증 · 저혈압 등에 매일 밤 자기 전에 1잔씩 마시면 좋다.

익은 열매에는 비타민류를 비롯해 구연산 · 사과산 등이 있어서 자양강장에 좋으므로 날로 먹는다. 씨를 빼서 햇볕에 말려 보관하면 편리하다.

🟢 내복(마시는 약)　🔵 외용(고약 · 바르는 약 · 습포)　🔴 목욕제　🟡 약술　🟤 약초차　🟢 요리 · 음식　🔴 취급주의

삼지구엽초

과 명	매자나무과
별 명	방장초 · 선령비 · 천량금 · 팔파리
생약명	음양곽
약용부	잎줄기
약 용	자양강장 · 피로회복
이용법	🟢 🟡 🟠

생태 중북부지방의 구릉이나 산 주위의 잡목 등 나무그늘에 자생하는 여러해살이풀. 뿌리줄기나 씨앗으로 번식한다. 한 포기에서 여러 줄기가 나오며, 높이는 약 30cm이다. 뿌리줄기는 옆으로 뻗는데 잔뿌리가 많이 달리고 꾸불꾸불하며, 원줄기 밑을 비늘 같은 잎이 둘러싼다. 잎은 어긋나며, 달걀모양으로 끝이 뾰족하다. 꽃은 총상꽃차례로 5월경에 아래를 향해 달리며, 노란빛을 띤 백색이다.

유래 줄기 끝이 3개의 가지로 갈라지고, 각각에 3장의 잎이 달려서 삼지구엽초(三枝九葉草)란 이름이 붙여졌다. 중국의 『본초강목』(1596년)에 "서주의 발정한 양이 이 풀을 먹고 하루에 백번 교합했다"고 쓰여 있으며, 그래서 음양곽(淫羊藿)이란 한자이름이 생겼다고 한다.

이용방법 5~6월에 땅 윗부분을 채집하여 햇볕에 말린 것을 '음양곽'이라고 한다. 강장 · 강정 · 이뇨 · 부스럼 · 건망증 · 히스테리 · 신경쇠약 · 음위 등의 약재로 쓰인다.

예부터 자양강장, 무릎 · 허리 냉증, 통증 등에 1일 10g을 달여 먹었는데, 쓴맛이 강하다. 자양강장 · 피로회복 · 저혈압 · 불면증 · 식욕증진 등에 음양곽 70g을 35° 소주 1.8 l 에 담가서 3개월간 차고 어두운 곳에 보관하며, 찌꺼기를 건져내고 매일 자기 전에 1잔씩 물로 희석하여 마시면 좋다.

삼지구엽초꽃. 4월경 연보라색으로 닻과 비슷한 꽃이 핀다

이삭삼지구엽초

삽주

과 명	국화과
별 명	선출 · 천정 · 산강 · 산정
생약명	백출 · 창출
약용부	뿌리줄기
약 용	건위 · 정장
이용법	● ● ● ●

생태 산지의 건조한 곳에서 자라는 여러해살이풀로, 높이가 60~100㎝이다. 아래쪽의 잎은 3~5개로 깊게 깃꼴로 갈라지며, 위쪽의 잎은 타원형으로 가장자리에 가시모양의 톱니가 있다. 꽃은 암수딴그루이고, 7~10월 줄기와 가지 끝에 하얀 꽃이 핀다.

유래 삽주란 이름은 순우리말로 그 유래를 알 수 없다. 『동의보감』(1613년)에서는 삽주의 효능에 대해 '비위를 튼튼하게 하고 설사를 멎게 하며 습을 없앤다. 또 소화를 시키며 땀을 멎게 하고, 명치 끝이 그득하며 아픈 것과 토사곽란을 낫게 한다. 허리와 배꼽 사이의 혈을 잘 돌게 하며, 위가 허하고 냉하여 생긴 이질을 낫게 한다' 고 설명하고 있다.

이용방법 가을에 뿌리줄기를 파서 물로 씻어 껍질을 벗기고 그늘에 말린 것을 '백출(白朮)' 이라고 한다. 아트락틸론(atractylone, 곰팡이를 막는 작용을 한다) 등을 함유한다. 삽주 및 동속 식물의 뿌리줄기를 말린 것은 창출(蒼朮)이라고 구별해서 부르는데, 백출이나 창출 모두 약재상 등에서 구입할 수 있다.

위가 답답하거나 더부룩할 때는 백출을 1일 10g을 달여서 마시면 좋다.

옛날에는 멍든 곳에 백출가루를 반죽하여 붙였다. 또한 일본에서는 오랜 관습으로, 장마철이나 홍수 뒤에 곰팡이를 막기 위해 백출을 태워서 연기를 피웠다. 봄에 나오는 어린잎은 나물로 무쳐 먹는다.

삽주. 위쪽의 잎은 타원형이고, 가장자리에 가시모양의 잔 톱니가 있다

잎이 좁은 가는잎삽주

● 내복(마시는 약)　● 외용(고약 · 바르는 약 · 습포)　● 목욕제　● 약술　● 약초차　● 요리 · 음식　● 취급주의

생강

과 명	생강과
별 명	새앙 · 새양 · 백강 · 균강
생약명	건강 · 생강
약용부	뿌리줄기
약 용	방향성 · 신미성 건위, 발한해열, 소염, 보온
이용법	● ● ● ●

양념으로 친근한 생강의 뿌리줄기. 특유의 향과 매운맛은 건위 등에 좋다

생태 열대 아시아가 원산으로 알려진 여러해살이풀로, 높이 약 60㎝. 뿌리줄기는 덩어리모양이며, 잎집으로 된 가짜줄기가 곧게 선다. 잎은 줄모양이며, 바소꼴로 끝이 뾰족하다. 뿌리줄기에서 바로 꽃줄기가 올라오고, 붉은 자주색에 노란 반점이 있는 입술모양의 꽃이 핀다. 우리나라에서는 하우스 안이 아니면 좀처럼 꽃을 보기 힘들다.

유래 한자이름 생강을 사용한다. 중국에서는 2,500여 년 전에 생강이 재배되었다는 기록이 있다. 우리나라에서는 『고려사』(1018년)에 생강에 관한 기록이 처음 나오는데, 고려 현종 때 생강이 왕의 하사품이었다는 기록으로 보아 11세기 이전에 중국에서 전래되어 재배하기 시작한 것으로 추정된다.

이용방법 한방에서는 막 캐낸 뿌리줄기를 '생강(生薑)' 이라고 한다. 매운 성분의 진저롤(gingerol), 방향성분의 진기베롤(zingiberol), 세스키테르펜(sesquiterpene) 등이 들어 있다. 한방에서는 껍질을 벗겨서 말린 '건강(乾薑)' 을 쓴다. 민간에서는 초기 감기에 파 썬 것을 다기(茶器)에 8부 정도 넣고 생강을 엄지손가락 1마디 정도 갈아 넣은 후, 뜨거운 물을 부어서 자기 전에 마시면 발한해열에 좋다. 또한 편도선염이나 기관지염 등으로 목이 아플 때, 생강을 갈아서 손수건 등에 싸서 뜨거운 물로 적셔서 환부에 온습포하면 좋다. 잎줄기는 굵게 썰어서 그늘에 말려 저장해두고 목욕제로 이용하면, 피로를 풀어주고 보습효과도 있다.

한국에서는 보기 드문 생강꽃. 여름부터 가을에 핀다

석류나무

과 명	석류나무과
별 명	석누나무 · 산석류
생약명	석류근피 · 석류피
약용부	열매 · 뿌리 · 가지 · 나무 등의 껍질
약 용	촌충 구제, 소염, 정장
이용법	● ● ● ●

9~10월에 둥글고 끝부분이 튀어나온 열매가 달린다   오른쪽 위／석류꽃

생태 중근동이 원산으로 알려진 갈잎작은큰키나무로 높이 약 8m. 잎이 마주보고 나며 긴 타원형이고, 앞쪽에는 광택이 있다. 5~6월에 잔가지 끝에 붉은빛이 나는 노란 꽃이 피고, 9~10월에 둥글며 끝부분이 튀어나온 열매가 열린다. 익으면 불규칙하게 갈라지며, 옅은 빨강에 광택이 있는 씨앗이 많이 보이는데 생것을 그냥 먹는다.

유래 중국 고서에 따르면 "서역에 사신으로 간 장건이 안석국(安石國, 페르시아를 가리킴)에서 씨앗을 가져왔으며, 열매가 혹처럼 생겨서 안석류(安石瘤)란 이름이 생겼다"고 한다. 한자 류(瘤)가 류(榴)로 변하고 생략되어 석류(石榴)가 되었다.

이용방법 6~7월에 뿌리껍질 · 나무껍질 · 가지껍질 등을 채집하여 햇볕에 말린 것을 '석류근피(石榴根皮)' 또는 '석류피(石榴皮)'라고 한다. 이소펠레티에린(isopelletierine, 기름모양의 물질) 등이 들어 있으며 촌충 구제에 이용되는데, 부작용이 있으므로 전문가와 상담하여 이용한다.

가을에 열매를 따서 손으로 껍질을 벗겨 햇볕에 말린 것을 '석류피'라고 한다. 타닌(tannin) 등이 들어 있으며, 입 안이 헐었을 때, 편도선염, 기침 등에 1일 10g을 달여서 식힌 후 하루에 몇 번씩 양치질하면 좋다.

또한 설사에도 달여 마시면 좋다. 무좀 · 버짐 등에는 과즙을 바른다. 나무껍질 · 뿌리껍질은 약재상 등에서 구입할 수 있다.

● 내복(마시는 약) ● 외용(고약 · 바르는 약 · 습포) ● 목욕제 ● 약술 ● 약초차 ● 요리 · 음식 ● 취급주의

석산 유독식물

과 명	수선화과
별 명	꽃무릇 · 중꽃 · 중무릇 · 상사화
생약명	석산
약용부	비늘줄기
약 용	제약원료 · 소염 · 이뇨
이용법	● ●

꽃줄기가 땅 속에서 나오며 산뜻한 붉은빛의 꽃이 핀다

생태 길가 · 제방 등에서 눈에 잘 띄는 여러해살이풀이다. 땅 속에 양파같이 1장씩 벗겨지는 비늘줄기가 있고, 겉껍질은 짙은 갈색으로 흰 수염뿌리가 있다. 9~10월에 비늘줄기에서 높이 약 30cm의 꽃줄기가 나오고, 줄기 끝에 꽃잎이 6장인 산뜻한 붉은빛의 꽃이 핀다. 꽃이 지면 짙은 초록잎이 나오고, 다음해 5월경에 시들어 땅 위에서 모습을 감춘다.

유래 꽃과 잎이 다른 시기에 피고 지므로, 인간세계에서 서로 떨어져 만나지 못하고 사모하는 정에 비유하여 '상사화(相思花)'로도 불리지만, 석산이 고유의 이름이다. 또한 꽃과 잎이 따로 피기 때문에 '지옥의 꽃' 또는 '죽은 이의 꽃' 이라고도 한다. 그 모습이 현생의 고통에서 벗어나 열반의 세계에 드는 것 같다 하여 '피안화(彼岸花)' 라고도 한다.

이용방법 5~6월에 파낸 비늘줄기를 '석산(石蒜)' 이라고 하며, 구토 · 거담제 등의 제약원료로 쓰인다.

민간에서는 신장염 · 늑막염 등으로 인한 몸의 부종을 없애기 위해, 석산의 겉껍질을 벗겨서 갈아 거즈나 헝겊에 싸서 발바닥 가운데에 붙이는데, 소변 배출이 잘된다.

또한, 유방염 초기에도 석산을 갈아서 환부에 냉습포하면 좋다. 그러나 포기 전체, 특히 비늘줄기에는 강하게 작용하는 알칼로이드(alkaloid)를 함유하고 있어서 잘못 먹으면 구토를 일으켜 고생한다. 석산류에는 독이 있는 것이 많으므로 먹지 않는다.

석산의 비늘줄기

석창포

과 명	천남성과
별 명	창포 · 수창포 · 석장포
생약명	석창포
약용부	뿌리줄기 · 잎
약 용	방향성 건위, 보온
이용법	● ●

전통적인 정원에서 자주 볼 수 있다. 4~5월에 꽃줄기 끝에 양초 심지 같은 꽃이삭이 달린다

생태 중부 이남의 산지나 들판 등, 깨끗한 물이 흐르는 냇가에서 자라는 늘푸른여러해살이풀이다. 높이 약 40cm이고 뿌리줄기가 가늘고 단단하며, 포기 전체, 특히 뿌리줄기에 향이 있다. 잎은 뿌리줄기에서 뭉쳐나고, 5~6월에 잎과 비슷한 초록색 꽃줄기가 나와서 끝에 양초 심지 같은 옅은 노랑의 꽃이삭(육수꽃차례)이 달린다.

유래 바위 등에 붙어서 살기 때문에 석창포(石菖蒲)라는 한자이름이 생겼다. 잎맥이 도드라져서 눈에 띄는 창포(p.130)와는 달리, 가운데의 잎맥이 두드러지지 않으므로 구별하기 쉽다.

이용방법 8~9월에 뿌리줄기를 캐서 땅 윗부분과 뿌리를 제거하고, 물로 씻어서 그늘에 말린 것을 '석창포' 라고 한다. 아사론(asarone) 등의 정유를 함유하고 있으며, 한방에서는 건위 · 진통 · 진정 · 구충 등의 목적으로 처방조제한다.

민간에서는 건위 · 복통 등에 1일 석창포 10g을 3컵의 물이 반으로 줄 때까지 달여서 식사 사이에 3회 나누어 마신다.

잎은 복통이나 허리 냉증 등에 욕조에 넣는 목욕제로 사용한다. 좋은 향이 있는 정유가 따뜻한 물에 녹아 나와서 혈액순환이 좋아지고 보온효과가 있다.

잎을 자르면 향기가 있어서 기분전환이 된다.

 ● 내복(마시는 약)　● 외용(고약 · 바르는 약 · 습포)　● 목욕제　● 약술　● 약초차　● 요리 · 음식　● 취급주의

세네가

과 명	원지과
별 명	세네카
생약명	세네가
약용부	뿌리
약 용	진해 · 거담
이용법	●

생태 북아메리카 원산의 여러해살이풀이며 약용으로 재배된다. 높이는 40～60cm이며, 뿌리는 굵고 목질이며 끝에서 줄기가 많이 나온다. 잎은 넓은 바소꼴이나 달걀모양의 바소꼴로 양끝이 뾰족하고 가장자리에 잔 톱니가 있다. 5～6월에 하얀 나비모양의 꽃이 줄기 끝에 수상꽃차례로 피며, 편평하고 둥근 모양의 열매를 맺는다.

유래 북아메리카의 원주민이었던 세네카족 사람들이 옛날부터 독사에게 물렸을 때 치료에 이용하였다. '세네카 스네이크 루트'란 이름으로 유럽에 전해져서 세네가가 되었다고 한다. 우리나라에서도 시험재배에 성공하였다.

이용방법 씨를 뿌리고 3～4년째 되는 해의 10～11월에 뿌리를 파내서 물로 씻어 모래흙을 제거한 후 햇볕에 말린 것을 '세네가'라고 한다. 사포닌(saponin) 배당체인 세네긴(senegin), 정유인 살리실산메틸(methyl salicylic acid), 포도당, 설탕, 과당, 올리고사카라이드(oligosaccharide), 지방유 등을 함유하며, 주로 세네가시럽 등 제약원료로 이용한다.

감기 · 기관지염 등의 기침 · 가래에는 세네가를 1일 10g을 달여 마시면 좋다. 마시기 힘들면 달인 액에 설탕이나 꿀 등을 넣어서 마시면 좋다. 그러나 천식 기침은 세네가 한 종류로는 안 되고, 의사와 상담하여 알맞은 한약을 이용한다.

약용으로 재배되며, 5～6월에 하얀 꽃이 수상꽃차례로 핀다

세이지

과 명	꿀풀과
별 명	약용 샐비어
생약명	세이지잎
약용부	잎
약 용	방향성 건위
이용법	● ●

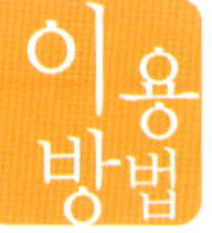

생태 남유럽이 원산으로 알려져 있는 잔가지가 많은 여러해살이풀. 1년까지는 풀모양으로 높이 약 60㎝이며, 2년 후부터는 줄기가 목질화되고 겨울에도 잎이 조금 남는다. 잎은 마주보고 나며 넓은 타원형이고, 끝이 약간 둥그스름하며 두껍고, 앞쪽에는 가는 그물모양의 주름이 있다. 잎줄기에 흰 털이 있고 향기가 난다. 5~6월에 꽃이삭이 나와서 입술모양의 연보라색 꽃이 피며, 9월에 열매를 맺는다.

유래 영어이름인 세이지를 식물이름으로 사용한다. '건강하다'란 의미에서 샐비어(salvia)라고도 하는데, 원예용인 브라질 원산의 깨꽃류와 혼동하지 않기 위해 '약용 샐비어' 라고 한다.

이용방법 7~8월에 잘 자란 잎을 따서 바람이 잘 통하는 그늘에서 말린 것을 '세이지잎' 이라고 하며, 다 마르면 회색으로 변한다. 피넨(pinene)·시네올(cineol) 등 좋은 향의 정유를 함유하므로 방향성 건위제로 이용하고, 향신료로도 널리 쓰인다. 과식·과음 등 위에 부담을 느낄 때 컵에 세이지잎을 2~3장 넣고 홍차를 부어 마시면 좋다.

프랑스에서는 세이지잎 약 2움큼에 붉은 포도주 1ℓ 를 데워 넣고, 15분 정도 그대로 두었다가 찌꺼기를 없애고 식사 전에 1잔씩 마시면, 피로회복·강장·건위에 좋다고 한다.

약용 샐비어라는 별명도 있는 세이지. 5~6월에 꽃이삭이 자라서 입술모양의 연보라색 꽃이 핀다

약으로 쓰이는 세이지잎

● 내복(마시는 약) ● 외용(고약·바르는 약·습포) ● 목욕제 ● 약술 ● 약초차 ● 요리·음식 ● 취급주의

셀러리

과 명	미나리과
별 명	네덜란드 참나물
생약명	
약용부	잎자루
약 용	건위 · 자양강장 · 보온
이용법	● ● ●

오래 전부터 남성의 강장약으로 알려진 건강채소. 특유의 향은 정유인 세다놀라이드 때문이다

생태 유럽 원산으로 개량종이 재배되고 있는 한해살이 또는 두해살이풀이다. 높이 약 70㎝이며, 줄기는 모가 나고 곧게 자라서 가지가 갈라진다. 잎은 깃꼴겹잎이고, 작은잎은 마름모꼴로 톱니가 있으며, 뿌리에서 나오는 근출엽은 긴 잎자루가 있다. 6~9월에 하얗고 작은 꽃이 산형꽃차례로 달리고, 전체에 향기가 있다. 이 특유의 향은 정유인 세다놀라이드 때문이다.

유래 풀 전체에 향이 있으며, 고대 이집트시대부터 약으로 이용되었다. 유럽에서는 16세기부터 재배된 기록이 있으며, 이탈리아에서 재배가 시작되었다. 중국에는 7세기에 전해져 17세기 이후부터 재배되었는데, 야생에 가까웠을 것으로 추정한다.

이용방법 중국의 중의학(中醫學)에서는 말린 잎줄기라면 1일 10~15g을 달여서 먹고, 생식이라면 1일 30~60g을 고혈압, 현기증, 두통, 안면홍조, 눈의 충혈, 혈뇨 등에 이용한다.

위가 더부룩하거나 식욕이 없을 때에는 잎자루를 샐러드로 만들어 먹으면 좋다. 자양강장에는 생식도 좋지만 육류와 전골 · 찜 · 부침개 등으로 먹으면 좋다. 부드러운 잎은 썰어서 된장국이나 조림에 넣어도 좋다.

손상된 것은 헝겊주머니에 담아서 욕조에 넣고 목욕제로 이용한다. 정유가 따뜻한 물에 녹아서 피부를 가볍게 자극하여 혈액순환이 잘되며, 보온효과가 있다. 피로회복, 어깨 결림, 요통, 냉증, 근육통을 완화시킨다.

소귀나무

과　명	소귀나무과
별　명	속나무 · 양매 · 수매 · 용청
생약명	양매피
약용부	나무껍질
약　용	정장 · 소염 · 습진 · 가려움증
이용법	🟢 🔵 🟡

7월에 열매가 검붉은 빛으로 익는다　왼쪽 아래 / 소귀나무꽃

생태 따뜻한 지역의 산기슭에 자생하는 암수딴그루의 늘푸른큰키나무. 높이가 15m나 되고 나무껍질이 회색이며, 잎은 긴 타원형이고 어긋난다. 4월에 잎겨드랑이에서 꽃이삭이 나와 작은 꽃이 달린다. 수꽃은 6개 정도의 수술이 있고, 암꽃의 암술머리는 붉다. 입에 넣으면 단 식초 같은 맛의 열매가 달리는데, 처음에는 초록색이지만 익으면 검붉은 빛이 된다.

유래 한자이름이 양매피(楊梅皮)다. 중국 고서에 '모양이 수양자(水楊子, 갯버들류의 열매)와 같고, 맛이 매실과 비슷해서 붙여진 이름' 이라고 되어 있다.

이용방법 7월에 나무껍질을 벗겨서 햇볕에 말린 것을 '양매피' 라고 하며, 타닌(tannin) · 미리스티신(myristicin) 등이 들어 있다.

설사에는 1일 양매피 10g에 물 3컵을 넣어서 반으로 줄 때까지 달이고, 찌꺼기를 제거한 후 식사 사이에 3회 나누어 먹는다. 편도선염 · 구내염 등에는 달인 액으로 양치질하면 좋다. 타박상이나 염좌에는 가루로 만들어서 식초로 개어 환부에 바른다. 습진 · 피부병 등에는 달인 액을 차갑게 식혀서 헝겊을 적셔 환부에 냉습포하면 좋다.

또한 당질 · 유기산 · 타닌 등이 들어 있는 열매는 35° 소주 1.8 *l* 에 300g을 넣어서 약술을 만들어 자양강장 · 냉증 등에 이용한다.

🟢 내복(마시는 약)　🔵 외용(고약 · 바르는 약 · 습포)　🔴 목욕제　🟡 약술　🟤 약초차　🟢 요리 · 음식　🔴 취급주의

소나무

과 명	소나무과
별 명	송목 · 솔나무
생약명	송지 · 테레핀유
약용부	나무의 진, 잎
약 용	제약원료 · 냉증 · 자양강장 · 보온
이용법	● ● ●

적송. 흑송보다 부드러운 느낌이다

흑송

흑송의 수꽃

흑송의 암꽃

생태 낮은 산이나 들에 자라는 늘푸른큰키나무로 높이 약 30m로 자란다. 수꽃은 5월에 어린가지 아래쪽에 많이 피고, 암꽃은 어린가지 끝부분에 1~3개 핀다. 솔방울은 다음해 10월에 여문다. 해안 부근에서는 나무껍질이 잘 벗겨지지 않는 흑송이 자란다.

유래 나무 중의 으뜸이란 뜻에서 한자어로 송(松)을 썼다. 소나무 역시 솔과 나무가 합쳐진 말로, 솔은 우두머리를 뜻하는 수리가 술을 거쳐서 변한 말이다. 특히, 나무껍질이 벗겨지면 적갈색이 되는 것이 적송이고, 나무껍질이 잘 벗겨지지 않고 흑빛 줄기인 것이 흑송이다.

이용방법 나무줄기에 상처를 내서 나오는 진이 일반 송진, 이것을 수증기로 증류하여 얻은 정유는 '송지(松脂)' 또는 '테레핀유(Terebinthinae)'라고 하여, 류머티즘 · 신경통 외용약의 제약원료로 사용한다. 증류하고 남은 찌꺼기는 연고나 파스의 원료가 된다.

싱싱한 솔잎 1kg을 35° 소주 1ℓ에 넣어서 약 3개월 차고 어두운 곳에 보관하였다가 솔잎을 제거한 것이 송엽주이다. 매일 자기 전에 1잔씩 마시면 냉증이나 식욕부진 · 저혈압 · 불면증 · 자양강장 등에 좋다.

어깨 결림이나 타박상에 송지를 따뜻하게 하여 한지에 발라 붙인다. 또한, 솔잎을 그늘에 말려서 저장하였다가 헝겊주머니에 1~2움큼 넣어서 목욕제로 사용하면 좋다.

소리쟁이

과 명	마디풀과
별 명	소루쟁이 · 참송구지 · 솔구지
생약명	양제근
약용부	뿌리
약 용	피부병 · 종기 · 완하
이용법	● ● ●

6~7월에 걸쳐서 꽃이삭이 자라 연초록의 작은 꽃이 핀다

생태 길가나 들 등의 약간 습한 곳에 많이 나는 여러해살이풀이다. 높이는 30~80cm. 뿌리에서 나오는 근출엽은 굵은 잎자루가 달려 있고, 줄기의 잎은 잎자루가 짧고 가늘며 긴 타원형으로, 가장자리가 물결모양이고 양끝이 좁다. 6~7월에 연초록색 꽃이 원추꽃차례를 이루며 피고, 날개가 있는 열매가 달린다.

유래 '줄기가 서로 부딪칠 때 소리가 나므로 소리쟁이라고 한다' 는 이야기가 있으며, 솔쟁이 · 소루쟁이도 사실상 소리쟁이가 변한 것으로 본다. 그러나 '소리쟁이는 소리(노래)를 직업으로 하는 사람' 이란 뜻으로, 식물 이름으로는 어울리지 않는다 하여 소루쟁이라고도 한다.

이용방법 10월경 잎줄기가 시들기 시작할 때에 뿌리를 파내서 물로 흙을 씻어내고, 약 5mm 두께로 썰어서 햇볕에 말린 것을 '양제근(羊蹄根)' 이라고 한다. 옥시안트라퀴논(oxyanthraquinone) 유도체인 에모딘(emodin), 크리소파놀(chrysophanol), 그 밖에 타닌(tannin), 수산 등을 함유하여 변을 잘 볼 수 있도록 완하작용을 한다.

변비에는 양제근을 1일 10~20g을 달여 먹는다. 변비는 개인차가 있으므로 10g부터 30g까지 알맞은 양을 사용한다. 또한 버짐 등의 피부병이나 종기에 생뿌리를 갈아서 즙을 낸 후 같은 양의 식초와 섞어서 환부에 자주 붙이면 좋다. 어린 싹은 나물 등으로 무쳐 먹을 수 있다.

● 내복(마시는 약) ● 외용(고약 · 바르는 약 · 습포) ● 목욕제 ● 약술 ● 약초차 ● 요리 · 음식 ● 취급주의

소태나무

과 명	소태나무과
별 명	
생약명	고목
약용부	나무부분 · 잎
약 용	고미성 건위
이용법	●

햇볕이 잘 드는 산과 들에 보이는 갈잎작은큰키나무. 5~6월에 작은 꽃이 피지만 눈에 잘 띄지 않는다

생태 햇볕이 잘 드는 산과 들에 보이는 갈잎작은큰키나무로 높이 약 10m이다. 어린 가지는 고동색으로 나무껍질에 작은 점 같은 노란 껍질눈이 있고, 싹은 붉은빛이 나는 갈색 털에 덮여 있다. 잎은 홀수의 1회 깃꼴겹잎이며 어긋나고, 작은잎은 달걀모양으로 끝이 뾰족하며, 가장자리에 잔 톱니가 있다. 5~6월에 잎겨드랑이에서 긴 꽃자루가 나오고, 꽃잎이 4~5장인 황록색의 작은 꽃이 드문드문 피는데 그다지 눈에 띄지 않는다. 가을에는 암나무에 타원형의 열매가 열리고, 푸른빛이 나며 붉게 익는다.

유래 이름이 나무의 성질을 잘 나타낸다. 나무의 어느 부분을 맛보아도 매우 쓰며, 쓴맛이 오래도록 입 속에 남기 때문에 소태란 이름이 붙었다.

이용방법 어린 모종을 옮겨 심고 5~6년이 지나서 7월에, 높이 4~5m 된 것을 밑동에서 잘라 나무껍질을 제외한 나무부분을 둥글게 자르거나 세로로 잘라서 햇볕에 말린다. 이것을 적당한 크기로 작게 조각낸 것을 '고목(苦木)' 이라고 하여 약으로 쓴다.

고목에는 구아신(guasin) · 니가키락톤(nigakilactone) 등의 쓴맛이 있다. 건위제로 1일 5~6g에 물 3컵을 붓고 반으로 줄 때까지 졸이며, 찌꺼기를 제거하고 식후 3회로 나누어 마신다. 가루로 만든 것은 1일 0.5g을 3회로 나누어 식사 후에 물과 함께 먹는다.

8월경에 잎을 따서 햇볕에 말린 것을 건위제로 사용하여 1일 10g을 달여 먹어도 좋다.

속새

과 명	속새과
별 명	절절초 · 필관초 · 필두초
생약명	목적
약용부	땅 윗부분
약 용	지혈 · 정장
이용법	 ● ●

산과 들의 습지 등에 모여 자라는 여러해살이풀. 7~8월에 줄기 끝에 포자이삭이 생기고 뒤에 누렇게 익는다

생태 전국 산과 들의 습지에서 자라는 늘푸른여러해살이풀. 땅속줄기는 짧고 옆으로 뻗으며, 지표면 가까이에서 가지가 갈라지고, 각 마디에서 땅 위의 줄기가 곧게 자라 나온다. 원기둥모양의 땅 위 줄기는 곳곳에 마디가 있고, 짙은 초록색으로 표면에 골이 많이 나있으며, 높이 40~80㎝로 자라고 속이 비어 있다. 7~8월에 줄기 끝에 초록빛이 나는 갈색의 포자이삭이 생겨 누렇게 익는다.

유래 한자이름이 목적(木賊)인데, 중국 고서에 "나무를 갈고 닦으면 거친 결이 부드러워진다. 그런 까닭에 나무의 적이라 한다"고 되어 있다. 속명의 Equisetum은 라틴어 'equus(말)'와 'saeta(꼬리)'의 합성어로, 마디마다 나오는 잔가지를 말꼬리에 비유한 것이다.

이용방법 늘 푸르기 때문에 사용할 때 땅 윗부분을 채집하면 된다. 채집한 것을 생으로 1~2㎝ 길이로 잘라서, 1일 30g(햇볕에 말린 것은 10g)에 물 3컵을 붓고 반으로 줄 때까지 달인다. 이것을 식후 30분마다 3회에 나누어 마시면, 규산 · 타닌(tannin)의 작용으로 치질로 인한 출혈과 설사가 멎는다. 또한 달인 액을 따뜻한 물로 2배 희석하여 세수할 때 사용하면 좋다.

치석을 제거하려면 잎을 뜨거운 물에 데쳐서 말린 것을 손가락에 감아서 치아를 문지른다. 부러진 치아의 날카로운 부분을 다듬는 등의 응급처치에도 효과가 있다.

● 내복(마시는 약)　● 외용(고약 · 바르는 약 · 습포)　● 목욕제　● 약술　● 약초차　● 요리 · 음식　● 취급주의

쇠무릎

과 명	비름과
별 명	우슬 · 마청초 · 쇠무릎지기
생약명	우슬
약용부	뿌리 · 생잎
약 용	통경 · 이뇨 · 수렴
이용법	🟢 🔵

햇볕이 좋은 길가 등에 자라는 여러해살이풀. 8~9월에 연초록색의 작은 꽃이 수상꽃차례로 핀다

생태 햇볕이 잘 드는 길가나 들판에 자라는 여러해살이풀로, 높이가 40~90cm이다. 줄기는 네모지고 가지가 갈라진다. 잎은 마주보며 나고, 타원형 또는 거꾸로 된 달걀모양으로 두껍고 끝이 뾰족하며, 잎자루는 자주색을 띤다. 8~9월에 연초록색의 작은 꽃이 수상꽃차례로 피고, 열매는 꽃줄기를 따라 아래로 나며, 긴 타원형의 포과(胞果)로 겉에 가시가 있어서 사람의 옷에 잘 붙는다.

유래 마디가 튀어나와서 굵은 모양이 마치 소의 무릎처럼 생겼다 하여 붙여진 이름이다. 한자이름은 소의 무릎이란 뜻으로 우슬(牛膝)이며, 한방에서 생약명으로 쓰인다.

이용방법 10~11월, 잎줄기가 시들 무렵에 뿌리를 캐서 물로 씻어 흙모래를 제거한 후 햇볕에 말린 것을 '우슬' 이라고 한다. 곤충변태호르몬 에크디스테론(ecdysterone), 이노코스테론(inokosterone) 및 아미노산 · 숙신산(succinic acid, 호박산) · 수산 등의 칼륨염, 사포닌(saponin), 점액질 등을 함유한다. 월경불순, 산후 출혈 이외에 방광염 · 관절염 · 류머티즘 등의 부종에 우슬을 1일 10g을 달여 마시면 좋다. 이뇨작용으로 소변이 잘 나와서 부종이 없어진다. 소변이 잘 안 나오면 우슬 5g을 다기에 넣고 데운 청주를 1컵(180cc) 부어서 3분 정도 두었다 찌꺼기를 건져내고 마신다. 또한, 벌레에 물렸을 때 생잎을 비벼서 그 즙을 직접 환부에 바르면 좋다.

수국

과 명	범의귀과
별 명	수구화 · 팔선화 · 취인선 · 분단화
생약명	자양화
약용부	잎 · 꽃
약 용	해열
이용법	●

수국꽃. 토양이 알칼리성이면 붉고, 산성이면 푸른빛이 더 선명해진다

생태 따뜻한 해안 등에 자생하던 수국이 일본에서 육성되어 서양에 전해졌는데, 서양에 전해진 것은 꽃이 보다 크고 연한 붉은빛, 짙은 붉은빛, 짙은 하늘색 등으로 화려해졌다. 줄기는 무리지어 나오며, 잎은 잎자루가 있고 마주보고 나며, 달걀모양으로 끝이 뾰족하며 가장자리에 톱니가 있다. 꽃은 중성화로 6~7월에 피며, 3~5장의 꽃받침이 꽃잎모양으로 발달하여 남색의 반원모양이 되는데, 나중에 하늘색이나 분홍색으로 변하기도 한다.

유래 수국은 열매를 맺지 못하는 식물로, 예전에 꽃을 말려서 약으로 썼으나 요즘은 관상용으로 많이 가꾼다. 한자로 수구화(繡毬花)라고도 하는데, 비단으로 수를 놓은 듯한 둥근 꽃모양 때문에 생긴 이름이다.

이용방법 꽃이 필 때 꽃을 채집하여 햇볕에 말린 것을 '자양화(紫陽花)'라고 한다.

꽃의 색소는 안토시아닌(anthocyanin)으로 유기산인 3 카페오이린산(3 caffeoylic acid) 등과 배당체인 히드란게노인A(hydrangenoin A), 히드란게놀(hydrangenol) 등을 함유한다. 현재 한약재로 사용하지 않는다.

민간에서는 감기 등으로 열이 나고 기침이 날 때 이용한다. 자양화 1일 10g에 물을 3컵 넣어서 반으로 줄 때까지 끓이며, 찌꺼기를 건지고 식사 사이에 3번 나누어 마신다. 열을 내리고 감기 치료효과가 있다. 꽃이 피는 시기에 채집하여 햇볕에 말려서 저장해두고 이용한다.

● 내복(마시는 약) ● 외용(고약 · 바르는 약 · 습포) ● 목욕제 ● 약술 ● 약초차 ● 요리 · 음식 ● 취급주의

수국차

과 명	범의귀과
별 명	감차수국 · 토상산
생약명	감차
약용부	잎
약 용	감미료
이용법	●

3~4개의 꽃잎처럼 보이는 것은 꽃받침이 변한 중성화. 안쪽의 작은 꽃이 양성화

생태 국내에 자생하거나 재배하는 수국속 식물은 아종을 포함하여 모두 13종이다. 수국차는 단맛을 내는 산수국 계통으로 산수국의 변종이며, 산수국과 겉으로는 구별이 잘 되지 않는다. 우리나라에서는 크게 대엽종과 소엽종으로 구분되는데, 대엽종은 소엽종에 비해 잎이 크고 수확량이 많으나 단맛과 향이 적고, 소엽종은 단맛과 향이 진하다.

유래 잎을 발효시키면 단맛이 나고 차처럼 끓여서 마시므로 감차수국이란 다른 이름도 있다. 석가 탄생 때 감로비가 내렸다고 전해져, 4월 8일 관불회에서 석가상에 수국차(감차)를 붓고 참배하는 행사가 각지의 사찰에서 행해진다.

이용방법 8월에 잎을 따서 물을 뿌리며 나무통에 채워넣고 하룻밤 발효시켜, 이것을 짚 등으로 수분이 없어질 정도로 비벼서 넓게 펴 햇볕에 말린 것을 '감차(甘茶)'라고 한다. 감차에는 필로둘신(phyllodulcin)과 그 배당체인 루틴(rutin) · 켐페롤(kaempferol) · 쿠에르세틴(quercetine) 등이 들어 있다. 필로둘신은 설탕의 주성분인 사탕수수의 약 1,000배의 단맛이 있으므로 당뇨 · 비만인 경우에 설탕 대신 사용한다.

1일 감차 10~15g에 물 3컵을 넣고 반으로 줄 때까지 끓여서 찌꺼기를 건져내고 이용한다. 또한 냄새가 강하고 맛이 쓴 약을 먹기 좋게 조절할 때 수국차 끓인 것을 이용한다.

수박

과 명	박과
별 명	서과 · 한과 · 수과
생약명	서과
약용부	열매 · 씨앗
약 용	이뇨 · 자양강장
이용법	●●

중국에서는 자양강장에 좋다 하여 씨앗을 먹는다

생태 아프리카 원산으로 알려진 한해살이의 덩굴성 식물이며 씨앗으로 번식한다. 줄기가 잘 뻗고 가지가 잘 퍼지며, 전체에 하얗고 꺼칠꺼칠한 털이 있고 마디에서 덩굴손이 나온다. 어긋나는 잎은 손바닥모양이며, 3~7개로 깊게 갈라지고 청록색을 띤다. 5~6월에 연노랑 꽃이 피는데, 아침에 피었다가 낮에는 오므린다. 암수딴그루로, 암꽃은 꽃부리 바로 밑에 작은 열매가 달린다.

유래 수박은 원래 순우리말이다. 그런데 이것을 모양은 박과 비슷하고 속에 물이 많다고 해서 한자로 수박(水朴)으로 쓰는 경우도 있다. 서양에서 전해진 박〔瓜〕이란 의미로 서과(西瓜), 물이 많은 박이란 뜻의 수과(水瓜)라는 이름도 있다.

이용방법 옛날에는 씨앗을 먹었다고 하며, 지금도 중국요리에서는 자양강장에 좋다 하여 씨앗을 이용한다. 또한 과육을 그냥 먹으면 이뇨작용에 좋고 부종을 없애주므로 급성신장염 등에 효과적이다.

생과일을 작게 잘라서 뭉근한 불로 하루 정도 졸이고 거즈 등에 밭쳐서 찌꺼기를 걸러낸다. 이것을 다시 한번 바짝 졸여서 물엿상태로 만든 것을 식혀 병에 넣고, 밀봉하여 어둡고 서늘한 곳에 두면 2~3년 보관할 수 있다. 이렇게 달인 것을 물 1컵에 1작은술을 넣고 섞어서 1일 3회, 식사 사이에 마시면 이뇨효과가 있다.

● 내복(마시는 약)　● 외용(고약 · 바르는 약 · 습포)　● 목욕제　● 약술　● 약초차　● 요리 · 음식　● 취급주의

수선화

과　명	수선화과
별　명	설중화 · 수선
생약명	수선
약용부	비늘줄기
약　용	소염 · 이뇨
이용법	● ●

원예종이 많으며, 꽃이 피는 방법과 색 · 모양이 다양하다. 땅 속 비늘줄기는 독성이 있으므로 먹지 않는다

생태 페르시아에서 실크로드를 통하여 중국에 건너와서 우리나라에 전해진 여러해살이풀이며, 비늘줄기로 번식한다. 잎은 납작하며 4~6장이고, 잎 사이에서 길이 약 40㎝의 꽃줄기가 나와 끝에 산형꽃차례로 2~8개의 꽃이 핀다. 바깥쪽에는 하얀 꽃잎이 6장 있고, 가운데에는 잔모양의 노란 부화관(副花冠)이 있다. 땅 속에는 염교모양의 비늘줄기가 있으며, 겉껍질이 까맣다.

유래 중국에서는 물 근처에서 자라고 신선처럼 생명력이 길며 깨끗한 모양이어서, 수선(水仙)이라는 이름이 생겼다고 한다. 수선화란 이름은 한자이름에서 유래한다. 속명인 *narcissus*는 그리스신화에 나오는 나르키소스라는 청년의 이름에서 유래한다.

이용방법 포기 전체, 특히 비늘줄기에는 리코린(lycorine) 등 강하게 작용하는 알칼로이드(alkaloid)를 함유한다. 옛날에 식중독에 걸렸을 때 토하게 하는 약으로 이용했던 것이므로 먹지 않는다. 잘못 먹으면 5분 정도 지나서 토하기 시작한다는 기록도 있다.

민간에서는 젖이 부었을 때, 까만 겉껍질을 벗긴 생비늘줄기를 금속제가 아닌 기구를 이용해서 갈아, 거즈 등에 싸서 환부에 습포한다. 몸에 부종이 있을 때 발바닥 가운데에 붙이면 소변이 잘 나와서 부종이 줄어든다고 한다. 피부가 약하면 염증이 생기므로 가려우면 습포를 떼어낸다.

수세미오이

과 명	박과
별 명	천락사·천라·수세미외
생약명	사과
약용부	줄기의 물
약 용	거친 피부, 거담, 진해
이용법	● ●

생태 인도 원산으로 알려져 있으며, 암꽃과 수꽃이 같은 포기에 달리는 덩굴성 한해살이풀로 전국에서 재배된다. 줄기에 모(줄모양으로 융기)가 나 있고, 덩굴손이 나와서 주위의 다른 물체를 감아 올라간다. 줄기의 단면은 5각형으로 가지를 치며 잘 자라고, 7~9월에 노란 꽃이 핀다. 나중에 원기둥모양의 초록색 열매가 열리는데, 겉에 얕은 골이 있고 익으면 속에 섬유모양의 그물조직이 생긴다.

유래 어린 것은 식용하지만, 다 자란 것은 섬유질이 그물모양으로 열매 속을 가득 채우고 있어서 여러 가지 다른 용도로 쓰인다. 옛날에 그릇을 닦을 때 이 섬유질 조직을 수세미로 이용한 것에서 이름이 유래한다.

이용방법 수세미의 수확이 거의 끝나갈 무렵이나 아직 잎줄기가 건강한 8~9월 중순까지, 땅 위의 30~40㎝ 높이에서 줄기를 잘라 병에 수액을 받으면 뿌리에서 흡수한 물이 병에 모인다. 이것을 수세미물이라고 한다. 뿌리 주변에 물을 충분히 주면 하룻밤에 1ℓ 정도 받을 수 있다. 기침·가래에 수세미물을 3컵 정도 냄비에 넣고 반으로 졸여서 설탕으로 맛을 내 식사 사이에 3회 나누어 마신다. 또한, 수세미물로 양치질하는 것도 좋다. 화장수를 만들려면, 끓여서 식힌 수세미물 500㏄, 글리세린 100㏄, 알코올 300㏄ 이외에 안식향산과 좋은 향료를 섞는다. 자세한 것은 천연화장품을 만들 수 있는 전문서적을 참고로 한다. 살이 트거나 거친 피부를 예방하는 데 이용한다.

수세미오이의 꽃과 열매. 줄기를 잘라서 얻은 수세미물은 여러 가지로 이용한다

● 내복(마시는 약)　● 외용(고약·바르는 약·습포)　● 목욕제　● 약술　● 약초차　● 요리·음식　● 취급주의

순무

과 명	배추과
별 명	쉿무우 · 쉿무수
생약명	
약용부	뿌리 · 씨앗
약 용	동상 · 발모 · 완하
이용법	

각지에서 다양한 품종이 재배된다 오른쪽 아래 / 순무꽃. 봄에 핀다

생태 지중해 연안이 원산인 두해살이풀로, 중국을 통해 들어와 재배되고 있다. 줄기는 곧게 약 80㎝로 자란다. 잎은 뿌리에서 나오는 근출엽이며, 부드럽고 긴 타원형이거나 거꾸로 된 달걀모양이며 가장자리에 톱니가 있다. 봄에 노란 십자모양의 꽃이 피어서 열매를 맺는데, 안에 갈색 씨앗이 들어 있다.

유래 우리나라에서 삼국시대부터 재배하기 시작하였으며, 조선시대 중엽부터 김치재료로 많이 이용하였다. 고려시대의 『향약구급방』(1417년)에 씨앗이 약재로 쓰였다는 기록이 있으며, 당시에는 채소 절임식품의 주재료가 순무였던 것으로 추측된다. 『동의보감』(1613년)에서는 순무를 '만청(蔓菁)'으로 적고 있다.

이용방법 강화순무 · 성호원순무 · 황순무 등 여러 지방에서 다양한 품종이 재배되고 있다. 뿌리에는 아미노산 · 포도당 · 펙틴(pectin) · 비타민C, 잎에는 비타민A · B · C 등, 씨앗에는 유황화합물이 들어 있다. 원형탈모증, 눈썹이 빠질 때 씨앗을 갈아서 식초를 조금 넣고 환부에 하루에 몇 번씩 발라준다. 종기 · 주근깨에는 식초를 넣지 않고 사용한다. 가벼운 동상에는 뿌리를 갈아서 환부에 붙이며, 1일 2~3회 갈아준다. 변비인 사람은 뿌리나 잎을 담백한 맛으로 쪄서 자주 먹으면 좋다. 섬유질이 많기 때문에 장을 자극하여 변이 잘 나온다.

순비기나무

과　　명	마편초과
별　　명	만형 · 만형자나무
생 약 명	만형자 · 만형실
약 용 부	열매 · 잎줄기
약　　용	자양강장 · 해열 · 보온
이 용 법	● ●

생태 한국 · 일본 · 타이완 · 동남아시아 등의 따뜻한 바닷가 모래땅에 무리지어 난다. 높이 약 1m의 늘푸른떨기나무. 줄기는 모래 위나 모래 속을 옆으로 비스듬히 뻗어 나가며 자라서 뿌리를 내린다. 가지는 네모지며 곧게 또는 비스듬히 자라고 향이 있다. 마주보며 나는 잎은 앞쪽은 약간 흰빛을 띠는 초록색이고, 뒤쪽은 하얗고 부드러운 털에 덮여 있으며, 부드럽고 향이 있다. 여름에 가지 끝에 꽃줄기가 나와서 입술모양의 보라색 꽃이 핀다.

유래 만형(蔓荊)이란 한자이름은 덩굴을 어원으로 하며, 중국의 『본초강목』(1596년)에 "만형이란 모종이 덩굴로 자라서 붙여진 이름이다"라고 어원을 설명하고 있다. 순비기나무의 열매는 만형자(蔓荊子) 또는 만형실(蔓荊實)이라고 한다.

이용방법 10월에 열매를 따서 그늘에 말린 것을 '만형자'라고 하며, 한방에서는 자양강장 · 해열 · 청량제 등의 목적으로 처방조제한다. 감기로 열이 나고 두통이 있을 때, 1일 만형자 약 6g에 물 3컵을 붓고 반이 될 때까지 달여서 찌꺼기를 제거하고, 식사 사이에 3회 나누어 마시면 좋다.

꽃이 달린 잎줄기를 채취하여 그늘에서 말려 굵게 썬 것을 헝겊주머니에 2움큼 넣고, 만형자를 살짝 1움큼을 넣어서 목욕제로 쓰면 신경통, 요통, 근육통, 어깨 결림, 냉증 등의 통증을 완화시키고 보온효과도 있다.

여름이 되면 잎 뒤쪽이 하얗고 연한 털로 덮이며, 입술모양의 보라색 꽃이 핀다

순비기나무의 열매

● 내복(마시는 약)　　● 외용(고약 · 바르는 약 · 습포)　　● 목욕제　　● 약술　　● 약초차　　● 요리 · 음식　　● 취급주의

순채

과 명	수련과
별 명	부규·순나물
생약명	전채
약용부	잎줄기
약 용	해열·이뇨·소염·자양강장
이용법	● ● ●

물 속 줄기는 가지가 갈라지고 잎이 물 위로 뜬다. 어린 잎줄기는 투명한 점액질로 싸여 있으며 식용한다

생태 세계 각지에 분포하며, 연못이나 늪 등에 자생하는 여러해살이풀. 땅속줄기는 진흙 속을 기듯이 뻗으며 물 속의 줄기가 가지를 치는데, 잎이 어긋나고 완전히 자라면 물 위에 뜬다. 잎은 타원형으로 길이 6~10㎝이고, 표면이 자주색이다. 줄기, 잎자루, 잎 뒤쪽은 털에서 나오는 점액질의 분비물로 덮여 있다. 8월경 잎 사이에서 꽃자루가 나오고, 꽃잎이 6장이며 지름이 약 2㎝인 검붉은빛의 자주색 꽃이 물에 약간 잠긴 듯이 물 위에 핀다.

유래 순(싹)을 먹는 채소이기 때문에 순채란 이름이 붙여진 것으로 추측된다. 옛날에는 단오(음력 5월5일)나 백중(음력 7월15일)에 순채를 따서 순채국을 끓여 먹었다.

이용방법 5~7월에 잎줄기를 따서 물로 씻어 잘게 썰어 햇볕에 말린 것을 전채(蓴菜)라고 한다. 해열제나 부종이 있을 때 이뇨제로 이용한다. 1일 전채 10~15g에 물 3컵을 넣고 반으로 줄 때까지 끓여서 찌꺼기를 건져내고, 식사 사이에 3회 나누어 마시면 좋다. 전채는 약으로 판매되지 않으므로 직접 만들어야 한다. 악성 부스럼에는 생 잎줄기를 갈아서 환부에 붙인다.

4~7월에 어린 싹과 어린 줄기가 투명한 점액질에 싸여 있는데, 이것을 채집하여 국이나 나물로 만들어 먹으면 자양강장에 좋다.

스테비아

과 명	국화과
별 명	카해애
생약명	스테비아잎
약용부	잎
약 용	교미
이용법	

잎은 긴 타원형으로 가장자리에 가는 톱니가 있다. 9~10월에 꽃자루가 나와서 작고 하얀 꽃이 달린다

생태 남미 파라과이와 브라질이 원산인 여러해살이풀. 높이 약 80㎝이며, 밑부분은 가지가 갈라지고 목질화한다. 잎줄기는 전체에 하얀 잔털이 많이 있다. 잎은 마주보며 나고 긴 타원형이며, 가장자리에 가는 톱니가 있고 잎맥이 3개다. 9~10월에 줄기 끝의 잎겨드랑이에서 꽃자루가 나와 하얗고 작은 꽃이 두상꽃차례를 이루며 많이 핀다. 씨앗에 갓털이 있어서 바람에 흩날려 퍼진다.

유래 스페인의 식물학자이며 의사였던 에스테브(P. J. Esteve)의 이름에서 *stevia*란 속명이 생겼으며, 속명에서 스테비아라는 이름이 나왔다. 원산지인 파라과이에서는 원주민들이 스테비아잎을 단풀이란 뜻의 '카해애' 라고 하며, 차의 감미료로 사용하였다.

이용방법 씨앗은 종묘회사 등에서 구입할 수 있으며, 4월에 씨를 뿌려두면 잘 자란다. 9~10월에 잎을 따서 햇볕에 말린 것을 '스테비아잎' 이라고 한다. 단맛의 디테르펜(diterpene) 배당체인 스테비오사이드(stevioside), 레바우디오사이드(rebaudioside) A 및 C~E 등을 함유하고 있다. 모든 배당체에 설탕의 100~200배의 단맛이 있으며, 당류가 아닌 감미료이므로 쓴맛이 강한 생약의 맛을 부드럽게 만드는 데 사용한다.

스테비아잎을 가루로 만들어두면 감미료로 사용할 수 있다. 홍차나 커피 등은 귀이개 1~2이면 된다. 당뇨환자나 다이어트에도 효과가 있어서 식품에 폭넓게 활용된다. 집에 심어서 약초 허브로 기른다.

● 내복(마시는 약)　● 외용(고약·바르는 약·습포)　● 목욕제　● 약술　● 약초차　● 요리·음식　● 취급주의

시라

과　명	미나리과
별　명	나도고수
생약명	시라
약용부	열매 · 잎줄기
약　용	건위 · 구풍 · 보온
이용법	🟢 🔴 🟢

5~6월에 가지 끝에 우산모양의 작고 노란 꽃이 핀다

10월에 열매가 달린다

생태 지중해 연안 · 투르키스탄 등이 원산으로, 높이가 1m 이상인 1~2년초이다. 잎은 깃꼴겹잎으로 3~4회 갈라지며, 잎자루의 아래쪽은 줄기를 싸고 있다. 5~6월에 가지 끝에 지름 약 15cm인 우산모양의 노란 꽃이 피고, 10월에는 편평한 열매가 달리는데 전체에 특유의 향이 있다.

유래 옛 스칸디나비아어인 '잠잠하다' 라는 뜻의 dilla에서 유래된 이름이다. 맛이 강하여 미각기관을 '잠재운다' 는 의미에서 나온 것으로 추측된다. 최면과도 관련이 있다. 일반명은 소회향. 중국에서는 영어이름인 딜(dill)의 발음을 가져와 시라(蒔蘿)라고 하였으며, 이것이 생약명이 되었다.

이용방법 9~10월(가을파종인 경우에는 7~8월), 완숙되기 전에 우산모양의 열매꼭지째 따서 신문지에 펼쳐놓고 응달에서 말린 열매를 '시라자(蒔蘿子)' 라고 한다. 카르본(carvon) 등의 정유를 함유한다.

식욕부진, 위가 더부룩할 때, 소화촉진, 구풍(장내의 가스 배출), 딸꾹질 등에 시라를 1일 3~6g을 달여 먹으면 좋다. 또한 홍차에 5~6알 띄워서 마시면 소화촉진에 좋다.

열매를 수확하고 난 후의 잎줄기는 굵게 썰어서 그늘에 말린 후 목욕할 때 1~2움큼 사용한다. 보온효과가 있고 어깨 결림, 요통, 피로회복에 좋다. 열매와 잎줄기 모두 향미료로 널리 이용한다.

시호

과 명	미나리과
별 명	묏미나리뿌리 · 참나물뿌리 · 산시호
생약명	시호
약용부	뿌리
약 용	소염 · 해열 · 진통 · 진정
이용법	●

햇볕이 잘 드는 야산에 자생하는 여러해살이풀. 가을에 노랗고 작은 꽃이 모여 핀다

생태 햇볕이 잘 드는 야산에 자생하는 여러해살이풀로, 높이 약 60㎝이다. 잎은 어긋나며, 가늘고 길어서 끝이 뾰족하고, 잎맥이 세로로 나란히 여러 줄 있다. 가을에 원줄기와 가지 끝에 작고 노란 꽃이 모여 피고, 작은 타원형의 열매를 맺는다. 열매는 익으면 갈색이 된다.

유래 중국의 『본초강목』(1596년)에 "어릴 때에는 식용하고 늙으면 뽑아서 땔감으로 한다. 이런 이유에서 싹은 산채(山菜) · 여초(茹草), 뿌리는 시호(紫胡)라는 이름이 붙여졌다"고 기록되어 있다. 우리나라에서는 시호라는 이름을 사용한다.

이용방법 11월경 뿌리를 파서 물로 씻어주고, 모래흙과 잎줄기를 제거하여 햇볕에 말린 것을 '시호'라고 한다. 사이코사포닌(saikosaponin) · 피토스테롤(phytosterol) 등의 성분이 들어 있다.

한방에서 소염 · 해열 · 진통 · 진정 등의 목적으로 처방조제한다. 민간에서는 위염이나 초기 감기에 1일 5~8g을 달여 먹으면 좋다. 같은 시호를 사용해도 한방에서 체질과 증상에 따라 대시호탕(大紫胡湯) · 소시호탕(小紫胡湯) 등으로 사용량이 다르게 처방되므로 구분해서 사용하는 것이 매우 어렵다. 사용방법을 잘 모를 때에는 한의사나 약사 등 전문가와 상담하는 것이 좋다.

● 내복(마시는 약)　● 외용(고약 · 바르는 약 · 습포)　● 목욕제　● 약술　● 약초차　● 요리 · 음식　● 취급주의

식나무

과 명	층층나무과
별 명	청목 · 넙적나무 · 식낭
생약명	쇄금동영산호
약용부	생잎
약 용	종기, 베인 상처, 가벼운 화상, 동상
이용법	●

그늘에서도 잘 크므로 정원 등의 나무 밑에 길러도 좋다

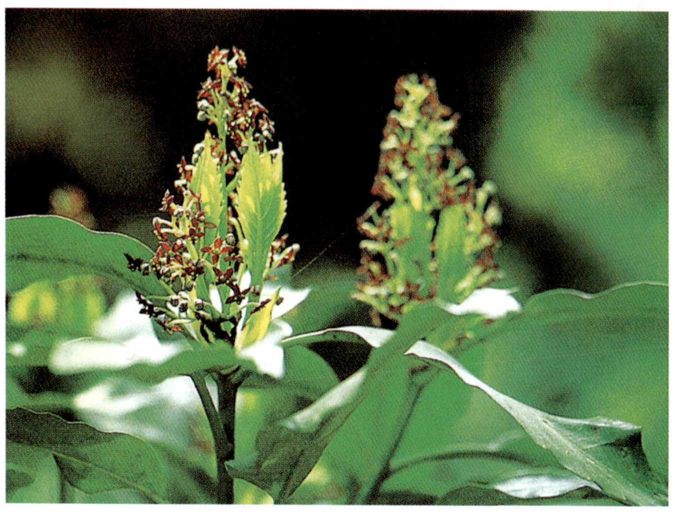

4월경 연보라색의 작은 꽃이 원뿔모양으로 핀다

생태 경기 이남의 해안 및 섬지방의 나무 밑에 자생하는 늘푸른떨기나무. 높이가 약 3m이고, 가지가 갈라져 나온 새 가지도 굵은 원기둥모양으로 초록색이며 털이 없다. 암수딴그루로 잎이 마주보고 나며, 타원형으로 두껍고 윤기가 있으며, 중간보다 앞쪽에 완만하게 톱니가 있다. 3~4월에 자줏빛을 띠는 갈색의 작은 꽃이 줄기 끝에 원추꽃차례로 달린다. 열매는 길이 1.5~2cm이고, 10월에 빨갛게 익어서 겨울 내내 나무에 달려 있다.

유래 잎은 물론 가지까지 파랗기 때문에 겨울철 실내장식에 좋으며, 빛을 좋아하여 창가 또는 베란다에서 잘 자란다. 그래서 청목(青木)이란 이름으로도 불린다. 일본에서도 같은 이유에서 청목이라고 한다.

이용방법 생 잎 은 배 당 체 아 우 큐 빈 (Aucubin), 엽록소(클로로필) 등을 함유한다.

부스럼 등의 종기에는 생잎을 불에 태우거나, 알루미늄포일에 싸서 프라이팬에 놓고 뚜껑을 덮어 찌듯이 굽는다. 부드러워진 잎을 적당히 식혀서 종기, 찰과상, 가벼운 화상 등의 환부에 붙인다. 1일 2회 정도 새잎으로 바꿔주는 것이 좋다.

동상에는 생잎 2~3장을 대충 썰어서 물 1컵이 반으로 줄 때까지 끓인다. 찌꺼기를 건져내고 끓인 액을 식혀서 1일 3회, 상처에 바른다. 단, 마시는 것은 피한다.

151

신선초

과　명	미나리과
별　명	명일엽 · 신립초
생약명	도관초 · 함초
약용부	잎(식용은 어린잎)
약　용	완하 · 자양강장
이용법	● ●

여름부터 가을까지 피는 신선초꽃　오른쪽 위/신선초잎. 이른 봄의 어린잎은 식용한다. 독특한 향이 좋다

생태 일본이 원산지로 따뜻한 곳에서 잘 자란다. 채소용으로 재배되는 대형 여러해살이풀로 높이가 약 1m이며, 줄기는 곧게 자라서 가지가 갈라진다. 잎은 짙은 초록색으로 윤기가 있다. 가을에 연노랑의 작은 꽃이 복산형꽃차례로 피며, 꽃이 지면 약간 편평하고 긴 타원형의 열매가 달린다. 줄기나 잎을 자르면 노란 즙이 나온다. 신선초와 매우 비슷한 갯강활은 줄기가 거칠고 크며 어두운 자주색의 세로줄이 있고, 꽃이 하얗고 잎에 광택이 강하여 구별된다.

유래 잎줄기를 따내면 다음날 새잎이 나올 정도로 생육이 왕성해서 '명일엽(明日葉)' 이라는 이름도 있다. 일본에서는 옛날부터 식용하였다.

이용방법 잎줄기에 상처가 나면 노란 즙이 나오는데, 플라보노이드(flavonoid) 배당체인 루테올린 7 글루코시드(luteolin 7 glucoside)와 이소쿠에르시트린(isoquercitrin) 등을 함유한다. 이 성분들은 잎에도 들어 있으며, 모세혈관을 튼튼하게 하고 변통을 좋게 하는 작용을 한다. 그 결과 신진대사가 좋아지고, 산모의 젖이 잘 나오게 된다. 어린잎을 살짝 데쳐서 무쳐 먹기나 나물 등으로 만들어 먹으면 모유의 분비를 촉진하고, 자양강장 등에 좋다.

고혈압 예방에는 5~7월에 딴 잎을 썰어서 말려 1일 20~30g을 달여서 차로 마시면 좋다. 변비에는 음식으로 먹어도, 달여서 차로 마셔도 효과가 있다.

● 내복(마시는 약)　● 외용(고약 · 바르는 약 · 습포)　● 목욕제　● 약술　● 약초차　● 요리 · 음식　● 취급주의

실론육계

과 명	녹나무과
별 명	육계
생약명	계피
약용부	나무껍질
약 용	방향성 건위
이용법	●●

넓은 타원형의 잎 앞쪽은 광택이 있으며, 3줄의 잎맥이 뚜렷하다. 6월경, 연노랑의 작은 꽃이 핀다

계피

생태 인도 · 말레이시아 · 스리랑카 원산의 늘푸른큰키나무로 높이 약 10m다. 나무껍질은 고동색을 띠며 두껍고, 어린 가지는 사각형이다. 잎은 가죽 같은 성질의 넓은 타원형으로 3줄의 잎맥이 뚜렷하며, 앞쪽은 진한 초록색으로 광택이 있고 뒤쪽은 연초록색이다. 6월에 연노란 작은 꽃이 원추꽃차례로 핀다. 열매는 공모양의 타원형이다.

유래 중국에서 '계(桂)' 란 향나무를 통틀어 가리키는 말로, 나무껍질이 두껍기 때문에 육계(肉桂)라고 한다. 특히, 인도 · 실론 등에서 많이 재배되므로 지역이름을 따서 실론육계라고 한다. 나무껍질은 가루로 만들어서 카레가루와 섞어 맛을 내는 데 쓰이고, 향료로도 사용한다.

이용방법 2년 된 나무의 새끼손가락 굵기로 자란 가지를 밑동에서 자르며, 오두막 속에 거적을 씌워서 발효시켜 향을 높이고 껍질을 벗긴다. 겉껍질은 칼로 벗겨내고, 속껍질을 여러 장 겹쳐서 막대모양으로 만들어 그늘에 말린 것을 '계피(桂皮)' 라고 한다. 계피유를 1~3% 함유하며, 주성분은 계피 알데히드(aldehyde)이다. 한방에서 땀을 내고 열을 내리며, 통증을 완화시키고 흥분을 가라앉힐 목적으로 처방조제한다.

민간에서는 식욕부진이나 위가 더부룩할 때 홍차에 2~3g을 넣어 마시면 좋다. 가루로 만들어서 요리나 과자의 향미료 등으로 널리 사용한다.

쑥

과 명	국화과
별 명	약쑥 · 사재발쑥 · 모기태쑥
생약명	애엽
약용부	잎, 땅 윗부분
약 용	진통, 지혈, 소염, 뜸쑥 원료, 보온
이용법	● ●

8～9월에 줄기 끝에 연한 갈색의 작은 꽃이 모여 핀다　오른쪽 위/봄철의 어린잎

생태 산과 들, 길가 등 어디에서나 볼 수 있는 여러해살이풀. 3～4월에 나오는 싹은 흰 털에 덮여 있고, 자라면 높이 약 1.5m가 된다. 잎은 어긋나고, 앞쪽은 초록색이며 뒤쪽에 하얀 털이 빽빽이 있어서 희게 보인다. 8～9월에 줄기 끝에 연한 갈색의 작은 꽃이 모여 핀다.

유래 어디서나 쑥쑥 자라는 놀라운 생명력 때문에 붙여진 이름이며, 뛰어난 약효 때문에 의초라고도 한다. 『동의보감』(1613년)에서는 쑥의 효능에 대해 "몸을 덥게 하고 장의 운동을 원활하게 하며, 생리장애를 낫게 하고 복통을 멎게 하며 설사를 치료한다"고 설명하였다.

이용방법 6～8월에 잎을 따서 그늘에 말린 것을 '애엽(艾葉)'이라고 하며, 시네올(cineol) · α투욘(α thujone) · 세스키테르펜(sesquiterpene) 등의 정유와 아데닌(adenine) · 콜린(choline) 등을 함유한다. 한방에서 쑥뜸 이외에 진통 · 지혈 · 지사 등의 목적으로 처방조제한다. 민간에서는 옻이나 풀독 등의 습진, 가려움증에 1일 15g에 물 3컵을 넣고 반으로 줄 때까지 달이며, 찌꺼기를 건져내고 식힌 후 헝겊에 적셔서 환부를 냉습포한다. 치통, 목의 통증, 입 속 종기 등에는 달인 액으로 양치질하면 좋다. 8～9월에 땅 위의 잎줄기를 베어서 4～5㎝ 길이로 잘라 그늘에 말린 것은 목욕제로 이용한다. 여름에 모깃불을 피워 모기를 쫓기도 한다.

● 내복(마시는 약)　● 외용(고약 · 바르는 약 · 습포)　● 목욕제　● 약술　● 약초차　● 요리 · 음식　● 취급주의

쓴풀

과 명	용담과
별 명	어담초 · 장아채
생약명	당약
약용부	꽃이 필 때의 포기 전체
약 용	고미성 건위, 발모
이용법	● ● ●

햇빛이 잘 드는 언덕 등에 자생하는 두해살이풀. 가을이 되면 꽃잎이 5장인 하얀 꽃이 달린다

생태 햇빛이 잘 드는 언덕, 밝은 소나무숲 등에 자생하는 두해살이풀. 1년까지는 타원형이며 끝이 뾰족한 2~4장의 근출엽(로제트모양)만으로 겨울을 나지만, 다음해 봄부터 자줏빛을 띠는 줄기를 뻗으며 곧게 올라가 높이 약 20㎝가 된다. 가을에는 꽃잎이 5장인 하얀 꽃이 피었다가 열매를 맺으면 시든다. 열매는 삭과로 바소꼴이며 씨앗이 작다.

유래 포기 전체가 너무 써서 뜨거운 물에 천 번을 우려내도 쓰기 때문에 쓴풀이 되었다. 쓴풀과 아주 비슷한 식물로는 줄기가 짙은 자주색이며, 자주색 꽃이 피는 자주쓴풀이 있다. 쓴풀과 자주쓴풀의 포기 전체를 당약(當藥)이라고 하며, 민간요법에 이용된다.

이용방법 꽃이 필 때 꽃이 달린 채로 뽑아서 햇볕에 말린 것을 '당약'이라고 하며, 쓴맛 배당체인 스웨르티아마린(swertiamarin) 등이 있다.

위가 더부룩하고 위통 · 소화불량이 있을 때 가루라면 1회 0.05g을 물과 함께 먹는다. 달일 때에는 1일 1.5g에 2컵의 물을 넣어서 반으로 졸이며, 찌꺼기를 건져내고 식사 사이에 3회 나누어 마신다.

달인 액에 발모작용이 있다고 알려져 있는데, 머리를 감은 후에 바르고 마사지하면 발모효과가 있다. 일본에서는 당약을 넣은 발모제가 판매되고 있다.

옛날에는 자생하는 것을 채취하였는데 재배에 성공하여 현재 재배 생산하고 있다.

아마

과 명	아마과
별 명	호마 · 산서호마 · 요독초
생약명	아마인 · 아마인유
약용부	씨앗
약 용	탈모 예방, 두통, 완하
이용법	● ●

생태 중앙아시아 원산으로 알려져 있으나 명확하지 않다. 유럽에서 오래 전부터 재배해 온 한해살이풀로 높이가 30~100㎝이다. 줄기는 가늘고 곧게 자라며 위에서 가지가 많이 갈라진다. 잎은 넓은 줄모양이고 어긋나며 길이 2~3.5㎝이다. 꽃은 6~8월에 푸른빛을 띠는 보라 또는 백색으로 피며, 취산꽃차례로 달린다. 열매는 삭과로 둥글고, 씨앗은 납작하고 긴 타원형이며 노란빛을 띤 갈색이다.

유래 중국의 『도경본초』(1058년)에 처음 나타나는데 아(亞)는 '뒤를 잇다', 마(麻)는 '대마' 의 의미로, 마의 뒤를 이어 섬유나 기름을 얻는다는 뜻에서 생긴 이름이다.

이용방법 아마의 씨앗을 '아마인(亞麻仁)', 이것을 보통 온도에서 압착하여 얻은 기름을 '아마인유(亞麻仁油)' 라고 한다. 리놀산(linolic acid) · 리놀레인산(linoleic acid) · 올레인산(oleic acid) · 린아마린(linamarin) 등이 있으며, 연고나 크레솔 비누 등의 원료로 이용한다.

민간에서는 피부 가려움, 탈모 예방 등에 씨앗을 갈아서 약간의 물을 넣고 개어 직접 환부에 바른다.

중국에서는 빈혈이나 변비, 감기로 인한 두통과 근육관절통, 피부 가려움 등에 1일 아마인 10g에 물 3컵을 넣고 반으로 줄 때까지 달여서 찌꺼기를 건져내고, 식사 사이에 3회 먹는다. 줄기에서 얻은 섬유는 광택이 있고 보풀이 생기지 않으며 부드러워서 직물로 만들며, 이를 리넨이라고 부른다.

아마꽃. 푸른빛을 띠는 보라색 꽃에는 드물게 파란 꽃가루가 있다

아마 씨앗(아마인)

● 내복(마시는 약)　● 외용(고약 · 바르는 약 · 습포)　● 목욕제　● 약술　● 약초차　● 요리 · 음식　● 취급주의

아스파라거스

과 명	백합과
별 명	석조백·약용천문동·멸대·열대
생약명	소백부
약용부	뿌리줄기, 어린 줄기
약 용	이뇨·진해·구충·자양강장
이용법	●●

5~7월에 마디의 겨드랑이에 연노란 작은 꽃이 핀다

수확한 그린아스파라거스

생태 유럽·영국이 원산지로 알려진 여러해살이풀. 높이 1.5m로 자라고, 줄기는 가지를 친다. 잎처럼 보이는 소나무 잎모양의 부분은 엽상경(葉狀莖, 줄기가 잎모양으로 된 것)이고, 줄기의 마디마다 붙은 삼각형 부분이 잎이다. 엽상경이 잎의 역할을 대신한다. 5~7월에 마디에서 종모양의 연노랑 작은 꽃이 피고, 암수딴그루로 암그루에 둥근 열매가 붉게 익는다.

유래 그리스어 이름 asparagus는 '잎이 아주 많이 갈라지다'는 뜻으로, 여기서 영어이름 아스파라거스가 나왔다. 중국에 전해져서는 노순(蘆筍)·석조백(石刁栢) 등으로 불렸다.

이용방법 뿌리줄기에 아스파라긴(asparagin)·콜린(choline)·사포닌(saponin) 등이 함유되어 있으며, 주요 효능이 이뇨작용으로 알려져 있다. 신장의 기능저하(요도염을 일으키는 경우는 제외)나 방광·간장 등의 병으로 고민하는 경우, 더운물 1ℓ에 뿌리줄기를 굵게 썰어서 그늘에 말린 것 25~50g을 넣고 끓여서 1일 2컵씩 마시면 좋다.

중국에서는 뿌리줄기를 햇볕에 말린 것을 '소백부'라고 하며, 가래·기침이 있을 때 1일 10g을 끓여서 차로 마신다. 어린아이의 회충 등 기생충 구제에도 효과적이다.

채소류인 그린아스파라거스(어린 줄기)도 아스파라긴을 함유하고 있어서 먹으면 자양강장에 좋다.

알로에

과 명	백합과
별 명	노회 · 나무노회
생약명	알로에
약용부	생잎
약 용	소염 · 건위 · 완하
이용법	● ● ●

보통 화분재배하는 것으로 알고 있는데, 야외의 따스한 곳에서는 높이가 2m나 되는 것도 있다

생태 원산지인 남아프리카에 약 250종, 그 밖의 지역에 약 50종이 있는데, 통틀어 알로에라고 한다. 우리나라에서 생약으로 사용되는 것은 아보레센스 · 알로에베라 · 알로에사포나리아 3종이다. 종류마다 약간의 차이는 있지만 잎이 뿌리와 줄기에 달리며 어긋난다. 반원기둥모양의 끝이 뾰족한 잎 가장자리에 날카로운 톱니모양의 가시가 있으며, 아랫부분이 넓어서 줄기를 감싸며 로제트모양으로 퍼진다. 잎 뒷면은 둥글고 앞면은 약간 들어간다.

유래 '맛이 쓰다' '빛나다' 는 뜻에서 아라비아어로 '알로에' 란 이름이 생겼다. 이것이 중국에 전해질 때 '로에' 라고 들려 한자이름이 노회(蘆薈)가 되었다. 일반적으로 알로에라고 부른다.

이용방법 생잎에 안트라퀴논(antraquinone) 유도체인 알로인(aloin), 알로에 에모딘(aloe emodin), 수지성분인 알로레지노타놀(aloresinotanol)이 들어 있다. 알로인은 적은 양일 경우에 고미성 건위, 조금 많이 사용하면 완하작용을 한다. 알로에 에모딘에도 완하작용이 있으나 자궁의 수축을 촉진하며, 계속 복용하면 골반 속이 충혈되므로 피한다. 특히, 임산부 · 수유부이거나 출혈성 치질, 신장이 나쁜 경우에는 매일 복용하는 것을 피하고 증상이 있을 때 이용한다. 과식이나 위가 더부룩할 때에는 생잎을 갈아서 1작은술, 변비에는 2작은술을 물과 함께 먹으면 좋다. 변비는 정도에 개인차가 있으므로 자신에 맞게 양을 조절한다. 절상이나 가벼운 화상에는 생잎을 갈아서 환부에 붙인다.

● 내복(마시는 약)　● 외용(고약 · 바르는 약 · 습포)　● 목욕제　● 약술　● 약초차　● 요리 · 음식　● 취급주의

앵두나무

과 명	장미과
별 명	앵도나무
생약명	모앵도
약용부	열매·씨앗
약 용	자양강장·완하·이뇨
이용법	●●●

중국 북부가 원산으로 알려진 갈잎떨기나무. 4월경 꽃잎이 5장인 백색이나 연분홍색 꽃이 핀다

앵두나무의 열매

생태 중국 북부가 원산으로 알려져 있는 갈잎떨기나무이며, 높이가 2~3m이다. 나무껍질이 검은빛을 띠는 갈색이며 비늘조각 모양으로 벗겨지고, 어린 가지에 털이 빽빽이 난다. 잎은 어긋나고 거꾸로 된 달걀모양으로 짙은 초록색이며, 끝이 뾰족하고 가장자리에 톱니가 있으며 뒷면에 털이 있다. 4월경 잎겨드랑이에 꽃잎이 5장인 백색 또는 연분홍색의 꽃이 피며, 6월경 둥근 핵과를 맺는다.

유래 앵도나무라고도 부르는데, 이때 앵도(櫻桃)는 열매의 생김새가 복숭아와 비슷하며, 꾀꼬리가 먹기 때문에 앵도(鶯桃)라고 한 것에서 유래되었다. 『본초강목』(1596년)에서는 앵두나무의 뿌리를 회충이나 촌충 등의 구제약으로 달여 먹는다고 나온다.

이용방법 6월에 익은 열매를 먹을 수 있고, 남은 씨앗을 물로 씻어서 햇볕에 말린 것을 '모앵도(毛櫻桃)'라고 한다. 열매에는 구연산(citric acid)·수크로오스(sucrose, 자당), 씨앗에는 아미그달린(amygdalin) 등이 들어 있다.

열매가 빨갛게 익을 때 따서 35° 소주 1.8ℓ에 앵두 1kg의 비율로 넣어 약술을 담가서 자기 전 1잔씩 마시면 자양강장·피로회복·저혈압·불면증 등에 좋다. 반주로 칵테일해서 먹는 것도 좋은데, 물 등으로 적당히 먹기 좋게 희석한다.

변비, 어깨 결림, 요통, 팔다리의 부종 등에 모앵도를 1일 10g을 달여 먹으면 변을 잘 보고 부종도 가라앉는다.

약모밀

과 명	삼백초과
별 명	어성초 · 즙채 · 십약
생약명	어성초 · 십약
약용부	생잎줄기와 생뿌리줄기, 꽃이 달린 잎줄기
약 용	습진 · 가려움증 · 이뇨 · 완하 · 혈관강화
이용법	● ● ● ●

전국의 반그늘 등에서 자주 볼 수 있는 여러해살이풀. 4장의 하얀 꽃잎처럼 보이는 것이 꽃턱잎으로, 한가운데의 길이 1~3㎝의 꽃이삭을 보호한다

생태　조금 습기가 많은 반그늘 등에 자생하는 여러해살이풀로, 독특한 냄새가 있는 것으로도 알려져 있다. 높이 약 40㎝로 곧게 자라고, 잎은 드문드문 어긋나며, 푸른빛을 띠는 짙은 초록색의 심장모양으로 촉감이 부드럽다. 잎자루 밑에는 턱잎이 붙어 있다. 6~7월에 줄기 위쪽에 4장의 하얀 꽃턱잎이 벌어지고, 꽃잎이 없는 노랗고 작은 꽃이 수상꽃차례로 모여 핀다.

유래　잎이 메밀의 잎과 비슷하고 약용식물이라 약모밀이라는 이름이 붙었다. 또한 줄기와 잎에서 물고기의 비린내가 심하기 때문에 '어성초(魚腥草)' 라고도 한다.

이용방법　꽃이 필 때 땅 위의 잎줄기를 잘라서 햇볕에 말린 것을 '어성초 · 십약(十藥)' 이라고 한다. 쿠에르세틴(quercetin) · 칼륨염 등이 있으며, 이뇨 · 변비에 좋고 모세혈관이 튼튼해진다고 알려져 있다. 고혈압 예방으로는 십약을 1일 15g을 달여 마신다. 또한 조금 많이 달여서 차 대신 마셔도 좋다.

생으로 사용하는 경우 5~10월까지는 주로 잎줄기를, 겨울에는 땅속줄기를 이용한다. 종기의 부스럼, 습진이나 가려움증 등에 찧거나 부드럽게 비벼서 환부에 붙이고 거즈로 살짝 눌러주며, 하루에 3회 정도 갈아준다.

튀길 때 튀지 않도록 생잎에 칼집을 넣어 튀기면 냄새도 안 나고 맛있다.

● 내복(마시는 약)　● 외용(고약 · 바르는 약 · 습포)　● 목욕제　● 약술　● 약초차　● 요리 · 음식　● 취급주의

양배추

과 명	배추과
별 명	가두배추
생약명	감람
약용부	잎
약 용	진통 · 자양강장 · 완하
이용법	🔵 🟢

5~6월에 꽃줄기가 자라서 십자모양의 연노란 꽃이 핀다

생태 지중해와 유럽 대서양 연안이 원산인 두해살이풀. 전체가 흰빛을 띠는 초록색이며, 높이가 30~90cm이다. 잎은 근출엽으로 크고 두꺼우며, 거꾸로 된 달걀모양이거나 길쭉한 원형이고, 여러 겹으로 겹쳐져서 둥근 모양이 된다. 5~6월에 꽃줄기가 올라와서 가지가 갈라지며, 십자모양의 연노란 꽃이 총상꽃차례를 이루며 핀다.

유래 중국은 17세기에 네덜란드로부터 남중국에 전해졌으며, 북중국에는 육로로 중앙아시아에서 전해졌다. 『식물명실도고』(1848년)에는 규화배추라는 이름으로 실려 있다. 우리나라는 중국을 통해 들어왔으며, 재배역사가 길지 않다.

이용방법 프랑스의 약초치료가인 모리스 멧세게는 『멧세게의 약초치료』(1975년)에서 양배추를 이용한 다양한 치료법을 소개하고 있다.

류머티즘 · 통풍 · 요통 · 좌골신경통 등의 통증으로 고생하는 사람은 양배추잎을 1장씩 떼어서 잎이 부드러워질 때까지 다림질하거나, 살짝 삶아서 환부에 몇 장을 얹는다. 1일 2회 정도 새것으로 바꿔주면 통증이 덜하다. 근육통 등에도 효과가 있다.

위 · 십이지장궤양, 수술 후의 회복기 등에는 잎을 담백한 맛으로 쪄서 많이 먹으면 좋다. 변비에는 생잎을 먹는다.

양배추잎.
약용으로도 쓰인다

양파

과 명	백합과
별 명	양총 · 산총
생약명	호총 · 회회총 · 양총
약용부	비늘줄기
약 용	완하 · 소화촉진 · 해열 · 진해
이용법	● ● ●

생태 중앙아시아 산악지역이 원산인 여러해살이풀. 땅 속 비늘줄기는 둥글넓적한 모양 또는 공 모양으로 굵어지며, 아래쪽에 수염뿌리가 많다. 꽃줄기는 약 1m 자라고 생육 후반에 방추형으로 굵어진다. 잎은 2줄로 어긋나며, 짙은 초록색의 대롱모양으로 속이 비어 있다. 줄기 끝에 작고 하얀 꽃이 둥근 모양으로 핀다.

유래 서양에서 온 것으로 파와 같은 향이 있다고 해서 '양파' 라고 한다. 중국의 고서에는, 호(서양의 나라이름)에서 온 파〔蔥〕란 의미에서 호총(胡蔥), 또는 이슬람에서 온 파라는 의미에서 이슬람을 뜻하는 회회(回回)를 붙여 회회총(回回蔥), 서양에서 왔다는 의미에서 양총(洋蔥) 등의 이름이 있다.

이용방법 비늘줄기에 황화알릴(alliinsul-fate)이 함유되어 있는 등 마늘과 비슷하지만, 약효는 마늘에 비하여 순하다. 샐러드 등으로 먹으면 변비에 완하효과가 있고, 빈혈에는 철분이 있어서 증혈작용을 하며, 체했을 때는 소화촉진 등의 효과가 있다.

초기 감기의 발열 · 기침 등에는 겉껍질을 벗기고 비늘줄기를 잘라서 컵에 ⅓ 정도 넣고, 생강을 엄지손가락 1마디 정도 갈아서 넣은 후 뜨거운 물을 부어 5분 정도 둔다. 이것을 잘 섞어서 마시고 바로 자면 땀이 나서 열이 내린다. 목의 통증 등에는 파와 같은 방법으로 온습포한다.

예부터 약용으로 재배된 식물. 비늘줄기가 크며, 자르면 자극적인 냄새가 있다

 ● 내복(마시는 약)　● 외용(고약 · 바르는 약 · 습포)　● 목욕제　● 약술　● 약초차　● 요리 · 음식　● 취급주의

양하

과 명	생강과
별 명	양애
생약명	양하 · 명하
약용부	꽃차례 · 뿌리줄기 · 잎줄기
약 용	방향성 건위, 피로한 눈, 보온, 동상
이용법	

뿌리줄기에서 굵은 꽃차례가 나와 연노란 꽃이 핀다

생태 아시아 열대지방이 원산으로 남부지방에서 재배되는 여러해살이풀. 땅속줄기는 가지가 갈라져 나와 옆으로 뻗는다. 봄에 어린 줄기가 올라와서 높이 약 80㎝가 된다. 죽순을 연상시키므로 '양하죽순' 이라고 하며 식용한다. 7~8월에 나오는 꽃차례를 여름양하, 9~10월에 나오는 것을 가을양하로 나누는데, 모두 '양하순' 이라고 하며 식용한다.

유래 우리나라에서 언제부터 재배되었는지 알 수 없으나 오래 전부터 남쪽지방의 담밑이나 밭 언저리 등에 심어져 반찬으로 이용하였다. 거제지방에서는 양애갓 또는 양외갓으로도 불렸다.

이용방법 포기 전체에 α피넨(αpinene) 등의 정유를 함유하고 있으며, 잎줄기와 뿌리줄기는 타닌(tannin)도 함유한다. 위가 더부룩하거나 식욕이 없을 때 양하죽순이나 양하순을 생채로 썰어서 된장국 · 초무침 · 절임 등으로 먹으면 좋다.

뿌리줄기를 파서 물로 씻어 모래흙을 제거하고 갈아서 즙을 내며, 미지근한 물로 2배 희석하여 헝겊을 적셔서 눈 위에 올려놓고 온습포하면 눈의 피로에 좋다.

동상의 가려움중에는 그늘에 말린 뿌리줄기를 1일 30g을 달여서 헝겊에 적셔 환부에 온습포하거나, 달인 액을 따뜻하게 해서 자주 씻으면 좋다.

잎은 피로회복 등에 목욕제로도 이용할 수 있다.

엉겅퀴

과 명	국화과
별 명	항가시 · 가시나물 · 야홍화
생약명	대계
약용부	생잎 · 뿌리
약 용	습진, 가려움증, 기생성 피부염
이용법	● ●

초여름에 자생하는 엉겅퀴. 꽃 아래쪽에 점성이 있다

생태 산이나 들에 자생하며, 높이가 약 1m인 여러해살이풀. 뿌리에서 나오는 잎은 로제트모양으로 퍼져서 꽃이 피어도 시들지 않고 남아 있으며, 거꾸로 된 달걀모양의 긴 타원형으로 조금 깊게 깃꼴로 갈라진다. 줄기에 달린 잎은 어긋나며 가장자리에 가시가 있다. 꽃 밑부분의 꽃턱잎에 점성이 있다.

유래 엉겅퀴란 이름은 약효 때문에 생긴 것이다. 즉, 피를 엉기게 하는 효과가 있기 때문에 엉겅퀴라고 한다. 어린 순을 식용하며, 포기 전체를 '대계(大薊)' 라고 하여 약용한다.

이용방법 마른버짐 · 쇠버짐 등의 기생성 피부염이나 습진 · 가려움증 · 젖멍울 등에 생잎을 갈아서 환부에 냉습포하고, 마르면 새것으로 갈아준다. 생잎에 들어 있는 플라보노이드(flavonoid)나 타닌(tannin) 등이 부종을 가라앉히고 피부를 조여준다.

또한 꽃이 피거나 땅 윗부분이 시들기 시작할 때 뿌리를 파서 생잎 대신 이용한다. 뿌리에도 타닌이나 미네랄이 들어 있다. 뿌리는 물로 씻어서 얇고 둥글게 썰어 햇볕에 말린다. 이것을 1일 10g에 물 3컵을 붓고 반으로 줄 때까지 달여서 헝겊 등에 적셔 냉습포다. 식욕부진에는 1일 15g을 달여서 마시면 좋다.

  ● 내복(마시는 약) ● 외용(고약 · 바르는 약 · 습포) ● 목욕제 ● 약술 ● 약초차 ● 요리 · 음식 ● 취급주의

여 뀌

과 명	마디풀과
별 명	료 · 신채 · 수료 · 택료 · 천료
생약명	수료 · 요실
약용부	잎 · 줄기
약 용	식중독, 벌레 물림, 신미성 건위
이용법	● ●

버드나무잎과 비슷하여 버들여뀌라고도 부른다 오른쪽 아래 / 베니여뀌 잎

생태 전국 햇빛이 잘 드는 연못이나 개울가 습지에서 자라는 한해살이풀. 때로는 논에서 겨울을 나며, 물 속에서 여러해살이가 되는 경우도 있다. 줄기는 높이 약 50㎝인데, 마디마다 꺾어서 기울어지는 성질이 있다. 마주보며 나는 잎은 길이 4~12㎝의 바소꼴로, 양끝이 좁고 표면에 털이 없으며, 초록색으로 씹으면 매운맛이 강하다. 9~10월에 약간 붉은빛이 나는 꽃이 수상꽃차례로 핀다. 논에서 겨울을 나는 경우에는 이른 봄에 꽃이 피기도 한다.

유래 한자로 료(蓼)라고 쓰며, 여기에서 유래하여 수료(水蓼) · 택료(澤蓼) · 천료(川蓼) 등의 이름도 생겼다. 또한 매운맛이 강해서 매운여뀌 · 맵쟁이, 잎이 버들잎 모양이어서 버들여뀌라고도 한다.

이용방법 민간에서는 귀에 벌레가 들어갔을 때 생잎을 즙을 내서 유인하며, 독충에 물렸을 때에도 바른다. 또한, 수박이나 메밀국수를 과식하여 식중독에 걸렸을 때, 생잎줄기를 갈아서 같은 양의 생강 간 것과 섞어 1작은술 정도 먹으면 좋다.

생선회에 여뀌 싹이나 여뀌식초를 곁들이면, 약한 매운맛이 위벽을 가볍게 자극하여 위액 분비를 촉진하고 소화를 돕는다. 일본에서는 은어요리에 여뀌의 잎을 갈아서 식초와 섞은 여뀌식초를 이용한다. 먹을 수 있는 종류로는 베니여뀌 · 좁은잎여뀌 · 푸른여뀌 · 조릿대여뀌 등이 있다.

여름감귤

과 명	운향과
별 명	하귤
생약명	하피
약용부	열매껍질
약 용	고미성 · 방향성 건위, 보온
이용법	● ●

5월경 향기가 있는 흰 꽃이 피고 가을에 열매를 맺는데, 먹는 것은 다음해 4~6월이다

생태 일본이 원산으로 알려져 있으며, 따뜻한 곳에서 재배되는 늘푸른떨기나무로 높이가 3~5m다. 가지가 옆으로 뻗으며, 잎은 타원형으로 두껍고 끝이 좁으며 둥그스름하다. 잎자루에는 폭이 좁은 날개가 있다. 잎맥은 눈에 띄게 돌출되어 있고 가장자리에는 잔 톱니가 있다. 5월경 잎겨드랑이에 하얀 꽃이 피는데, 꽃잎은 5장이고 향이 있다. 가을에 동글납작한 공모양의 열매가 열리는데, 해를 넘겨서 다음해 4~6월이 되어야 먹기 좋다.

유래 귤은 보통 감귤(柑橘)이나 밀감(蜜柑)이라고 하는데, 여름감귤이란 강한 신맛 때문에 땀이 나고 청량감이 있어 여름에 먹기 좋아서 생긴 이름이다. 또한 해를 넘겨 다음해 초여름에 먹기 때문이기도 하다.

이용방법 열매껍질을 그늘에 말린 것을 '하피(夏皮)'라고 하며, 고미성 · 방향성 건위나 향료의 원료로 이용한다. 과육에는 구연산(citric acid) · 타르타르산(tartaric acid, 주석산) 등의 유기산과 신맛이 있는 비타민C 이외에 비타민B 등도 있다. 이것들은 강한 신맛이 있고, 땀을 내고 열을 내리는 데 도움이 된다. 일찍 떨어진 덜 익은 열매는 구연산의 제조원료가 되고, 익은 열매는 생으로 먹거나 주스 · 마멀레이드 등의 재료가 된다.

과육을 먹고 나서 열매껍질을 그대로, 또는 그늘에 말려서 하피로 보관한다. 피부를 가볍게 자극하여 혈액순환을 좋게 하고 몸을 따뜻하게 해주므로, 목욕제로 사용하면 피로회복, 어깨 결림, 요통, 신경통, 류머티즘 등에 좋다.

 ● 내복(마시는 약) ● 외용(고약 · 바르는 약 · 습포) ● 목욕제 ● 약술 ● 약초차 ● 요리 · 음식 ● 취급주의

염교

과 명	백합과
별 명	
생약명	해
약용부	비늘줄기
약 용	정장 · 보온 · 제균
이용법	

가을에 비늘줄기에서 높이 40㎝의 꽃줄기가 자라고 끝에 보라색 작은 꽃이 핀다

생태 중국이 원산으로 알려진 여러해살이풀. 비늘줄기는 달걀모양의 바소꼴로, 지저분해 보이는 하얀 비늘잎에 싸여 있다. 잎은 빨리 자라며 겨울에도 시들지 않고, 잎의 안쪽은 편평하며 바깥쪽은 둥글고 부드럽다. 여름에 잎이 마르면 꽃줄기가 자라고, 가을에 보라색의 작은 꽃이 반원모양의 산형꽃차례로 피는데 열매는 맺지 않는다.

유래 씹는 맛이 좋아서 소금〔鹽〕과 식초에 절여서 먹기 때문에 붙여진 이름으로 추측된다. 한자 이름 해(薤)는 모양이 부추와 비슷하여, 톡 쏘는 맛이 있는 부추라는 의미로 붙여진 이름이다.

이용방법 6~7월에 비늘줄기를 파서 물로 씻어 모래흙과 뿌리를 제거하고, 그대로 또는 뜨거운 물에 살짝 데쳐서 그늘에 말린 것을 '해'라고 한다. 유황화합물의 알리신(allicin) · 디알릴설파이드(diallylsulfide) · 디알릴디설파이드(diallyldisulfide) · 디메틸설파이드(dimethylsulfide) 외에 정유를 함유한다.

복통에는 1회에 해 10g과 물 1½컵을 넣고 ½이 될 때까지 약한 불로 달여서 찌꺼기를 건져내고 식사 사이에 마신다.

냉증 · 불면증 · 저혈압 등에는 35° 소주 1.8*l* 에 해 80g(생염교라면 300g)을 넣어서 약술을 만들어 자기 전에 1잔씩 마시면 좋다. 무좀 · 버짐에는 생염교를 갈아서 즙을 바르면 좋다.

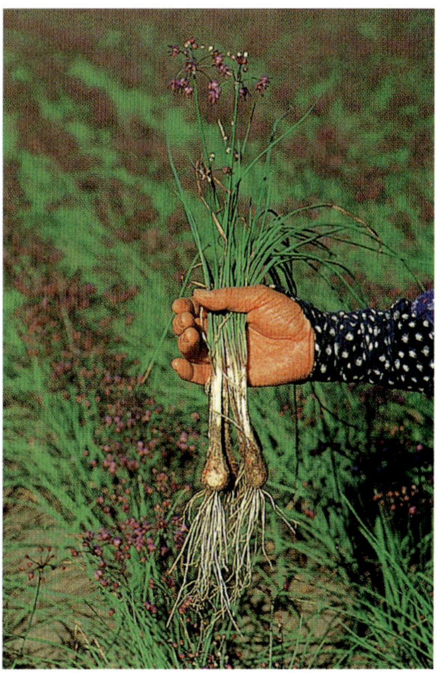

약으로 쓰는 염교(비늘줄기)는 6~7월에 판다

영지

과 명	구멍장이버섯과
별 명	만년버섯 · 불로초
생약명	영지
약용부	자실체(버섯)
약 용	신경쇠약, 혈압강하, 접촉성 피부염
이용법	●

생태 상수리나무 · 졸참나무 · 물참나무 등 갈잎넓은잎나무의 고목에 생기는 소형부터 중형의 버섯. 갓은 반원모양이거나 콩팥모양이며, 처음에는 연노랑이지만 나중에 연한 갈색이나 고동색이 되고 니스처럼 광택이 있다. 갓의 아래쪽은 연노랑이고 미세한 관공(管孔)이 무수히 많다. 버섯살은 상하 2층으로 위층은 거의 하얗고, 관공부분의 아래층은 연한 주황색이다. 자루는 원기둥모양으로 약간 휘었으며 고동색이나 짙은 갈색이다.

유래 옛날부터 '영초' 라 하였으며, 약 2,000년 전의 중국 『신농본초경』에 불로장생의 영약으로 처음 소개되었다. 마르면 그 모습 그대로 영구보존할 수 있으므로 만년버섯이라고도 한다.

이용방법 야생 영지는 여름부터 가을에 채집하며, 그대로 또는 썰어서 햇볕에 말린 것을 '영지(靈芝)' 라고 한다.
트리테르페노이드(triterpeoids)의 가노데린산(ganoderic acid) A~F 등이 들어 있다. 다당류 가노데란 B(ganoderan B)는 혈당강하 작용을 한다. 또한 다당류가 항알레르기 작용을 하고, 접촉성 피부염에 효과가 있다는 보고가 있다. 신경쇠약, 불면, 혈압강하, 피로회복, 천명(喘鳴, 기관에 담이 걸렸을 때 나는 호흡음), 갱년기장해, 식욕부진, 소화불량 등에 영지를 1일 2.5~5g을 달여 먹는다.
당뇨병, 접촉성 피부염 등에는 1일 3~6g을 굵게 썰어서 달여 먹으면 좋다.

상수리나무 · 졸참나무 · 물참나무 등 갈잎넓은잎나무의 고목에 생긴다

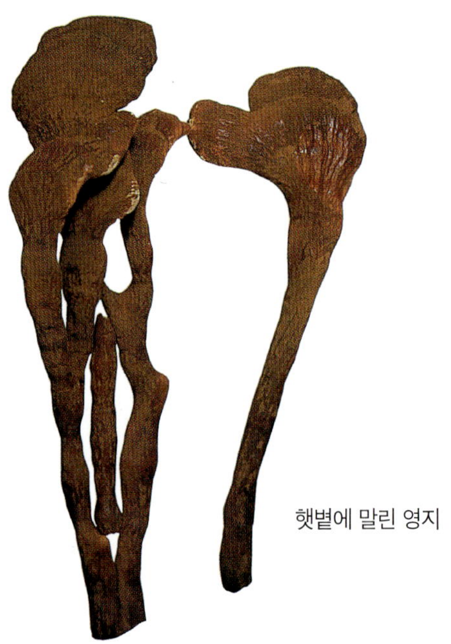

햇볕에 말린 영지

예덕나무

과 명	대극과
별 명	쾌잎나무 · 비닥나무 · 예닥나무
생약명	야오동
약용부	나무껍질 · 잎
약 용	건위 · 치질 · 소염 · 보온
이용법	● ● ●

민간에서 약용하는 것은 이른 봄부터 나는 붉은 새순과 잎자루가 좋다   오른쪽 위／예덕나무꽃

생태 햇빛이 잘 드는 산과 들에 자생하는 갈잎큰키나무로, 높이 5∼10m. 나무껍질은 잿빛이 나는 갈색이며 세로로 얕게 갈라져 있고, 어린 가지에는 별모양의 털이 많다. 잎은 어긋나며 붉은빛을 띠는 잎자루가 있고, 달걀모양 또는 원형으로 자라며 끝이 뾰족한데, 때로는 2∼3개로 갈라진다. 어린잎에는 붉은빛이 나는 자주색 털이 많고 잎맥이 3개 있다. 암수딴그루로 6월에 꽃잎이 없는 작은 꽃이 원추꽃차례로 피며, 암그루에 납작한 공모양의 열매가 달린다.

유래 나무모양이 오동나무를 닮아서 한자로 야오동(野梧桐) · 야동(野桐)이라고도 한다. 일본에서는 봄철 새순이 붉은빛이 나므로 적아백(赤芽柏)이라고 한다.

이용방법 여름에 나무껍질이나 잎을 채집하여 햇볕에 말린 것을 '야오동' 이라고 하는데, 쓴맛의 베르게닌(bergenin), 배당체 루틴(rutin), 타닌(tannin) 등을 함유한다. 나무껍질은 제약원료로 이용한다.

민간에서는 위 · 십이지장궤양의 예방, 또는 수술 후의 재발 예방, 위산과다 · 위장병 등에 건위 목적으로 사용한다. 야오동을 잘라서 1일 물 3컵에 약 10∼20g을 넣고 반으로 줄 때까지 끓이며, 식사 사이에 3회 나누어 먹는다. 종기 · 치질 등도 야오동을 끓인 액에 하루에 몇 차례씩 씻으면 좋다. 땀띠, 가려움증에는 목욕제로 사용한다.

오갈피나무

과 명	두릅나무과
별 명	오화 · 목골
생약명	오가피
약용부	뿌리껍질 · 어린잎
약 용	자양강장 · 냉증 · 불면증
이용법	🟢 🟠 🟠 🟢

가지에 가시가 있어서 울타리로도 이용한다   오른쪽 아래 / 오갈피술

생태 중국이 원산인 갈잎떨기나무로, 오래 전에 약용으로 전해져 산과 들에 자생한 것으로 보인다. 높이 3~4m이고 암수딴그루이며, 가지에 가시가 있다. 일반적으로 잎은 손바닥모양의 겹잎이며, 3~5장으로 이루어진다. 꽃은 8~9월에 잎겨드랑이에 산형꽃차례로 달리며, 열매는 둥근 모양으로 검게 익는다. 연한 싹은 식용하며, 관상용으로도 이용한다.

유래 중국의 『본초강목』(1596년)에 "잎은 5장이 붙어 있는 것이 좋다. 그러므로 오가(五加)로 명한다"고 되어 있다. 우리나라에서도 잎이 5개로 갈라지고 뿌리껍질을 약재로 사용한다는 뜻에서 오가피가 되었다가 변하여 오갈피나무가 되었다.

이용방법 5~7월에 뿌리부분을 파내서 물로 씻어 흙과 잔뿌리를 제거하고, 뿌리껍질을 벗겨서 햇볕에 말린 것을 '오가피(五加皮)'라고 한다. 뿌리껍질에는 메토진세노알데히드(methoginsenoaldehyde)가 들어 있어 특유의 향이 있으며, 그 밖에 팔미틴산(palmitic acid) · 리놀산(linolic acid) 등을 함유한다.

자양강장 · 냉증 · 불면증 · 피로회복 등에 오가피를 1일 10g을 달여서 마신다. 또한 35° 소주 1.8ℓ 에 오가피 150g을 넣어서 3개월 정도 어둡고 서늘한 곳에 두었다가 오가피를 건져내고 자기 전에 1잔씩 마셔도 좋고, 저녁식사 때 반주로 마셔도 좋다. 어린잎은 살짝 데쳐서 나물이나 무침, 오갈피밥 등을 만들어 먹는다.

🟢 내복(마시는 약)　🟣 외용(고약 · 바르는 약 · 습포)　🟣 목욕제　🟠 약술　🟢 약초차　🟢 요리 · 음식　🔴 취급주의

오리나무더부살이

과 명	열당과
별 명	불로초 · 흑사령 · 금순 · 초종용
생약명	육종용
약용부	꽃이 필 때의 포기 전체
약 용	자양강장
이용법	🟢 🟠

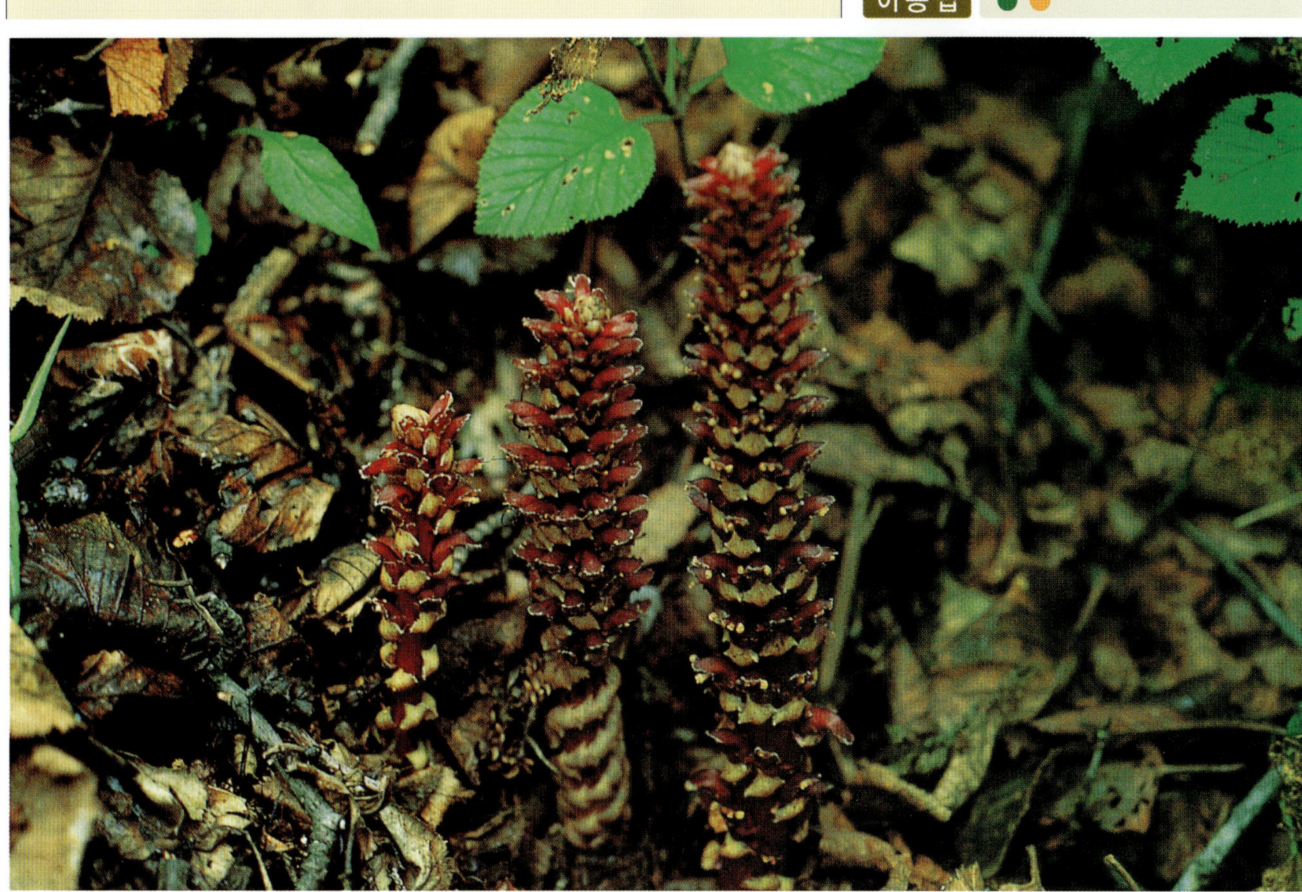

7~8월에 검은 자줏빛의 꽃이 핀다

생태 두메오리나무 뿌리에 기생하는 한해살이풀로, 전체가 거무스름한 누른빛이고 육질이다. 뿌리줄기는 단단하고 굵은 덩어리로 숙주의 뿌리를 감싸고 있다. 높이는 15~30cm이며, 비늘모양의 검고 누르스름한 잎은 좁은 삼각형으로 두껍다. 7~8월에는 검은 자줏빛의 꽃이 수상꽃차례로 많이 핀다.

유래 오리나무더부살이는 고산지대의 오리나무에 기생하기 때문에 붙여진 이름으로 추측된다. 『동의보감』(1613년)에는 "오장육부의 허약증세와 음경의 통증 및 약한 음경과 정력 손상을 치료한다. 또 발기부전과 요실금과 냉대하, 음문의 통증을 치료한다"고 설명하였다.

이용방법 꽃이 필 때 뿌리째 뽑아서 햇볕에 말린 것을 '육종용(肉蓯蓉)'이라고 한다. 수분 · 석회분 · 알코올엑스 이외에 밝혀진 성분이 없다. 현재 중국에서 많은 양이 수입되어 제약원료로 쓰이며, 한약건재상에서 구입할 수 있다. 고양이가 좋아하므로 취급에 주의한다. 다리와 허리 냉증, 노인의 습관성 변비, 병후 회복기, 자양강장에 오리나무더부살이 30g을 35° 소주 1.8ℓ 에 넣어 약술을 만들어 매일 1잔씩 마신다. 강장 · 유정(遺精) · 음위(陰痿) 등에 1일 5~10g을 이용한다.

오미자

과　명	목련과
별　명	개오미자 · 북오미자
생약명	오미자
약용부	열매
약　용	진해 · 자양강장
이용법	● ● ●

생태 암수딴그루이며, 덩굴성 갈잎 떨기나무로 씨앗으로 번식한다. 잎은 긴 타원형으로 끝이 뾰족하고 잎자루가 있으며, 가장자리에 군데군데 얕은 톱니가 있다. 두께가 약간 두터우며, 잎맥이 움푹 패인 느낌이고 연초록색이다. 쓴맛이 강한 남오미자(p.42 참조)는 잎이 진한 초록색이고 광택이 있으므로 구별이 가능하다.

6~7월에 새잎의 겨드랑이에서 꽃자루가 있고 꽃잎이 5장인, 약간 붉은빛의 연노란 작은 꽃이 1개씩 늘어져서 핀다. 10~11월에는 작고 둥근 열매가 술처럼 늘어져서 붉게 익는다.

유래 주로 한국에서 많이 재배하는 약재로, 다섯 가지의 맛(신맛 · 단맛 · 쓴맛 · 짠맛 · 매운맛)을 가진 씨앗이란 뜻에서 오미자(五味子)라고 한다. 매우 비슷한 남오미자와 구분해서 북오미자라고도 한다.

이용방법 10~11월에 잘 익은 열매를 따서 햇볕에 말린 것을 '오미자'라고 하며, 한방에서는 해소 등의 목적으로 사용한다.

민간에서는 35° 소주 1.8*l*에 오미자를 약 300g의 비율로 넣어서, 차고 서늘한 곳에 2~3개월 두어 오미자술을 만든다. 냉증 · 저혈압 · 불면증 등에 자기 전에 1잔 정도 마시면 좋다. 자양강장에도 효과가 있으므로 칵테일해서 저녁 반주로 마신다.

기침을 자주 하거나 묽은 가래가 자주 나오면 오미자를 1일 10g을 달여 마신다. 효과가 없으면 전문가와 상담하여 한약을 먹는다.

암수딴그루의 덩굴성 갈잎식물. 잎이 두꺼우며, 가장자리에 얕은 톱니가 있다

열매를 햇볕에 말린 오미자

● 내복(마시는 약)　● 외용(고약 · 바르는 약 · 습포)　● 목욕제　● 약술　● 약초차　● 요리 · 음식　● 취급주의

오수유나무

과 명	운향과
별 명	당수유 · 약수유나무
생약명	오수유
약용부	열매
약 용	건위 · 이뇨 · 보온
이용법	● ●

공모양의 붉은빛 자주색 열매. 햇것은 맛이 강하므로 따서 1년 정도 지난 것이 좋다

생태
중국 중남부 원산의 갈잎떨기나무로 높이는 약 5m. 암수딴그루이고, 잎은 마주보며 나고 홀수의 깃꼴겹잎이다. 작은잎은 타원형이고 두꺼우며, 끝이 뾰족하고 가장자리에 톱니가 없다. 잎자루에 부드러운 털이 난다. 5~6월에 안쪽에 털이 있고 꽃잎이 5장인 노랑연두색 꽃이 피며, 붉은빛이 나는 자주색 공모양의 열매가 달린다.

유래
중국에서 "오나라에서 생산되는 수유(茱萸)가 좋다"라고 하여 오수유(吳茱萸)라는 이름이 생겼으며, 우리나라에서는 이 이름을 쓰고 있다.

이용방법
10월경 자주고동색으로 익기 전의 덜 익은 열매를 열매꼭지째 따서 그늘에 말려, 열매꼭지를 따내고 열매만 모은 것을 '오수유'라고 한다.

햇것은 맛이 강하므로 딴 지 1년 정도 지나서 맵고 쓴 악취가 적은 것이 좋다. 알칼로이드(alkaloid)의 에보디아민(evodiamine), 레치닌(rhetsinine) 등이 들어 있어서 건위 · 이뇨 등에 사용한다.

위의 더부룩함이나 소화불량 등에는 가루를 1회 0.3~0.5g, 식후 30분마다 미지근한 물과 함께 먹으면 좋다.

또한, 10월에 열매꼭지가 달린 열매와 잎을 따서 굵게 썰어 그늘에 말려, 냉증 등이 있을 때 욕조에 2~3움큼씩 넣고 목욕하면 좋다.

오이

과 명	박과
별 명	물외 · 황과
생약명	호과
약용부	잎줄기 · 열매
약 용	구토제 · 이뇨
이용법	● ● ●

생태 인도가 원산인 덩굴성 한해살이 또는 두해살이풀. 줄기는 덩굴손이 있어서 다른 물체를 감아 올라가며 자라고, 전체에 굵은 털이 있으며 모가 났다. 잎은 잎자루가 있고 손바닥모양으로 얕게 갈라져 있으며, 갈라진 조각은 뾰족한 세모모양으로 가장자리에 톱니가 있다. 5~6월에 노란 꽃이 피고, 가시 같은 돌기가 있는 씨방이 암꽃의 아래쪽에 생긴다. 열매는 원기둥모양의 액과(다육과)이다.

유래 인도에서 3,000년 전부터 재배하였으며, 중국에서는 서역에 사신으로 갔던 장건이 돌아올 때 가져왔다 해서 호과(胡瓜)라고 하였다. 우리나라는 『고려사』에 통일신라시대에 재배된 기록이 남아 있으며, 오이 · 물외 · 호과 · 황과 등으로 불렸다.

학명의 Cucurnis는 어원이 Cucuma로 가운데가 빈 그릇을 의미하는데, 오이를 두 조각으로 자른 모양이 비슷해서 나온 말이다.

이용방법 9월에 잎줄기를 채집하여 2~3㎝ 길이로 굵게 썰어서 햇볕에 말려두면 좋다. 식중독 등으로 위가 더부룩하거나 메슥거리고 아플 때, 1회에 10g(생잎줄기라면 40g)을 달여 먹는다. 위 속의 것을 토하여 낫게 한다.

여름에 열매를 따서 얇고 둥글게 썰어 햇볕에 말린 것을 '호과' 라 한다. 신장염 · 각기 등으로 몸에 부종이 있을 때, 호과를 1일 10g(생오이라면 40g)을 달여 먹는다. 이소쿠에르시트린(isoquercitrin) 등이 들어 있어 이뇨와 부종에 좋다. 더울 때에는 열매를 차게 해서 둥글게 썰어 발바닥에 붙인다.

이뇨효과가 있는 오이 열매

오이꽃. 여름에 노란 꽃이 핀다

● 내복(마시는 약)　● 외용(고약 · 바르는 약 · 습포)　● 목욕제　● 약술　● 약초차　● 요리 · 음식　● 취급주의

오이풀

과 명	장미과
별 명	수박풀 · 외나물 · 외풀 · 외순나물
생약명	지유
약용부	뿌리줄기
약 용	수렴 · 지혈 · 정장 · 소염
이용법	● ●

8～9월에 새끼손가락 끝마디만한 타원형의 꽃이삭이 나와서 검붉게 된다

생태 산이나 들에 자생하는 여러해살이풀로 뿌리줄기가 굵고 길게 옆으로 자라며, 줄기는 곧게 자라서 가지가 갈라져 높이 30～150㎝가 된다. 잎은 어긋나고 홀수의 깃꼴겹잎이며, 작은잎은 타원형으로 가장자리에 톱니가 있다. 8～9월에 새끼손가락 끝마디 크기의 타원형 꽃이삭이 나오고, 검붉은 색의 작은 꽃이 위에서부터 아래로 핀다. 꽃잎처럼 보이는 것이 꽃받침이다.

유래 잎을 뜯어서 코에 대보면 오이 또는 호박 내음이 물씬 나서, 진짜 오이보다 오이냄새가 더 진하다. 이런 이유로 오이풀이란 이름이 생겼다.

이용방법 10～11월에 잎줄기가 마를 때 땅 속 뿌리줄기를 파서 잔뿌리를 제거하고, 물로 씻어서 햇볕에 말린 것을 '지유(地楡)' 라고 한다. 타닌(tannin) · 사포닌(saponin) 등의 성분이 들어 있다.

설사, 월경 과다, 토혈 등에는 지유를 1일 15g을 달여서 먹는다. 잇몸이 붓거나 구내염 또는 편도선염이나 목이 부어 아플 때 지유를 달인 액으로 양치질하면 좋다. 거친 피부, 옻독, 풀독, 살갗 쓸림 등에는 달인 액을 식혀서 헝겊에 적셔 환부에 냉습포한다. 마르면 여러 번 다시 한다.

옥수수

과　명	벼과
별　명	강냉이
생약명	옥촉서예
약용부	암술대(수염)·열매(옥수수 알갱이)
약　용	이뇨·자양강장
이용법	●　●

생태　남아메리카 원산으로 알려진 한해살이풀이며, 씨앗으로 번식하는 재배작물이다. 줄기는 한 줄기로 곧게 자라고 마디가 있으며, 높이 2~3m에 이른다. 수꽃은 줄기 끝에 달리고 크게 가지가 갈라진 이삭모양이다. 암꽃은 윗부분의 잎겨드랑이에 달리고, 원기둥모양으로 길이가 약 30㎝이다. 열매 끝에 늘어져 있는 수염은 암술대로, 끝에 꽃가루가 묻어서 수정한다.

유래　수수에 옥(玉)자가 붙은 것으로, 알갱이가 구슬처럼 윤이 난다고 하여 붙여진 이름이다. 또 다른 이름인 강냉이는 옥수수가 중국 양쯔강 이남의 강남에서 건너왔다는 의미에서 생긴 것이다. 고려 때 원나라 군사들에 의해 전해졌다고 하며, 『곡종변증설』(19세기 초)에 우리나라에서 기르는 곡식 종류로 옥촉(玉蜀)이 등장한다.

이용방법　옥수수 열매 끝의 노랑 또는 붉은빛이 나는 갈색 수염(암술대)을 모아서 햇볕에 말린 것을 '옥촉서예(玉蜀黍蘂)'라고 한다. 칼륨염·유기산·당류·스테롤류(sterol) 등이 있다. 임신 중의 부종 및 일반 부종, 급성신장염에 1일 옥촉서예 15g에 물 3컵을 붓고 물이 반으로 줄 때까지 달여서, 식사 사이에 3회 나누어 마시면 좋다. 꿀이나 레몬, 좋아하는 과즙 등을 넣으면 마시기 좋다.

옥수수는 말려서 가루로 빻아 병후 회복기 등에 자양강장식으로 먹거나 쪄 먹는다.

남아메리카 원산으로 알려진 한해살이풀. 수꽃은 줄기 끝에 이삭모양으로 모여 핀다

암꽃은 줄기 중간 정도에서 이삭잎에 싸여 결실한다

● 내복(마시는 약)　　● 외용(고약·바르는 약·습포)　　● 목욕제　　● 약술　　● 약초차　　● 요리·음식　　● 취급주의

올리브나무

과 명	물푸레나무과
별 명	
생약명	올리브유
약용부	열매
약 용	완하 · 피부염 · 자양강장
이용법	● ● ●

올리브. 재배 역사가 오래되며, 고대 올림픽에서 상품으로도 사용되었다

생태 재배종은 소아시아, 지중해 동부 연안, 또는 북아프리카가 원산으로 알려진 늘푸른큰키나무. 높이 5~10m이며, 나무껍질이 잿빛을 띠는 갈색이다. 잎은 바소꼴로 앞쪽은 짙은 초록색이며, 뒤쪽은 흰 털이 많이 나 있고 빛이 나며 하얗다. 늦은 봄에 잎겨드랑이에서 꽃가지가 나와 연노란 작은 꽃이 총상꽃차례로 달리며, 씨앗이 1개 들어 있는 타원형의 열매를 맺는다. 열매는 처음에는 초록색, 그 후에는 누렇게 되고, 가을에 검은 자줏빛으로 익는다.

유래 영어이름인 올리브(olive)로 불린다. 올리브나무를 감람나무라고도 하는데, 올리브나무의 학명은 *Olea europaea L.* 이며 감람나무의 학명은 *Canarium Album Raeushc*로 전혀 다른 식물이다.

이용방법 여름에 열매가 누렇게 익으려고 할 때 수확하여 압착해서 짠 기름을 '올리브유' 라고 한다. 올레인산(oleic acid) · 리놀렌산(linoleic acid) · 팔미틴산(palmitic acid) 등이 있다. 변비에 올리브유를 1잔(30~50cc) 마시면 좋다. 단, 임신 중에는 사용하지 않는다. 콜레스테롤이 염려된다면 일반 식용유를 올리브유로 바꿔서 사용한다.

또한 벌레 물림, 멍 등의 피부염에 올리브유를 바르며, 머리카락이나 두피가 건조할 때도 올리브유를 따뜻하게 하여 컨디셔너로 이용한다. 먹을거리에 이용하면 자양강장에도 좋다.

올리브나무꽃. 늦은 봄에 연노란 작은 꽃이 핀다

왕원추리 · 들원추리

과 명	백합과
별 명	넘나물 · 금침채 · 등황옥잠
생약명	금침채
약용부	꽃봉오리 · 잎 · 뿌리
약 용	해열 · 이뇨
이용법	● ●

생태 풀밭이나 강둑에서 자라는 여러해살이풀. 8월경에 바깥쪽의 잎 사이에서 꽃줄기가 자라 나오고, 잎 끝이 노란빛이 도는 주황색이며, 8겹인 꽃이 여러 송이 피는데 불임성으로 씨앗은 없다. 들원추리는 모양이 매우 비슷하지만, 전체적으로 조금 작고 꽃이 1겹이기 때문에 구분하기 쉽다.

유래 중국에서는 이 꽃을 보고 근심을 잊었다는 고사에서 '망우(忘憂)'라는 이름이 있다. 우리 나라에서도 원추리는 '근심풀이풀', 즉 근심을 잊게 하는 풀로 널리 알려져 있다. 그 밖에 넘나물이라고도 하며, 한자로는 훤초(萱草) · 망우초(忘憂草) · 금침채(金針菜) · 의남초(宜男草) · 황화채(黃花菜) 등으로 쓰인다.

이용방법 8월경 꽃봉오리를 따서 뜨거운 물에 2~3분 담갔다 햇볕에 말린 것을 '금침채'라고 한다. 히드로옥시글루타민산(hydroxyglutamic acid) 등을 함유한다. 해열제로 1일 금침채 15g에 물 3컵을 넣어 반으로 줄 때까지 달여서, 식사 사이에 3회 나누어 마시면 좋다.
또한, 9월경 뿌리째 파내서 뿌리와 잎을 잘라 나눈 후 각각 물로 씻어서 햇볕에 말린다. 뿌리에는 아스파라긴(asparagine) · 리신(ricin) 등이, 잎에는 아르기닌(arginine) · 콜린(choline) 등이 들어 있다. 불면증, 몸의 부종 등에, 뿌리는 1일 10g, 잎은 1일 20g을 꽃봉오리와 같이 달여서 먹는다. 왕원추리 · 들원추리 모두 어린 싹은 식용한다.

왕원추리꽃. 8월경 줄기 끝에 노란빛이 도는 주황색 꽃이 핀다

들원추리꽃. 전체적으로 조금 작고 꽃이 한 겹이다

● 내복(마시는 약)　● 외용(고약 · 바르는 약 · 습포)　● 목욕제　● 약술　● 약초차　● 요리 · 음식　● 취급주의

용담

과 명	용담과
별 명	초룡담·고담·담초·관음풀
생약명	용담
약용부	뿌리줄기·뿌리
약 용	소염, 해독, 고미성 건위
이용법	●

9~10월에 종모양의 보라색 꽃이 핀다. 꽃꽂이용으로 꽃이 하얀 원예종도 있다

생태 산과 들에 자라는 여러해살이풀로 높이 약 60cm이다. 뿌리는 굵은 수염뿌리모양이며, 줄기는 곧게 자라거나 비스듬히 자란다. 잎은 바소꼴로 마주보고 나며, 끝이 뾰족하고 두껍다. 잎 가장자리가 밋밋하고, 큰 잎맥이 3개 있다. 9~10월에 종모양의 보라색 꽃이 위를 향하여 피고, 드물게는 하얀 꽃도 핀다. 열매는 삭과로 가늘고 길며, 씨앗은 넓은 바소꼴로 양끝에 날개가 있다.

유래 옛날부터 대표적인 쓴맛이 곰의 쓸개를 말린 웅담인데, 그보다도 더 써서 중국에서 용(龍)을 붙여 용담(龍膽)이란 이름이 생겼다고 한다. 초룡담·고담·담초·관음풀 등으로도 불린다.

이용방법 땅 윗부분이 시드는 11월경, 뿌리줄기와 뿌리를 파내서 물로 씻어 모래흙과 남은 줄기를 제거하고 햇볕에 말린 것을 '용담' 이라고 한다. 배당체의 겐티오피크린(gentiopicrine), 알칼로이드(alkaloid)의 겐티아닌(gentianine), 3당류의 겐티아노스(gentianose) 등을 함유하며, 고미성 건위제 등의 제약원료가 된다. 한방에서는 소염·해독의 목적으로 사용한다. 민간에서는 식욕부진·소화불량·위산과다 등에 1일 3g에 물 3컵을 넣고 반으로 줄 때까지 달여서 찌꺼기를 건져내고 먹는다. 가루로 된 것은 1회 0.3g을 식사 후에 물과 함께 먹는다. 그러나 용담을 써도 위통·복통이 5일 이상 계속될 경우에는 의사·약사와 상담하여 한약을 먹는다.

용안나무

과 명	무환자나무과
별 명	
생약명	용안육
약용부	헛씨껍질
약 용	자양강장, 허약체질, 병후 회복
이용법	●

생태 인도 원산으로 알려진 늘푸른 큰키나무. 높이 10m 이상 자라고, 잔가지는 초록빛을 띠는 갈색이며 털이 있다. 잎은 2~5쌍의 깃꼴겹잎으로 보통 어긋나며, 5월경 잎겨드랑이에서 꽃줄기가 나와 향이 있는 연노란 작은 꽃이 원뿔모양으로 핀다. 9~10월에 지름 2.5㎝의 둥근 열매가 달리고, 연한 갈색으로 익는다. 열매껍질은 얇고 단단하다. 열매 안에 헛씨껍질(씨를 싸고 있는 씨앗껍질처럼 보이는 부분)이 있고, 씨앗은 1개 들어 있다.

유래 열매의 헛씨껍질을 쓰는데 마치 용의 눈과 같다고 하여 용안육(龍眼肉)이라고 한다. 『동의보감』(1613년)에서는 '성질이 고르고 맛이 달며 독이 없다'고 설명하였다.

이용방법 헛씨껍질을 채집하여 햇볕에 말린 것을 '용안육'이라고 하며, 포도당·타르타르산(tartaric acid, 주석산)·지방·아데닌(adenine)·콜린(choline) 등이 들어 있다. 한방에서 보혈강장의 목적으로 처방조제하는데, 일반적으로는 그냥 열매를 과일로 먹거나 또는 말린 용안육을 먹는다. 자양강장, 허약체질, 병후 회복, 건망증, 불면증 등에 좋다.

비슷한 모양의 여지는 표면에 비늘모양의 돌기가 있고 짙은 붉은빛이므로 쉽게 구별할 수 있다. 중국에서는 리찌라고 하며, 용안육처럼 사용한다.

중국·일본·타이완·인도 등에서 재배되며 우리나라는 수입에 의존한다.

여지 열매. 짙은 붉은빛으로 표면에 비늘모양의 돌기가 있다

용안나무 열매

용안나무. 5월경에 꽃줄기가 나와 꽃이 핀다

● 내복(마시는 약)　● 외용(고약·바르는 약·습포)　● 목욕제　● 약술　● 약초차　● 요리·음식　● 취급주의

우엉

과 명	국화과
별 명	우방근 · 우채
생약명	우방자
약용부	씨앗 · 잎 · 뿌리
약 용	소염 · 배농 · 이뇨 · 완하
이용법	● ● ●

봄에 씨앗을 뿌리면 다음해 여름에 자줏빛 또는 흰빛의 엉겅퀴와 비슷한 꽃이 핀다

생태 유럽 원산으로 전국에 분포하는 두해살이풀이며, 높이 약 1.5m이다. 잎에는 긴 잎자루가 있고, 심장모양으로 가장자리에 잔 톱니가 있으며, 뒤쪽에는 잿빛이 나는 하얀 털이 많이 나 있다. 7~8월에 대롱모양의 자줏빛이나 하얀 꽃이 피며, 포는 바늘모양으로 끝이 갈고리모양이다.

유래 유럽 · 시베리아 · 만주 등에 자생하며, 유럽에서 간혹 어린잎과 뿌리를 식용하지만 채소로 이용한 것은 일본이다. 중국에서는 씨앗을 우방자(牛蒡子)라 하여 이뇨제로 사용한다. 우리나라에 전해진 경로는 확실하지 않지만 오래되지 않은 것으로 보이며, 약용뿐만 아니라 식용으로도 널리 재배된다.

이용방법 잘 익은 씨앗을 채집하여 햇볕에 말린 것을 '우방자' 라고 한다. 팔미틴산(palmitic acid) 등의 지방유, 리그난류(lignan)의 아륵틴(arctiin), 다당류의 이눌린(inuline) 등을 함유한다. 습진, 종기, 목의 통증이나 부종에 1일 15g을 달여 마시면 좋다.

잎에는 타닌(tannin) · 정유 · 점액질 등이 있다. 신경통 · 관절통 · 류머티즘 등에 생잎을 불에 쬐어서 환부에 온습포하면 좋다. 타닌이 염증을 가라앉히고(소염), 정유가 혈액순환을 좋게 하여 진통효과가 있다.

뿌리에도 들어 있는 다당류의 이눌린은 포도당을 합성하지 않으므로 당뇨병식으로 알맞다. 섬유질이 많아서 변비에도 효과가 있으므로 조리해 먹으면 좋다.

운향

과　명	운향과
별　명	루
생약명	운향
약용부	꽃이 필 때의 잎줄기, 생잎
약　용	해열 · 통경 · 진정 · 소염
이용법	● ●

남유럽 원산의 늘푸른 여러해살이풀. 6~7월에 꽃받침에 톱니가 있고 꽃잎이 4~5장인 노란 꽃이 핀다

생태　남유럽 원산인 늘푸른여러해살이풀로, 높이가 60~90㎝이고, 갈색 줄기가 모여서 나온다. 잎은 어긋나며 회록색이고, 2~3회 깃꼴로 얕게 또는 깊게 갈라진다. 갈라진 조각은 구둣주걱모양 또는 타원형으로 선점(腺点)이 있고, 강한 향이 있다. 6~7월에 가지 끝에 산방꽃차례가 달리며, 꽃받침에 톱니가 있고 꽃잎이 4~5장인 노란 꽃이 피며 꼬투리가 달린다.

유래　중국에서 운(芸)이란 '왕성한 모습' 을 뜻하며, 향이 많기 때문에 이름이 '운향(芸香)' 이 되었다고 한다. 포기 전체에서 코를 막고 싶을 정도로 기묘한 향이 난다.

이용방법　6~7월에 꽃이 필 때 꽃이 달린 잎줄기를 잘라서 그늘에 말리고, 반나절 동안 햇볕에 말려 마무리한 것을 운향이라고 한다. 정유인 메틸노니케톤(methyl-n-nonylketone) · 메틸헤프틸케톤(methylhepthylketone) · 피넨(pinene) · 시네올(cineol), 알칼로이드(alkaloid)의 아르보리닌(arborinine) · 코쿠사긴(kokusagine), 플라보노이드(flavonoid) 배당체의 루틴(rutin) 등이 함유되어 있다.

감기로 인한 발열, 월경불순, 흥분 등에 1회 2~4g을 컵에 넣고 뜨거운 물을 부어서 3분 정도 두었다가 찌꺼기를 건져내고 매일 1잔씩 마시면 좋다.

벌레 물림, 화농성 종기, 타박상 등에는 운향을 갈아서 환부에 붙이고 거즈 등으로 눌러둔다. 마르면 새것으로 바꾼다.

● 내복(마시는 약)　● 외용(고약 · 바르는 약 · 습포)　● 목욕제　● 약술　● 약초차　● 요리 · 음식　● 취급주의

울금

과 명	생강과
별 명	을금 · 옥금 · 심황 · 황제족
생약명	울금
약용부	뿌리줄기 · 잎줄기
약 용	방향성 건위, 치질, 절상, 종기
이용법	● ● ● ●

생태 열대아시아가 원산인 여러해살이풀이며, 약용과 관상용으로 각지에서 재배된다. 땅 속에 지름 3~4cm의 굵은 뿌리줄기가 있으며, 중심 뿌리줄기는 공모양에 가깝다. 갈라져 나온 뿌리줄기는 원기둥모양으로, 바깥쪽은 갈색이고 속은 귤색이다. 잎은 끝이 뾰족한 타원형이며, 잎자루가 길고 4~8개가 다발모양으로 나온다. 초가을에 꽃줄기가 20cm 정도 자라서 끝에 꽃송이가 달리며, 비늘모양으로 겹쳐진 꽃턱잎 안에 연노란 꽃이 핀다.

유래 기원전 600년경부터 기록되어 있는 『앗시리아 식물지』에 착색성 물질로 실려 있다. 인도 · 동남아시아 · 중국에서는 옛날부터 비단과 면의 염색, 식품의 착색에 이용해 왔다. 『동의보감』과 『본초강목』 등에 "울금은 간장의 해독을 촉진하고 담즙 분비 및 이혈작용이 뛰어나다"고 설명하고 있다.

이용방법 가을에 땅 윗부분이 시들면 뿌리줄기를 파서 물로 씻어 잔뿌리와 흙을 털어내고, 뿌리줄기를 나누어 데쳐서 그늘에 말린 것을 '울금(鬱金)' 이라고 한다. 노란 색소의 쿠르쿠민(Curcumin), 정유 시네올(cineol) 등이 함유되어 있다.

과음, 과식, 가벼운 황달 등에 울금을 1일 10g을 달여 마신다. 수치질 · 치열 등의 출혈, 절상, 찰상, 종기 등에는 생뿌리줄기를 갈아서 환부에 붙이고 헝겊으로 감아준다. 가루는 물에 개어서 환부에 붙인다.

그 밖에 인도 카레나 일본 단무지 등의 색을 내는 데 사용한다.

우리나라에서는 남부 해안지방에서 시험 재배되고 있다

울금의 뿌리줄기

울금꽃

원지

과　명	원지과
별　명	세초 · 만요 · 소초 · 신영신초
생약명	원지
약용부	뿌리
약　용	자양강장 · 피로회복 · 진해
이용법	●

줄모양이며 어긋나는 잎. 잎은 얇고 끝이 뾰족하며, 꽃은 드문드문 핀다

생태
중국 원산의 여러해살이풀로, 우리나라에서는 드물게 중부 이북의 산에서 자란다. 높이는 약 30㎝. 줄기는 밑동에서 무리지어 나오고, 잎은 줄모양이며 어긋난다. 7~8월에 줄기 위쪽에 자줏빛의 작은 꽃이 총상꽃차례로 드문드문 달린다.

유래
중국의 『본초강목』(1596년)에 "이 풀을 먹으면 능히 지혜가 늘고 의지가 강해진다. 그래서 원지(遠志)라는 이름이 생겼다"고 설명하고 있다. 꽃이 콩과의 싸리와 비슷하고 전체가 작기 때문에 땅싸리라는 이름도 생겨났다.

이용방법
가을에 땅 윗부분이 시들기 시작할 때 뿌리를 파서 물로 씻어 흙을 제거하고 햇볕에 말린 것을 '원지'라고 한다. 약재상에서 구입할 수 있다.

원지는 원지사포닌 등을 함유하고, 한방에서 진정 · 소염 · 거담 등의 목적으로 처방조제한다.

민간에서는 자양강장, 병후 회복, 피로회복, 진해 등에 1일 원지 3~5g을 3컵의 물과 함께 반으로 줄 때까지 달여서 찌꺼기를 제거하고 식사 사이에 3회 나누어 마신다.

천식 기침에는 전문가와 상담하여 한약을 사용하는 것이 좋다. 애기풀의 뿌리도 원지처럼 사용할 수 있다.

● 내복(마시는 약)　● 외용(고약 · 바르는 약 · 습포)　● 목욕제　● 약술　● 약초차　● 요리 · 음식　● 취급주의

월계수

과 명	녹나무과
별 명	
생약명	월계엽 · 월계실
약용부	잎 · 열매
약 용	방향성 건위, 피로회복
이용법	

끝이 날카롭고 뽀족한 잎은 따면 향기가 난다

생태 지중해 연안이 원산으로 알려진 늘푸른큰키나무로, 높이는 약 15m이다. 잎은 긴 타원형이거나 넓은 바소꼴로 끝이 뾰족하고, 표면은 짙은 초록색으로 잎맥이 뚜렷하며 광택이 있다. 암수딴그루로, 4~5월에 잎겨드랑이에 작고 노란 꽃이 모여 핀다. 열매는 타원형이며 어두운 자주색이다.

유래 중국의 『영화자전(英華字典)』에서 영어이름인 노블 로렐(noble raurel)을 월계수(月桂樹)로 번역하여, 월계수란 이름이 탄생했다. 최근에는 말린 잎을 가리키는 베이 리프(bay leaf)라는 영어이름도 많이 쓰인다.

이용방법 나무가 쓰러지기 쉽게 생겨서 한 해에 몇 번씩 베어낸다. 베어낸 가지에서 잎을 따서 그늘에 말린 것을 '월계엽(月桂葉)' 이라고 하며, 정유의 시네올(cineol) · 게라니올(geraniol) 등이 들어 있다. 어깨 결림, 식욕부진 등에는 갈아서 가루로 만들어 1회 3g씩 식사 30분 전에 먹으면 좋다. 신경통 · 류머티즘에는 1일 10~15g을 달여 마신다. 또한 피로회복, 어깨 결림, 요통, 냉증, 근육통 등에 1~2움큼을 목욕제로 이용하면 좋다.

열매를 그늘에 말린 것은 '월계실(月桂實)' 이라고 하며, 사용하는 헤어로션에 1작은술을 넣어서 사용하면 발모효과가 있다. 월계엽은 향신료로 조림 등의 서양요리에도 쓰인다.

유자나무

과 명	운향과
별 명	유자
생약명	유
약용부	열매
약 용	거친 피부, 발한해열, 보온
이용법	● ● ● ●

열매는 둥글고 표면에 작은 돌기가 있으며, 열매껍질에 특유의 향이 있다

생태

중국 양쯔강 상류가 원산으로 알려진, 높이 약 4m의 늘푸른떨기나무이다. 가지에 긴 가시가 있고, 잎은 가늘고 긴 달걀모양으로 끝이 뾰족하며 가지에 어긋난다. 잎자루에 날개가 있고, 잎 가장자리에는 잔톱니가 있다. 5월경 잎겨드랑이에서 꽃잎이 5장인 하얀 꽃이 피고, 꽃이 지면 초록색 열매를 맺는다. 열매는 공모양이며 울퉁불퉁한 돌기가 있다. 익으면 노랗게 되고, 껍질에 특유의 향이 있고 신맛이 강하다.

유래

『동의보감』에서 "유자껍질은 두텁고 맛이 달며, 술독 같은 위 속의 나쁜 기운을 없애고 입맛을 좋게 한다"고 하였다. 『본초강목』에서는 "답답한 기운이 가시고 정신이 맑아진다"고 설명하였다.

이용방법

열매에는 비타민C가 풍부하며, 그밖에 구연산(citric acid)·타르타르산(tartaric acid, 주석산)이 있다. 열매껍질에는 정유의 피넨(pinene)·시트랄(citral)·리모넨(limonene) 등이 함유되어 있다.

과즙을 피부에 문지르듯 바르면 피부 각질증상이나 건조증, 가벼운 동상 등으로 피부가 거칠어지는 것을 예방할 수 있다. 초기 감기에 열매 1개분의 과즙을 설탕 등으로 단맛을 내서 뜨거운 물을 부어 자기 전에 마시면, 발한을 촉진하여 해열효과가 있다. 또한 열매를 얇고 둥글게 잘라서 목욕제로 이용한다. 정유 등이 뜨거운 물에 녹아 나와서 피부를 자극하여 혈액순환을 도와주므로 어깨 결림, 요통, 신경통, 류머티즘, 냉증 등에 좋다.

● 내복(마시는 약)　● 외용(고약·바르는 약·습포)　● 목욕제　● 약술　● 약초차　● 요리·음식　● 취급주의

육계

과 명	녹나무과
별 명	육계
생약명	계피 · 계지
약용부	나무껍질 · 가지껍질
약 용	해열 · 건위
이용법	●

높이 약 10m의 늘푸른큰키나무. 잎은 바소꼴로 끝이 뾰족하며 잎맥이 뚜렷하다

나무껍질을 그늘에 말린 육계

생태 중국 남부, 인도네시아반도가 원산으로 알려진 늘푸른큰키나무. 높이 약 10m로, 나무껍질은 평평하고 매끄러우며 잿빛을 띠는 갈색이다. 어린 가지는 네모지고 전체에서 향이 난다. 잎은 어긋나며 넓은 바소꼴로 끝이 뾰족하고 잎맥이 3줄 있다. 우리나라는 온실에서 4~5월, 중국은 5~7월에 꽃잎이 6장이며 노란빛을 띠는 초록색 꽃이 원추꽃차례로 피어 결실한다.

유래 중국에서는 식물이름과 생약명이 모두 육계(肉桂)다. 중국에서 '계(桂)'란 향나무를 통틀어 일컫는 말로, 육질이 두꺼운 계피(桂皮)란 뜻에서 육계란 이름이 생겼다. 우리나라에서도 육계로 불린다.

이용방법 가을에 밑동을 잘라서 40cm 간격으로 나무둘레에 돌아가며 칼자국을 내고, 나무껍질을 벗긴 후 그늘에 말린 것을 '육계 · 계피(桂皮)'라고 한다. 정유인 계피 알데히드(aldehyde), 계피 알코올초산에스테르(esteracetate) 등을 함유한다.

감기 발열에 1일 계피 또는 계지(桂枝) 3g에 생강 1g을 넣어서 달여 먹으면 좋다. 따뜻할 때 설탕이나 꿀을 조금 넣으면 마시기 좋다. 위가 더부룩하고 식욕부진 · 소화불량일 때는 계피나 계지를 가루로 만들어서 1일 1.5g씩 식사 사이에 3회 먹는다.

약재는 한약방이나 약재상 등에서 구할 수 있다.

율무

과 명	벼과
별 명	의주자·인미·의미
생약명	의이인
약용부	열매
약 용	진통·배농·자양강장·사마귀
이용법	●●●

7~8월에 잎겨드랑이에서 꽃이삭이 나와 열매를 맺는다　왼쪽 아래/검은빛을 띠는 갈색으로 익은 열매

생태 벼과의 한해살이풀로, 중국에서 약용으로 전해져서 자생하는 것은 없고 재배만 된다. 줄기는 밑동에서 모여 나와 곧게 자라서 높이 1.3m에 이른다. 잎은 어긋나며 좁은 바소꼴로 끝이 뾰족하다. 7~8월에 잎겨드랑이에서 꽃이삭이 나와 벼과의 꽃이 피며, 타원형의 둥근 열매를 맺는다. 익으면 검은빛을 띠는 갈색이 된다.

유래 익어서 율무의 씨앗껍질을 벗겨 말린 씨앗을 '의이인(薏苡仁)' 이라 하고, 껍질을 벗기지 않고 그대로 말린 것을 '천각(川殼)' 이라고 한다. 율무는 동남아시아에서 재배하기 시작하여 중국에는 후한 때 지금의 베트남에서 전해졌으며, 우리나라는 중국에서 들어와 약용 식물로 재배되었다.

이용방법 10월경 열매로 보이는 타원형의 끝이 뾰족한 포초(속이 진짜 열매)가 검은빛을 띠는 갈색으로 변하기 시작할 때가 수확기이며, 약 80% 색이 변하면 베어낸다. 탈곡하여 5일 정도 햇볕에 말린 것이 율무이며, 껍질을 벗긴 씨앗을 '의이인' 이라고 한다.

한방에서는 진통·소염·해열·배농 등의 목적으로 처방조제한다.

민간에서는 냄비에 껍질째 넣고 뚜껑을 덮은 후 터져서 누릇누릇할 정도로 볶아주며, 보리차처럼 뭉근한 불로 30~40분 끓여서 건더기를 건져내고 차 대신 마신다. 자양강장 이외에 아름다운 피부로 가꿔주고 사마귀를 없애는 데 효과가 있다.

●내복(마시는 약)　●외용(고약·바르는 약·습포)　●목욕제　●약술　●약초차　●요리·음식　●취급주의

햇볕에 말린 덩굴은 이뇨를 촉진하고, 신장염 · 방광염 등의 부종을 없앤다

으름덩굴

과 명	으름덩굴과
별 명	연복자 · 임하부인 · 통초 · 어름
생약명	목통
약용부	굵은 덩굴
약 용	이뇨 · 통경
이용법	● ●

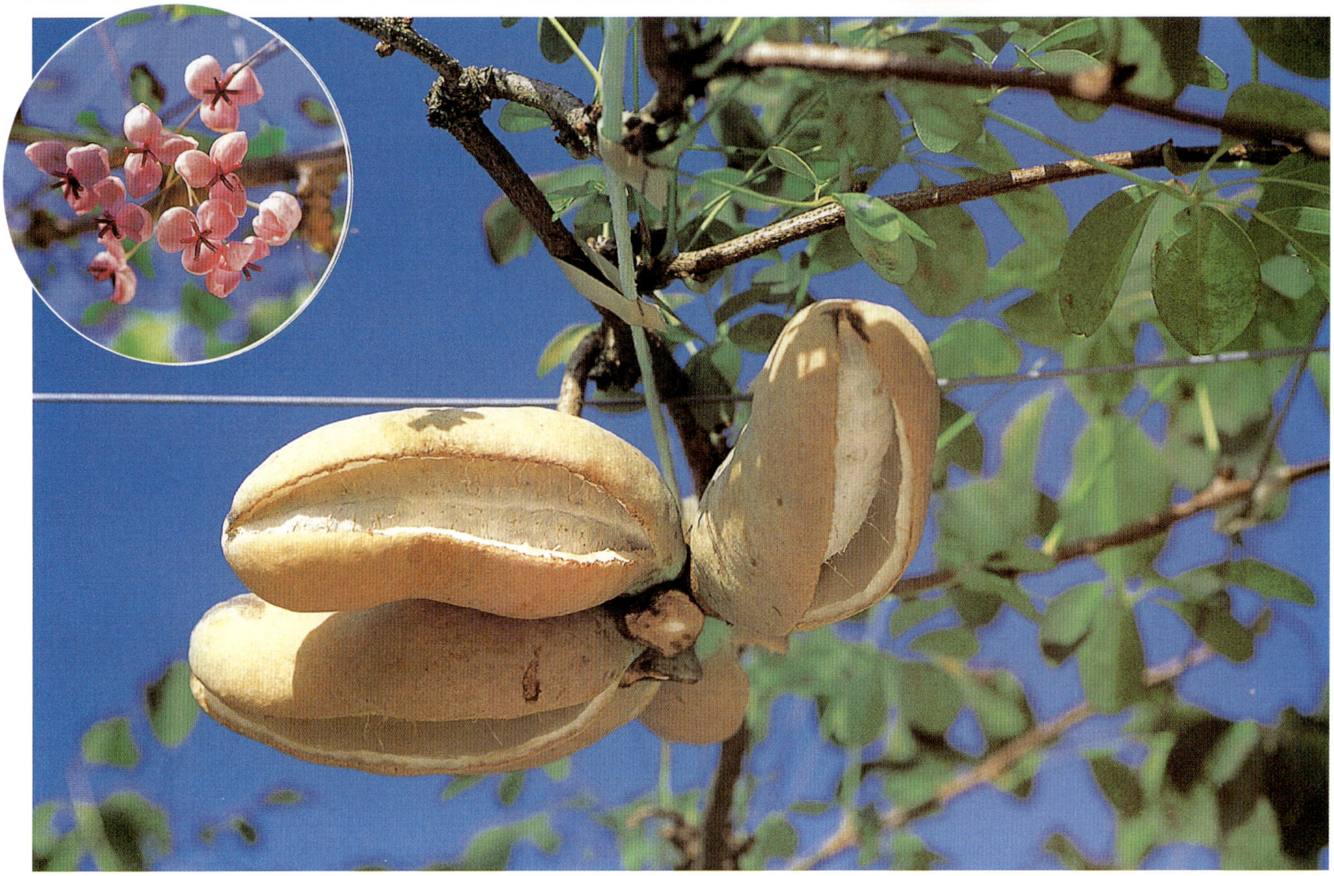

가을에 열매가 익으면 벌어지며 하얀 과육이 보인다 왼쪽 위/으름덩굴꽃

생태 산과 들에서 볼 수 있는 덩굴성 갈잎나무이며, 씨앗으로 번식한다. 중남부지방에 분포하며 숲 속에서 자란다. 덩굴은 길이 약 5m까지 자라고, 가지는 털이 없으며 갈색이다. 새 가지에서 나오는 잎은 어긋나고, 묵은 가지의 잎은 무리지어 나며, 손바닥모양의 겹잎이다. 작은잎은 5개로 길이 약 3~6㎝의 타원형이며 가장자리가 밋밋하다. 꽃은 암수한그루로 4~5월에 총상꽃차례로 달리며, 자줏빛을 띠는 갈색이다.

유래 중국에서는 목질화된 덩굴의 안쪽에 가는 구멍이 대롱모양으로 통해 있다고 하여 목통(木通)이라고 한다. 열매가 익어서 벌어진 모양이 여성의 음부와 같다고 해서 임하부인(林下婦人)이란 이름도 있다.

이용 방법 낙엽이 지는 11월경에 지름 약 2㎝의 목질화한 덩굴을 채집하여 2~3㎜의 두께로 둥글게 썰어서 햇볕에 말린 것을 '목통'이라고 한다. 사포닌의 아케비오사이드(akebioside), 스테로이드류(steroid)의 스티그마스테롤(stigmasterol), β 시토스테롤(β sitosterol) 외에 칼륨염이 들어 있으며, 한방에서 소염 · 이뇨 · 진통 등의 목적으로 사용한다.

신장염 · 각기 · 방광염 등의 부종에 목통을 1일 10~20g을 달여서 마시면 혈뇨나 부종을 줄일 수 있다. 또한 생리불순 · 생리통에도 좋다. 관상용으로도 심으며, 열매는 약간 단맛이 있어 먹을 수 있다.

은행나무

과 명	은행나무과
별 명	압각자 · 백과 · 공손수 · 행자목
생약명	은행 · 압각 · 공손수
약용부	씨앗 · 잎
약 용	자양강장 · 진해
이용법	

가지가 휠 정도로 열매가 많이 달린 은행나무. 잎을 책갈피에 끼워두면 좀이 생기지 않는다고 한다

생태
중국 원산의 갈잎큰키나무. 암수딴그루로, 4월 경 잎 아래쪽에 연노란 수술이 짧은 이삭모양으로 달리는 것이 수그루, 2개의 초록색 밑씨가 끝쪽에 겉으로 드러나게 달리는 것이 암그루이다. 가을에 암그루에 냄새가 강한 육질의 씨앗이 생긴다.

유래
은행나무는 한자로 은행(銀杏)이라고 하는데, 열매가 살구나무 열매를 닮았고 흰빛이 나서 붙여진 이름이다. 중국에서는 잎이 오리발을 닮았다고 하여 압각수(鴨脚樹)라고 하며, 또한 성장이 늦어 열매를 손자 대(代)에 가서 얻는다고 하여 공손수(公孫樹)라고도 한다. 우리나라에 들어온 정확한 연대는 알 수 없으나 불교나 유교와 함께 들어온 것으로 추측된다.

이용방법
냄새가 강한 육질의 겉씨껍질은 은행산과 빌로볼(bilobol) 등이 있어서 피부에 직접 닿으면 중독을 일으키므로 주의해야 한다.
딱딱한 속씨껍질을 깨서 알맹이를 꺼내어 볶거나 데쳐 먹는데, 너무 많이 먹거나 아이들의 경우에 은행 중독을 일으킬 수 있으므로 주의한다. 어른은 10알 정도 먹으면 자양강장 · 진해에 좋다.
싱싱한 잎은 어깨 결림, 두통, 귀울림, 기억력과 집중력 · 사고력 저하 등에 약재로 이용한다. 엑기스를 건강식품으로 이용하기도 한다.

● 내복(마시는 약)　● 외용(고약 · 바르는 약 · 습포)　● 목욕제　● 약술　● 약초차　● 요리 · 음식　● 취급주의

이질풀

과 명	쥐손이풀과
별 명	노관초
생약명	현초
약용부	꽃이 필 때의 땅 윗부분
약 용	정장 · 소염 · 진통 · 보온
이용법	● ● ●

생태 산과 들에 자라는 여러해살이 풀로, 높이는 약 50㎝이다. 줄기는 중간에 땅 위를 기듯이 뻗으며, 잎은 손바닥모양으로 긴 잎자루가 있고, 3~5개로 갈라진다. 뿌리 가까이에서 나오는 어린잎에는 어두운 자주색 반점이 있지만 자라면서 없어진다. 8~9월에 연한 붉은색, 붉은 자주색, 하얀 꽃이 피는데 꽃잎이 5장이며, 열매는 곧게 선다.

유래 민간에서 설사를 멈추게 하는 묘약으로, 특히 이질에 뛰어난 효과가 있기 때문에 '이질풀'이라는 이름이 붙었다. 옛날에는 이질풀을 한자로 우편(牛扁)이라 했는데, 이것은 중국의 국화쥐손이를 가리키는 것으로 잘못된 말이다. 중국에서는 국화쥐손이 · 마디쥐손이 · 쥐손이풀등을 모두 노관초(老觀草)라고 한다.

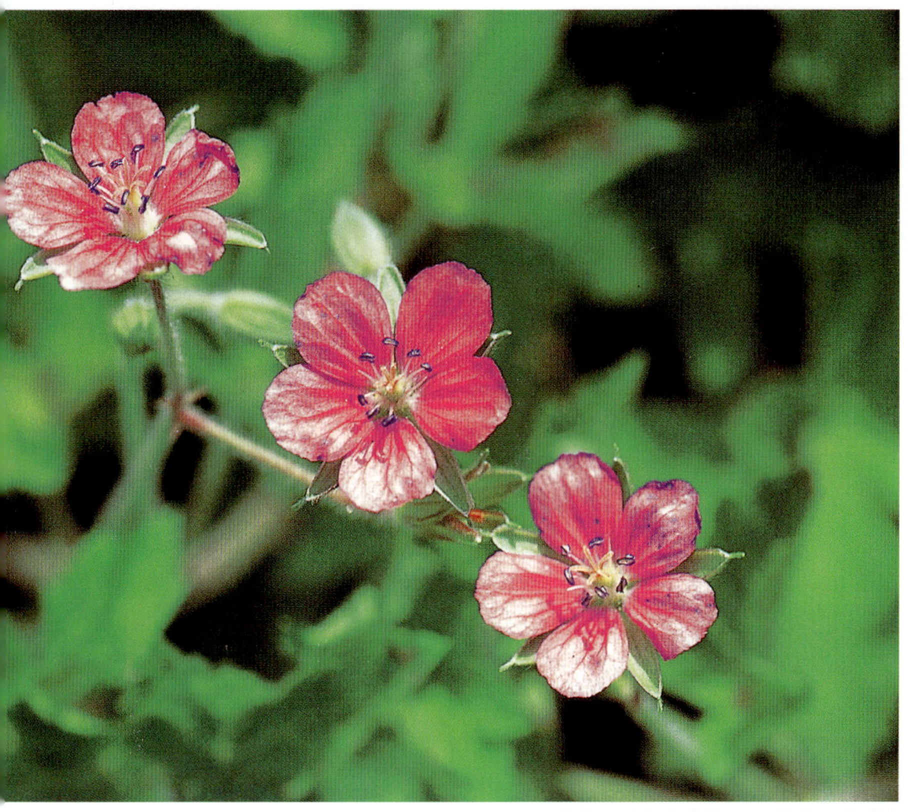
산과 들에서 자라며, 8~9월에 꽃이 핀다

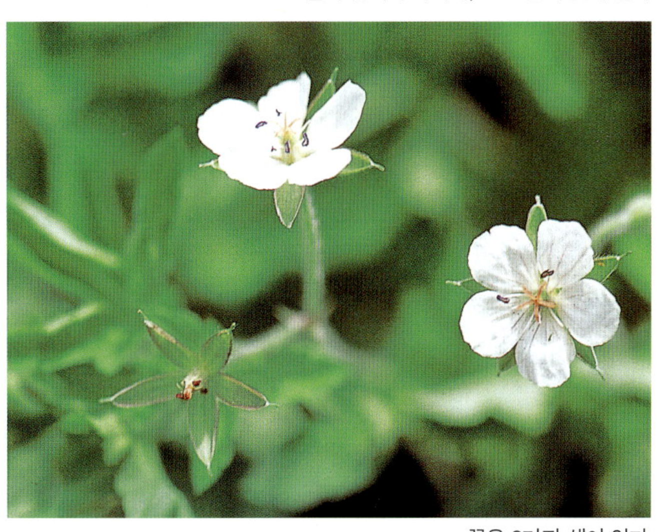
꽃은 3가지 색이 있다

이용방법 꽃이 필 때 꽃이 달린 채 밑동에서 잘라서 굵게 썰어 햇볕에 말린 것이 '이질풀' 이다. 타닌(tannin)의 게라닌(geraniin), 플라보노이드(flavonoid)의 쿠에르세틴(quercetin) · 켐페롤(kaempferol) 등을 함유한다.

설사, 설사에 따른 복통, 식중독, 만성위장병 등에 1일 10~15g을 달여 먹으면 좋다. 편도선염 · 구내염 · 치통의 응급처치법으로 달인 액으로 양치질한다.

옻 · 풀독 · 땀띠 등의 습진, 피부염에는 달인 액을 차게 식혀서 헝겊 등에 적셔 환부에 냉습포한다. 냉증, 무지근한 배, 거친 피부 등에 목욕제로 1~2움큼을 이용한다.

익모초

과 명	꿀풀과
별 명	육모초 · 암눈비앗 · 곤초 · 사룽초
생약명	익모초 · 충위자
약용부	잎줄기 · 씨앗
약 용	부인용약 · 이뇨
이용법	●

1년째와 2년째의 모습이 다른 두해살이풀. 2년째 봄부터 줄기가 자라고, 7~9월에 작은 입술모양의 연한 붉은 자주색 꽃이 핀다

생태 햇빛이 잘 드는 들에서 자라는 두해살이풀. 1년째 봄에 싹이 나오고, 밑동에서부터 여러 장의 타원형 잎이 나와 그대로 월동한다. 2년째 봄부터 네모진 줄기가 자라 나와 높이 약 1~2m가 되며, 가지가 많이 갈라진다. 잎이 마주보며 나오고, 7~9월에 잎이 나오는 부분에 층층으로 입술모양의 작고 연한 붉은 자주색 꽃이 핀다. 1년째와 2년째의 모습은 같은 식물인지 모를 정도로 다르다.

유래 여성〔母〕들의 질환에 두루 유익〔益〕하게 쓰이는 풀〔草〕이라 하여 익모초(益母草)가 되었다. 오래 전부터 한의학에서 사용해 온 이름이 식물이름으로 굳어진 경우이다. 육모초(肉母草) · 암눈비앗 · 곤초(坤草) · 사룽초(四稜草) · 야마(野麻) · 야고초(野故草)로도 불린다.

이용방법 꽃이 필 때 밑동에서 잘라 햇볕에 말린 것을 '익모초' 라고 하며, 줄기에는 알칼로이드(alkaloid)의 레오누린(leonurine) · 레오누리딘(leonuridine) · 스타키드린(stachydrine), 잎에는 루틴(rutin) 등이 들어 있다.

산후의 지혈, 월경불순, 현기증, 복통 등의 부인병에 익모초를 1일 5~10g을 달여 먹으면 좋다.

10월경에 까만 세모모양의 익은 씨앗을 채집하여 햇볕에 말린 것을 '충위자(茺蔚子)' 라고 하며, 익모초와 마찬가지로 1일 5g(월경불순인 경우는 1일 10g)을 달여 먹으면 좋다.

충위자에는 이뇨작용도 있어서 달인 액을 부종을 빼는 약으로도 이용한다.

● 내복(마시는 약)　● 외용(고약 · 바르는 약 · 습포)　● 목욕제　● 약술　● 약초차　● 요리 · 음식　● 취급주의

인도사목

과　　명	협죽도과
별　　명	라우볼피아 서어펜티나
생 약 명	라우볼피아뿌리
약 용 부	뿌리줄기 · 뿌리
약　　용	제약원료
이 용 법	

생태 인도 · 타이 · 말레이시아반도 등의 열대 아시아에 분포하는 늘푸른떨기나무로, 습한 산림에서 자란다. 높이 약 1m이며, 뿌리는 약간 비틀어진 곧은뿌리다. 잎은 바소꼴로 3~5장이 돌려 나며, 표면은 초록색으로 광택이 있고, 뒷면에는 하얀 띠가 있다. 고온이고 습하면 안쪽은 하양, 바깥쪽은 옅은 붉은빛의 꽃이 1년 내내 피며, 둥근 모양의 열매가 달린다.

유래 학명은 *Rauwolfia serpentina*이며, 속명은 독일 의사로 동양식물을 연구한 라우올프의 이름에서 나왔다. 인도사목(印度蛇木)이란 이름은 뿌리가 구부러진 것이 뱀같이 보이고, 또한 인도에 많이 야생하므로 붙여졌다. 최근 온실 등에서 재배한다.

이용방법 씨를 뿌리고 3~4년 뒤에 파내서 물로 씻어 흙을 제거하고, 뿌리줄기와 뿌리를 햇볕에 말린 것을 '라우볼피아 뿌리' 라고 한다. 혈압강하제로 제약원료가 되는데, 최근에는 주성분인 레세르핀(reserpine) · 아지말린(ajimaline) 등이 합성된다.

인도에서는 옛날부터 정신병 치료에 썼으며, 민간에서는 뱀에 물린 상처, 전갈에 쏘인 상처 등의 해독이나 해열, 노화방지 등에 사용 사용한다. 중국에서도 치료에 이용되지만 모두 전문가의 지도에 따라 사용해야 한다.

안쪽은 하양, 바깥쪽은 옅은 붉은빛의 꽃

둥근 모양의 열매.
익으면 윤기가 있고 까맣게 된다

말린 라우볼피아 뿌리

인동덩굴

과 명	인동과
별 명	인동 · 인동초
생약명	금은화 · 인동
약용부	꽃봉오리 · 잎
약 용	수렴 · 이뇨 · 소염
이용법	● ● ●

5~7월에 피는 꽃은 처음에는 연한 붉은빛을 띠고 하얗지만 나중에는 노랗게 된다. 하양과 노랑 꽃이 섞여서 피기 때문에 금은화라고 한다

생태 산지나 구릉 등에 자생하는 덩굴성 늘푸른떨기나무로, 어린 덩굴은 풀처럼 보인다. 잎은 타원형으로 끝이 뾰족하고 줄기에 마주보며 나고, 부드러운 털이 빽빽하게 나 있다. 5~7월에 끝이 5갈래로 갈라진 대롱모양의 꽃이 2개 나란히 핀다. 꽃은 처음에는 연한 붉은빛을 띠며 하얗지만 나중에 노랗게 된다. 열매는 액과(다육과)로 둥글고, 까맣게 익는다.

유래 여름에 꽃이 피며, 겨울에도 곳에 따라 잎이 떨어지지 않고 겨울을 견뎌내기 때문에 참을 인(忍), 겨울 동(冬)을 써서 인동(忍冬)이라고 한다. 또한 한 그루에 흰 꽃과 노란 꽃이 나란히 붙어서 피기 때문에 금은화(金銀花)란 이름도 있으며, 길조를 상징한다.

이용방법 5월경에 꽃봉오리를 따서 그늘에 말린 것을 '금은화'라고 한다. 한방에서는 묵은 피를 없애는 정혈, 이뇨 등의 목적으로 처방조제한다.

민간에서는 감기의 발열, 몸의 부종 등에 금은화를 1일 10g을 달여서 식사 사이에 3회 나누어 마신다.

7~9월에 잎을 따서 햇볕에 말린 것은 '인동'이라고 한다. 칼륨 · 타닌(tannin)을 함유하며, 한방에서 소염 · 이뇨제로 이용한다. 민간에서는 구내염 · 편도선염 · 인두염 등에 인동을 1일 15g을 달여서 양치액으로 쓴다. 습진 · 풀독에는 인동 달인 액을 식혀서 거즈 등에 적셔 환부에 냉습포한다. 땀띠 · 가려움증에는 잎줄기를 헝겊주머니에 넣어서 목욕제로 이용한다.

● 내복(마시는 약)　● 외용(고약 · 바르는 약 · 습포)　● 목욕제　● 약술　● 약초차　● 요리 · 음식　● 취급주의

인삼

과 명	두릅나무과
별 명	고려인삼
생약명	인삼(백삼·홍삼)
약용부	뿌리
약 용	자양강장·피로회복
이용법	● ● ●

여름에 연노란빛을 띠는 초록색의 작은 꽃이 피고, 선명한 붉은빛의 열매가 달린다

생태 전국적으로 재배되며 깊은 산에 자생하기도 한다. 여러해살이풀로 높이 약 60㎝로 자라고, 원뿌리는 방추형(紡錘形)이며 줄기는 곧게 자란다. 잎은 5개로 갈라진 손바닥모양의 겹잎이며 긴 잎자루가 있다. 산형꽃차례에 연노란빛을 띠는 초록색의 작은 꽃이 달리며, 열매는 동글납작한 모양으로 선명한 붉은빛이다. 깊은 산에 자생하는 것은 산삼이고 약용으로 재배도 한다.

유래 조선시대의 『향약구급방』(1417년)에 있는 170여 종의 향약에 인삼(人蔘)이 포함되어 있다. 한국 고유의 인삼은 옛이름이 '심' 으로, 『동의보감』 (1613년)에도 '심' 으로 기록되어 있다. 오늘날은 산삼을 캐는 사람을 가리키는 심마니에서만 그 흔적을 찾을 수 있다.

이용방법 5～6년생 뿌리를 수확해서 씻어 흙을 떨어내고 겉껍질을 벗겨서 햇볕에 말린 것이 '백삼(白蔘)' 이다. 씻은 후에 인삼이 갈라지는 것을 막기 위하여 헝겊으로 싸서 쪄 햇볕에 말린 것은 적색을 띠므로 '홍삼(紅蔘)' 이라고 한다. 모두 사포닌(saponin) 배당체인 진세노사이드(ginsenoside)가 들어 있다.

자양강장, 스트레스에 의한 위장 허약, 식욕부진, 병후 회복 등에 인삼(백삼·홍삼)을 1일 5～10g을 달여서 먹는다. 또한, 백삼이나 홍삼은 20g, 수삼(생삼)일 경우에는 80g을 35° 소주 1ℓ에 담가 자기 전에 1잔씩 마시면 좋다.

수삼은 식용으로도 좋으며, 얇게 썰거나 채를 쳐서 무쳐 먹거나 꿀 등을 찍어 먹는다. 튀긴 것도 맛이 좋고 자양강장에 좋다.

195

일당귀

과 명	미나리과
별 명	왜당귀
생약명	일당귀
약용부	뿌리 · 잎줄기
약 용	냉증 · 월경불순 · 보온
이용법	● ●

포기 전체에 셀러리와 비슷한 향이 있고, 8~9월에 작은 하얀 꽃이 우산모양으로 무리지어 핀다　오른쪽 아래/뿌리를 그늘에서 말린 일당귀

생태

일본 원산의 여러해살이풀로 높이 약 60㎝이며, 약용으로 재배한다. 굵은 원뿌리에서 잔뿌리가 많이 나오고, 줄기는 검은빛이 도는 자주색이며 아래쪽에서 가지가 갈라져 나온다. 잎은 1~3회 정도 반복해서 3개로 갈라지고, 가장자리에 잘게 톱니가 있으며, 표면에 광택이 있다. 8~9월에 하얗고 작은 꽃이 산형꽃차례로 무리지어 피고 열매를 맺는다. 포기 전체에 셀러리와 비슷한 향이 있다.

유래

일당귀는 한방에서 우리나라의 당귀(토당귀)와 같이 취급되는 식물로 일본이 원산지이므로 일당귀라고 구분해서 부른다. 생김새도 우리나라의 당귀는 꽃이 자주색이며 잎이 크고 두툼하지만, 일당귀는 꽃이 희며 잎이 좁고 얇다.

이용방법

10월경 뿌리를 파내어 흙이 붙은 채로 몇 포기씩 묶어서 비를 맞지 않도록 처마 밑 등의 그늘에서 1개월 정도 말린다. 이것을 45°의 따뜻한 물에 3~5분 정도 담가서 모래흙을 제거하고, 다시 1개월 정도 그늘에 말려서 잎줄기를 제거한 것을 '일당귀'라고 한다. 한방에서는 조혈 · 강장 · 진통 · 진정 등의 목적으로 처방조제한다.

민간에서는 냉증 · 복통 · 빈혈 · 월경불순 · 생리통 등에 당귀를 1일 10g을 달여 먹으면 좋다. 수확 전에 베어낸 잎줄기를 그늘에 말려서 목욕제로 이용하면 보온효과가 있고 신경통, 냉증, 어깨 결림, 요통 등에 좋다.

● 내복(마시는 약)　● 외용(고약 · 바르는 약 · 습포)　● 목욕제　● 약술　● 약초차　● 요리 · 음식　● 취급주의

일본녹나무

과 명	녹나무과
별 명	녹낭 · 농낭
생약명	조장
약용부	뿌리껍질, 가지와 잎, 나무부분
약 용	건위 · 정장 · 피부병 · 보온
이용법	● ● ●

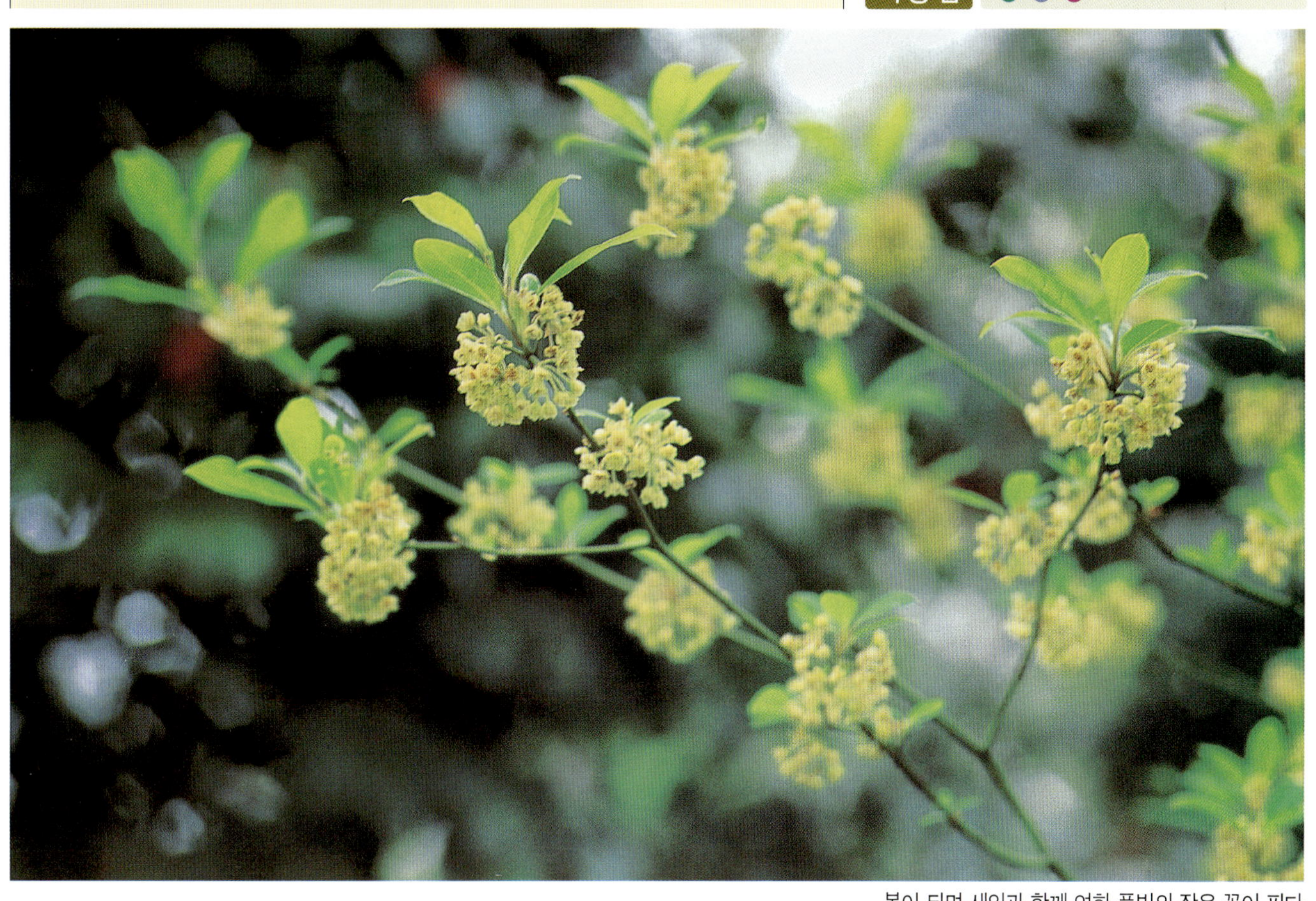

봄이 되면 새잎과 함께 연한 풀빛의 작은 꽃이 핀다

생태 갈잎떨기나무로, 우리나라에서는 남부 해안지방을 중심으로 자라고 있다. 나무껍질은 짙은 초록색으로 거무스름하게 보인다. 잎은 어긋나며, 잎자루가 있는 좁은 타원형으로, 양끝이 뾰족하고 얇다. 암수딴그루로 봄에 새잎과 함께 옅은 풀빛의 작은 꽃이 피며, 암그루는 10월경에 둥근 열매가 검게 익는다.

유래 녹나무와 비슷한 모양이고 일본 원산이므로 일본 녹나무가 된 것으로 추측된다. 나무껍질과 열매가 검은 색으로 변하므로 일본에서는 검은 나무라는 뜻으로 흑목(黑木)이라고 한다.

이용방법 사용할 때 뿌리를 파내서 물로 씻어 뿌리껍질을 벗겨내고, 굵게 썰어서 그늘에 말린 것을 '조장(釣樟)' 이라 한다. 정유인 α 펠란드렌(α phellandrene) · 리날로올(linalool) 등을 함유한다. 급성위염 · 설사 · 각기 · 부종 등에 조장을 1일 5～10g을 달여 먹는다. 또한, 버짐 등의 피부병에 달인 액을 식혀서 환부를 씻거나 바른다.

여름부터 가을에 걸쳐 나무부분 · 가지 · 잎 · 뿌리 등을 채집하여 굵게 썰어서 그늘에 말려둔다. 습진 · 피부염 · 옴 등의 피부병, 요통, 냉증, 류머티즘, 신경통, 어깨 결림 등에 1～2움큼을 헝겊주머니에 넣어서 목욕제로 이용하면 좋다.

일본목련

과　　명	목련과
별　　명	향목련
생약명	화후박
약용부	나무껍질
약　　용	불면증·현기증·이뇨·거담
이용법	

10월경 길이 약 15㎝의 긴 타원형의 열매가 열리며, 익으면 많은 대과에서 붉은 씨앗이 열매자루에 매달려 늘어진다

생태　산지나 평지의 숲 속에 자생하는 갈잎큰키나무로 높이 30m, 지름 1m에 이르는 큰 나무이다. 잎은 거꾸로 된 큰 달걀모양이고 긴 타원형이다. 5~6월에 꽃잎이 9장인 노란 꽃이 피며 향기가 난다. 10월경에 긴 타원형의 열매가 열리며, 익으면 많은 대과(袋果)에서 붉은 씨앗 2개가 하얀 실모양의 열매자루에 매달려 늘어진다.

유래　일본목련을 흔히 후박나무라고도 한다. 이것은 일본목련의 나무껍질을 한자로 후박(厚朴)이라고 쓰기 때문에 한자를 그대로 읽어주어서 생긴 잘못된 이름이다. 어린아이 손바닥만한 타원형의 잎이 윤기 있게 반질거리고 두껍기 때문에 후박이란 이름이 생긴 것으로 추측된다.

이용방법　6~7월에 밑동에서 잘라서 30㎝ 정도 길이로 나무껍질을 벗겨 햇볕에 말린 것을 '화후박(和厚朴)'이라 한다. 나무껍질에는 정유나 타닌(tannin) 이외에 마그노쿠라린(magnocurarine) 등이 함유되어 있다.

중국산 후박은 생약의 자른 면에 결정(結晶)이 있으며, 가격이 비싸서 일반적으로 화후박을 이용한다. 한방에서는 다른 생약과 함께 조제하여 신경불안·불면증·현기증 등에 이용한다. 일본에서는 일반인들이 약으로 이용하지 않고 잎을 밥이나 떡을 싸는 데 사용해 왔다. 9월경 푸른 잎으로 떡을 싸두면 얼마 동안 곰팡이가 피지 않는다.

● 내복(마시는 약)　● 외용(고약·바르는 약·습포)　● 목욕제　● 약술　● 약초차　● 요리·음식　● 취급주의

일본육계

과 명	녹나무과
별 명	계피낭 · 모계 · 계지
생약명	육계 · 계피
약용부	뿌리껍질 · 잔뿌리
약 용	방향성 건위
이용법	● ●

중국 남부, 베트남 원산으로 알려진 늘푸른큰키나무

생태
중국 남부, 베트남 원산으로 알려진 늘푸른큰키나무로, 높이 10~15m. 잔가지는 초록색이던 것이 거무스름한 초록색이 되고, 나무껍질은 잿빛을 띤 검은 빛깔이 된다. 잎은 어긋나며 가죽처럼 질기고, 긴 타원형으로 끝이 뾰족하다. 잎맥은 잎 아래쪽에서 약간 올라가서 3줄로 갈라진다. 새잎의 잎겨드랑이나 가지 끝에 연한 풀빛의 작은 꽃이 집산꽃차례를 이루며 피고, 타원형의 열매가 검은 자주색으로 익는다. 나무 전체의 각 부분마다 향기가 있다.

유래
우리나라에도 육계가 있어서 혼동되는데 일본에서 주로 재배되므로 일본육계라고 구분해서 부르고 있다. 우리나라에서는 재배되지 않는다.

이용방법
6~7월에 상처가 나지 않도록 뿌리를 파서 끝쪽의 잔뿌리를 물로 씻은 후 그늘에 말린다. 끝쪽에서부터 차츰 밑동쪽으로 뿌리껍질을 벗겨 나가며, 이것을 물에 씻어서 그늘에 말린 것을 '육계(肉桂)' 또는 '계피(桂皮)'라고 한다. 정유는 계피 알데히드(aldehyde)를 주성분으로 하고 오이게놀(eugenol) · 지방유 등이 들어 있다.

식욕부진, 위의 더부룩함, 소화불량 등에 육계를 가루로 만들어서 1일 0.5~1g을 식사 사이에 3회 나누어 먹는다.

오브라이트 등을 사용하지 않고 직접 먹으면 좋다.

잇꽃

과 명	국화과
별 명	홍화 · 황람 · 오람 · 자홍화 · 연지
생약명	홍화
약용부	대롱모양의 꽃, 씨앗
약 용	정혈 · 복통 · 통경
이용법	● ● ●

생태
국화과의 한해살이 또는 두해살이풀로 높이 약 1m이다. 뿌리가 우엉뿌리처럼 굵고, 줄기는 곧게 자라 위쪽에서 가지가 갈라진다. 잎은 어긋나고 넓은 바소꼴로 끝이 뾰족하며, 가장자리에 가시모양의 날카로운 톱니가 있다. 7~8월에 줄기 끝에 붉은빛이 도는 엉겅퀴모양의 노란 꽃이 핀다. 꽃이 지면 열매가 열리고, 안에 윤기 있는 하얀 씨앗이 맺힌다.

유래
예로부터 '사람의 몸에 이롭다' 해서 '잇꽃' 으로 불려졌다. 중국에서는 꽃에서 붉은 색소를 얻기 때문에 '홍화(紅花)' 라고 하였으며, 한방에서도 홍화로 통한다. 오(吳, 중국)의 쪽(색소를 얻는 식물)이란 의미에서 오람(吳藍)이라고도 한다. 예전에 꽃잎에서 추출한 색소를 염료나 연지의 원료로 썼다.

이용방법
6월의 이른 아침, 가시가 부드러울 때 꽃을 따서 그늘에 말린 것을 '홍화' 라고 한다. 한방에서는 묵은 피를 제거하는 구어혈약 등의 목적으로 처방조제한다.

민간에서는 부인병, 통경, 복통 및 산전 산후의 정혈에 1일 1g을 차가운 술 1잔에 넣어 마시면 좋다. 이 방법은 홍역의 발진을 촉진하는 효과도 있다.

씨앗은 지방유를 함유하며(리놀산이 많다), 혈관벽에 붙어 있는 콜레스테롤를 제거하는 데 도움이 된다. 7월경 열매를 따서 속에 있는 씨앗을 모아 햇볕에 말려 저장한다. 동맥경화 예방에는 1일 5~10g을 살짝 볶아서 먹거나, 홍화유를 조리에 조금 사용한다.

7~8월에 줄기 끝에 붉은 빛이 도는 노란 꽃이 핀다

꽃이 피는 시기에 수확한 꽃을 그늘에서 말린 홍화

● 내복(마시는 약)　● 외용(고약 · 바르는 약 · 습포)　● 목욕제　● 약술　● 약초차　● 요리 · 음식　● 취급주의

자란

과 명	난초과
별 명	주란 · 백근 · 자혜근 · 대암풀
생약명	백급
약용부	알줄기
약 용	소염 · 지혈
이용법	● ●

5~6월에 붉은 자주색 꽃이 피는 난초과의 여러해살이풀. 난초과 식물 중에 예외적으로 기르기 쉽다

 **생태** 산 중턱이나 벼랑의 바위틈에서 자라는 여러해살이풀로, 높이 30~70㎝. 땅 속에 얕게 달팽이 같은 편평한 알줄기가 이어지고, 아래쪽에서 굵은 뿌리가 나온다. 알줄기의 옆쪽에서 약간 경사지게 위쪽으로 줄기가 나오고, 세로로 줄이 있는 2~4장의 큰 잎이 잎집처럼 되어 겹쳐져 나온다. 5~6월에 꽃줄기 끝에 6~7개의 붉은 자주색 꽃이 총상꽃차례로 피는데, 꽃받침과 꽃잎은 좁은 타원형이다. 열매는 길이 약 3㎝의 삭과이다.

유래 붉은 자주색의 꽃이 피기 때문에 자란(紫蘭)이라고 한다. 종명인 striata는 '힘줄이 있는' 이라는 뜻으로, 잎맥이 뚜렷해서 붙여진 이름이다.

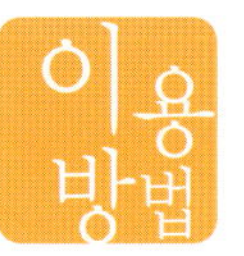 **이용방법** 9~10월에 땅 속 알줄기를 파내서 뿌리와 잎줄기를 떼어내고 물로 씻은 후, 뜨거운 물에 20분 정도 데쳐서 햇볕에 말린 것을 '백급(白芨)' 또는 '백약(白藥)' 이라고 한다.

가정에서는 데친 것을 얇게 썰어서 햇볕에 말리면 사용하기 좋다. 토혈 · 지혈 · 수렴 · 배농 등에 약으로 사용한다. 백급은 점액질과 쓴맛이 있어서 약용 이외에 호료(糊料, 점성을 주기 위한 식품 첨가물)로도 이용한다.

위염 · 위궤양으로 인한 구토에 1일 백급 3~5g을 3컵의 물을 부어서 반으로 줄 때까지 달여 식사 사이에 3회 나누어 마신다. 가벼운 화상이나 살갗이 트는 경우에는 백급가루를 식용유로 반죽해서 환부에 바른다.

작약

과 명	미나리아재비과
별 명	함박꽃
생약명	작약
약용부	뿌리
약 용	부인용 한약원료
이용법	

생태 중국 동북부, 한국이 원산인 여러해살이풀로 높이 약 80㎝이다. 줄기는 곧게 자라고 한 포기에서 여러 줄기가 나온다. 잎은 타원형이거나 바소꼴이고, 어긋나며 3회 깃꼴겹잎이다. 5~6월에 줄기 끝에 큰 꽃이 피는데 하얗거나 붉은빛이며, 홑겹·8겹 등 다양한 품종이 있다.

유래 작약은 한자이름 작약(芍藥)에서 유래한다. 가슴이나 배에 발작적으로 심한 통증을 일으키는 병을 '적'이라고 하는데, 작약은 '적을 그치는 약'이라는 의미에서 유래되었다. 또한, 꽃의 모양이 크고 풍성한 것이 함지박처럼 넉넉하다 하여 함박꽃이라고도 불린다.

이용방법 9~10월에 뿌리를 파내서 머리 쪽의 싹이 붙은 부분은 2㎝ 정도 잘라서 다시 심고, 나머지 뿌리부분을 물로 잘 씻어서 흙모래를 제거하여 햇볕에 말린 것을 작약이라고 한다. 쓴맛의 배당체인 페오니플로린(paeoniflorin), 알칼로이드의 페오닌(paeonin) 이외에 타닌(tannin) 등을 함유한다.

작약 하나만은 쓰지 않으며, 한방에서는 작약과 감초를 1일 각 3g씩 넣은 것을 작약감초탕이라 하여 이용한다. 갑작스런 근육경련, 예를 들어 위경련·담석통(膽石痛)·신경통 등에 달여 먹는다. 작약·당귀·천궁·지황 등으로 처방되는 사물탕(四物湯)은 부인병의 기본처방인데, 필요에 따라 한의사·약사 등과 상의하여 이용한다.

예전부터 약용·관상용으로 재배되어 왔으며, 꽃의 모양과 색이 다른 다양한 품종이 있다

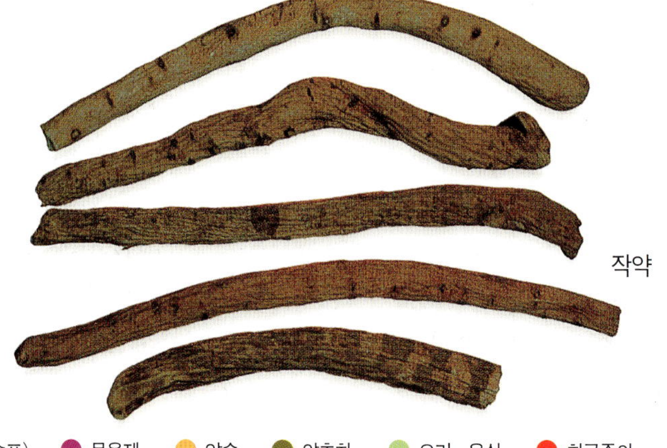

작약

● 내복(마시는 약)　● 외용(고약·바르는 약·습포)　● 목욕제　● 약술　● 약초차　● 요리·음식　● 취급주의

잔나비걸상

과 명	구멍장이버섯과
별 명	매기생
생약명	수설
약용부	균체
약 용	종양
이용법	●

주로 너도밤나무 · 느티나무 등 넓은잎나무의 생나무나 죽은 나무에 생기며, 나무줄기에서 반원형 갓이 나온다

생태 너도밤나무 · 느티나무 등의 넓은잎나무, 드물게는 가는잎나무의 생나무나 죽은 나무에 생기며, 일반적으로 나무줄기에서 반원형의 갓이 나오는 여러해살이다. 갓의 표면은 잿빛을 띠는 갈색이며, 코코아가루 같은 포자가 붙어서 코코아색이 된다. 갓의 아래쪽은 하얗거나 노란빛을 띠는 하얀 색으로, 작은 대롱모양의 구멍이 촘촘하게 나란히 있다. 버섯의 속살은 코코아색이며 섬유상의 코르크질이다.

유래 잔나비걸상은 대장 잔나비(원숭이)가 이 버섯 위에 올라가서 폼을 잡고 앉는다 하여 잔나비걸상이라는 이름이 생겼다고 한다. 또한 나무에서 혓바닥을 내민 모양 같다 하여 생약명이 수설(樹舌)이다.

이용방법 매화나무의 고목에 붙은 것을 매화기생, 뽕나무에 붙어 있는 것을 상황이라고 하여 귀중하며 비싼 것으로 취급하지만, 가로수나 길가의 말뚝 등에 붙어사는 것도 같은 것이다.

아주 비슷한 솔송나무잔나비걸상은 갓의 속살이 목질이고 흰빛을 띠는 나무색이며, 말굽버섯은 범종모양과 비슷하고 속살이 검은빛을 띠는 누른빛의 펠트질이므로 구분이 가능하다.

잔나비걸상을 채집하여 썰어서 햇볕에 말린 것을 '수설'이라 하며 다당류를 함유하고 있다. 악성 종양 등에 수설을 1일 10g을 달여서 먹는다. 먹을 수 있는 다른 버섯류에도 같은 효능이 있다고 한다.

잔대

과 명	초롱꽃과
별 명	사삼 · 딱주 · 제니
생약명	사삼
약용부	뿌리
약 용	제약원료 · 진해 · 거담
이용법	🔵 🟢 🔴

생태 산과 들에 자생하는 초롱꽃과 종류의 여러해살이풀로, 높이는 약 60㎝이다. 굵은 뿌리는 우엉뿌리처럼 갈색이며, 가로로 주름이 있다. 줄기는 곧게 자라고, 꺾으면 하얀 우유빛깔의 액이 나온다. 잎은 가늘고 긴 타원형으로 4~6장이 돌려나며, 가장자리에 톱니가 있다. 7~9월에 줄기 끝에 원추꽃차례로 종모양의 꽃이 드문드문 핀다.

유래 생약명이 사삼(沙蔘)으로, 뿌리가 약으로 쓰이는 인삼과 비슷해서 붙여진 이름이다. 반면에 중국의 고서에는 "모래(沙) 땅에서 잘 자라기 때문에 사삼이란 이름이 생겼다"고 설명되어 있다. 더덕과는 완전히 다른 종류이지만 혼용되는 경우가 있다.

이용방법 11월경 땅 위의 잎줄기가 시들때 뿌리를 파내며, 물로 씻어서 모래흙을 제거하여 햇볕에 말린 것을 '사삼'이라고 한다. 사포닌(saponin)이 있어서 거담 · 진해의 목적으로 처방조제하며, 제약원료로 이용한다.

진해 · 거담에 사삼을 굵게 썰어서 1일 5~10g에 물 3컵을 붓고 반으로 줄 때까지 달이며, 찌꺼기를 버리고 적당히 양치액으로 이용한다. 그러나 사포닌에는 용혈작용(적혈구가 파괴되어 헤모글로빈이 빠져나가는 현상)이 있으므로 마시는 것은 피한다.

어린 순을 나물로, 뿌리를 구이나 생채 · 장아찌 등으로 먹기도 한다.

7~9월에 줄기 끝에 종모양의 꽃이 드문드문 핀다

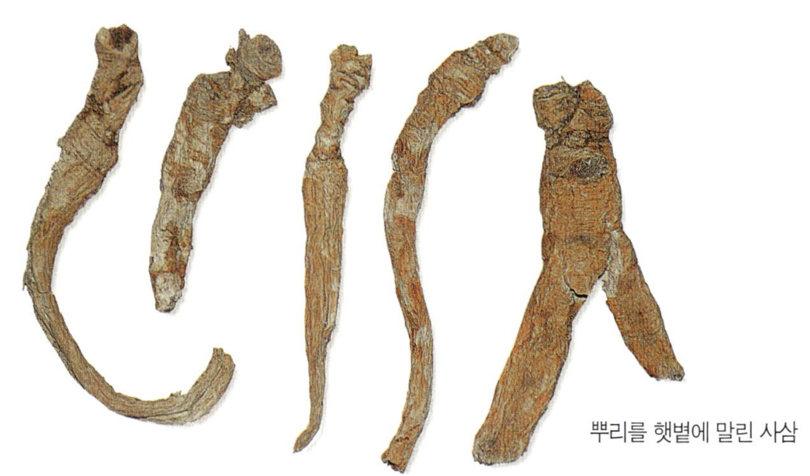
뿌리를 햇볕에 말린 사삼

🟢 내복(마시는 약)　🔵 외용(고약 · 바르는 약 · 습포)　🟣 목욕제　🟡 약술　🟤 약초차　🟢 요리 · 음식　🔴 취급주의

정향나무

과 명	도금양과
별 명	털개회나무 · 정향목
생약명	정자
약용부	꽃봉오리
약 용	방향성 건위
이용법	● ●

인도네시아 원산으로 알려진 늘푸른큰키나무. 꽃이 붉을 때 딴다

생태 인도네시아의 몰루카제도가 원산인 늘푸른큰키나무. 높이 약 12m이며, 줄기는 깃꼴 또는 3회 깃꼴겹잎으로 가지를 친다. 잎은 타원형으로 가죽질감이며, 어린잎은 붉은 자주색으로 자라면 짙은 초록색이 되고 광택이 난다. 꽃은 하얗고 가지 끝에 모여 나며, 꽃받침이 4개이고 향이 있다.

유래 꽃봉오리의 옆모습이 못과 비슷한 것이 정(丁)자처럼 생기고 향기가 있어서, 정향(丁香)이라고 한다. 중국에서는 꽃의 모양에서 못을 연상하여 침자(針子)라고 했다가 정자(丁子)가 되었다.

이용방법 열대 · 아열대에서 재배되는 것으로 우리나라에서는 재배하기 힘들다. 꽃봉오리를 말린 '정자(丁字)'는 향신료로 이용한다. 정유의 오이게놀(eugenol) · 아세틸오이게놀(acetyleugenol) 이외에 타닌(tannin) · 지방유 등을 함유하고 있으며, 증류하면 정향기름을 얻는다.

한방에서는 생강 4, 감꼭지 5, 정자 1.5의 비율로 배합한 것을 시체탕이라고 하여 딸꾹질에 달여 마신다.

중국에서는 딸꾹질, 구토, 복부 냉증에 정자를 1일 1~3g을 달여 마신다. 홍차에 2~3개를 넣어서 조금 있다가 마시는 것도 좋다.

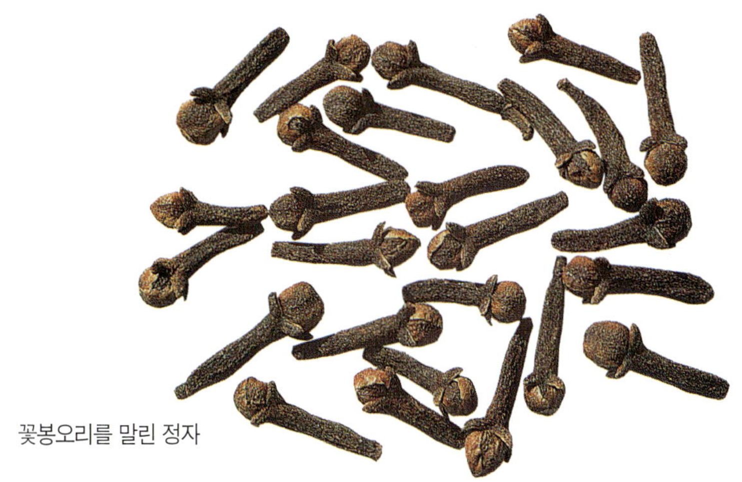

꽃봉오리를 말린 정자

제충국

과 명	국화과
별 명	
생약명	제충국화 · 제충국
약용부	꽃 · 잎줄기
약 용	살충제 원료
이용법	

제충국이라는 이름처럼 살충성분이 들어 있는 국화과의 여러해살이풀

생태 유럽 남동부의 발칸반도가 원산으로 알려진 여러해살이풀로, 높이가 30~60cm이다. 잎줄기에 비단실모양의 잔털이 빽빽이 나기 때문에 포기 전체가 하야스름한 초록색이다. 초여름에 두상꽃차례로 꽃이 핀다. 씨앗이 발아해서 4~5년째가 한창때이며, 이후 포기가 약해지는 것은 다른 국화과 식물과 같다.

유래 방충제가 되는 국화라는 의미에서 제충국(除蟲菊)이라고 한다. 포기 전체, 특히 꽃에 피레트린(pyrethrin)이라는 연한 붉은빛을 띠는 노란 기름 같은 물질이 있다. 피레트린은 냉혈동물 특히 곤충에게 독성이 강하여 운동신경을 마비시키지만, 온혈동물에게는 독성이 없으므로 가정용 방충제로 활용하면 좋다.

이용방법 6~7월에 꽃이 한창 필 때 밑동을 잘라서 꽃만 채집하여 햇볕에 말린 것을 '제충국화(除蟲菊花)', 꽃이 달린 잎줄기를 햇볕에 말린 것을 '제충국(除蟲菊)'이라고 한다.

꽃에는 피레트린이 약 0.3% 함유되어 있는데, 온혈동물에는 해가 없으나 곤충 등에게는 맹독으로 작용하는 특성이 있다. 잎줄기에도 피레트린이 약간 있다. 일본에서는 제충국을 가루로 만들어 점착제로 후박나무 잎, 닥풀의 뿌리, 진두발 등의 가루를 섞어서 뜨거운 물로 단단하게 반죽한 후 착색재료를 넣고 압축해서 모기향을 만들어 이용한다. 이밖에도 농업용 살충제의 원료가 된다.

● 내복(마시는 약)　● 외용(고약 · 바르는 약 · 습포)　● 목욕제　● 약술　● 약초차　● 요리 · 음식　● 취급주의

족두리풀

과 명	쥐방울덩굴과
별 명	놋동이풀·독엽총
생약명	세신
약용부	뿌리줄기·뿌리
약 용	진해·해열·두통·거담
이용법	

산지의 삼림이나 해가 잘 드는 숲 속에 자생하는 여러해살이풀

생태 깊은 산 속 햇빛이 잘 드는 곳에 자라며, 중부 이남의 산에 널리 분포한다. 여러해살이풀로 높이 약 15㎝. 잎은 심장모양으로 끝이 뾰족하고 얇으며 광택이 있고, 긴 잎자루가 있으며 잎 2장이 마주보며 난다. 4~5월에 2장의 잎 사이에 동글납작한 항아리모양으로 꽃잎이 없는 붉은빛을 띠는 자주색 꽃이 달리는데 눈에 잘 띄지 않는다. 뿌리줄기는 옆으로 자라며 마디와 잔뿌리가 많다.

유래 중국에서는 뿌리가 가늘고 아주 매운맛이 있어 세신(細辛)이란 한자이름이 생겼다. 우리나라에서도 생약명으로 세신이란 이름을 사용한다.

이용방법 아주 비슷한 개족두리풀은 잎의 양면에 잔털이 많고 꽃받침이 밖으로 구부러지는데, 족두리풀은 잎 가장자리에 위쪽으로 향하는 잔털이 있고 꽃받침이 구부러지지 않으므로 구분이 가능하다. 최근에 재배법이 연구되어 씨를 뿌리고 5년이면 수확할 수 있다.

가을에 뿌리줄기와 뿌리를 파내서 물로 씻어 흙을 털어내고 그늘에 말린 것을 '세신' 이라고 한다. 정유인 메틸오이게놀(methyleugenol)·사프롤(safrole) 등이 함유되어 있다. 감기의 기침·발열·두통에 세신을 1일 5g을 달여서 마시면 좋다. 기관지염 등으로 가래가 나오는 기침, 구내염 등에는 세신을 달인 액으로 하루에 몇 번씩 양치질한다.

좀꿩의다리

과 명	미나리아재비과
별 명	가락풀 · 동아당송초
생약명	고원초
약용부	꽃이 필 때의 잎줄기
약 용	건위 · 정장
이용법	●

7~8월에 노란빛을 띠는 초록색의 작은 꽃이 가지 끝에 모여 핀다

생태 햇빛이 잘 드는 산과 들에 자생하는 여러해살이 풀로, 높이가 40~120cm이다. 윗부분에서 가지가 갈라진다. 잎은 2~4회 3장의 작은잎이 나오는 겹잎이다. 작은잎은 달걀모양이며, 길이 1~3cm로 끝이 얕게 3개로 갈라지고, 뒷면은 흰빛을 띤다. 7~8월에 줄기 윗부분에 노란빛을 띠는 초록색의 작은 꽃들이 모여 피어 커다란 원뿔모양의 꽃송이를 만든다.

유래 7~8월, 여름부터 가을에 걸쳐서 낙엽송 잎과 비슷한 노란빛을 띠는 초록색 작은 꽃이 피는데, 줄기가 가늘어서 꿩의 다리처럼 왜소한 모습이어서 좀꿩의다리라고 한다.

이용방법 꽃이 필 때 잎줄기를 밑동째 잘라서 묶어 햇볕에 말린 것을 고원초(高遠草)라고 한다. 알칼로이드(alkaloid)의 마크로필린(macrophylline) · 다가도닌(dagadonine) 등의 쓴맛이 있다.

소화불량, 식욕부진, 위산과다 또는 복통으로 설사할 때 1일 고원초 10g에 물 3컵을 넣고 반으로 줄 때까지 끓여서, 식사 사이에 3회 나누어 마시면 좋다. 가루인 경우에는 1회 0.3~0.5g을 물과 함께 먹는다.

● 내복(마시는 약) ● 외용(고약 · 바르는 약 · 습포) ● 목욕제 ● 약술 ● 약초차 ● 요리 · 음식 ● 취급주의

쥐오줌풀

과 명	마타리과
별 명	길초 · 은대가리나물
생약명	길초근
약용부	뿌리줄기 · 뿌리
약 용	제약원료 · 진정
이용법	●● ●●

생태 산지의 습한 곳에서 드물게 자생하는 여러해살이풀. 높이 40~80㎝로 곧게 큰다. 잎이 마주보며 나고, 줄기의 잎은 7개 정도로 깊게 갈라지고 가장자리가 톱니모양이다. 5~8월에 연한 붉은빛의 작은 꽃이 산방꽃차례로 모여 핀다. 열매는 바소꼴이며, 위쪽에 관모모양의 꽃받침이 있어서 바람에 흩날린다.

유래 풀밭에 삐죽삐죽 올라와 눈에 잘 띄는데, 큰 것은 사람의 키보다 더 크게 자란다. 뿌리에서 쥐의 오줌과 비슷한 냄새가 심하게 난다고 하여 붙여진 이름이다. 어린 순은 나물로 먹고, 관상용 · 밀원용으로 심는다.

이용방법 가을에 잎줄기가 시들기 시작하면 뿌리를 캐내 물로 씻어서 흙을 제거하고 그늘에서 말린 것을 '길초근(吉草根)'이라고 한다. 초산보르닐(bornylacetate) 등의 정유, 세스키테르페노이드(sesquiterpenoid), 알칼로이드(alkaloid) 등이 들어 있어서 제약원료로 이용된다.

히스테리, 신경과민, 감정이 격할 때 길초근을 1일 5g을 썰어서 컵에 넣고, 뜨거운 물을 부어 5분 정도 두었다가 찌꺼기를 건져내고 1일 2~3회 식사 사이에 마시면 좋다. 많이 먹으면 중추신경이 마비되므로 사용량에 주의한다. 뿌리줄기는 '길초'라 하여 향료 또는 진경 · 진정 · 히스테리 · 신경과민 등의 약으로 사용한다.

5~8월에 연한 붉은빛의 작은 꽃이 핀다. 노란 꽃이 피는 마타리(p.73)와 비슷하다

지치

과 명	지치과
별 명	지초 · 지혈 · 자근 · 자지
생약명	자근 · 자초
약용부	뿌리
약 용	종기 · 화상 · 치질
이용법	●

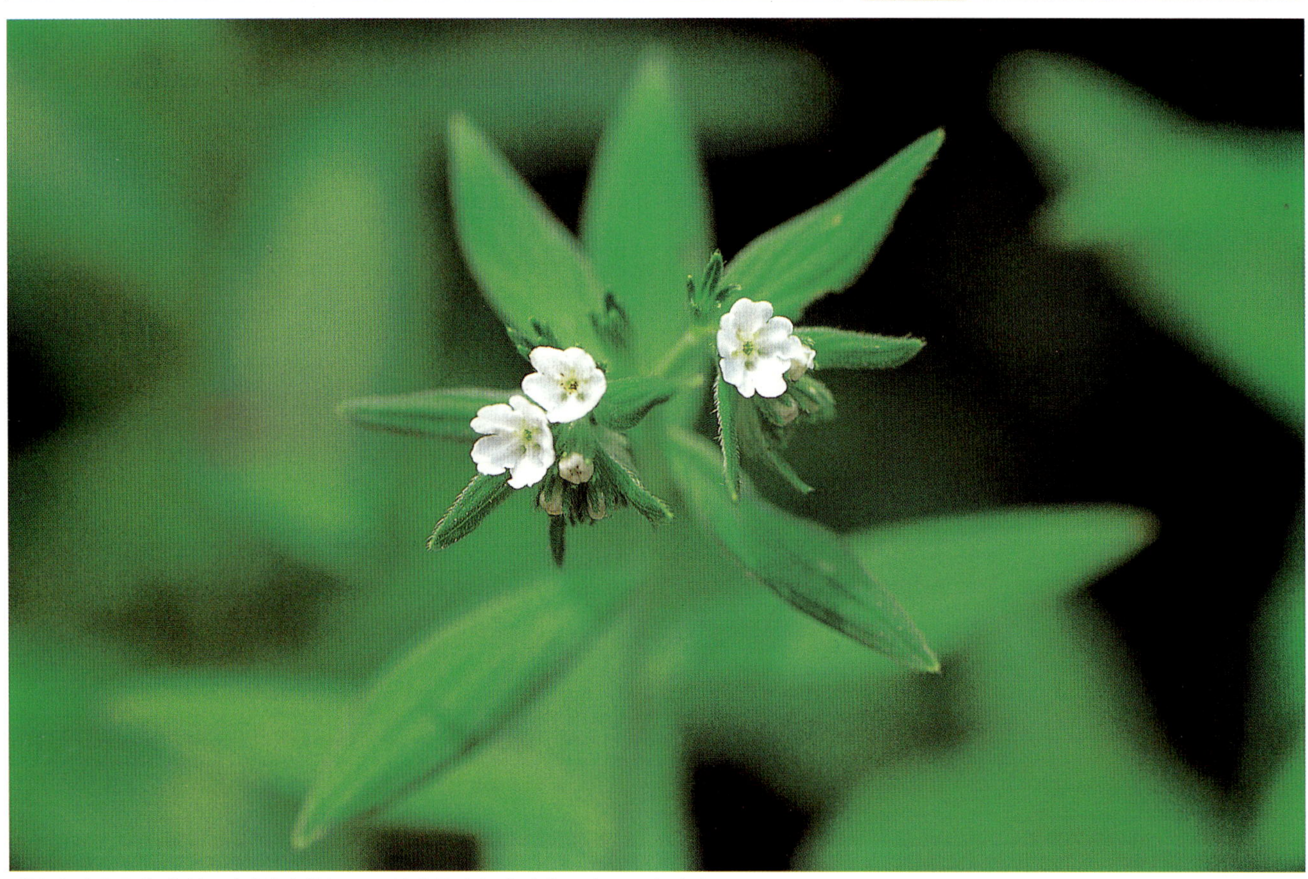

전국의 산과 들에 자라는 여러해살이풀. 5~6월에 줄기 끝에 하얗고 작은 꽃이 핀다

생태 전국의 산과 들에 자라는 여러해살이풀로, 높이 약 60cm이다. 뿌리는 굵고 붉은빛으로 땅 속에 곧게 내리 뻗으며, 말리면 우엉처럼 검은 자주색이 된다. 잎은 어긋나고 바소꼴로 끝이 뾰족하다. 잎줄기에 모두 털이 있어서 깔끄럽다. 5~6월에 줄기 끝에 꽃잎이 5장인 하얗고 작은 꽃이 피며, 작은 견과를 맺는다.

유래 중국의 『신농본초경』(1~3세기)에 '자초(紫草)'로 나오는데, 『본초강목』(1596년)에서 뿌리가 자주색이며 자주색의 염료가 되기 때문에 생긴 이름이라고 설명하고 있다. 우리나라에서도 한방에서 '자초'로 불리며, 그 밖에 지초 · 지혈 · 자근 · 자지 등 다양한 이름이 있다. 염료작물로 즐겨 재배되었다.

이용방법 10월경에 뿌리를 뽑아서 모래흙을 털어낸 후 그늘에 말린 것을 '자근(紫根)'이라고 한다. 시코닌(shikonin) 등의 자주색 색소와 알란토인(allantoin) · 다당류 · 유기산 등의 성분이 있으며, 한방에서는 해열 등의 목적으로 처방조제한다. 예부터 만들어 온 자운고(紫雲膏)는, 먼저 냄비에 참기름 100g을 넣고 끓이다 황랍(黃蠟, 밀랍 등의 벌꿀집에서 얻은 납) 38g, 돼지기름 2.5g을 넣어서 녹인다. 여기에 자근과 당귀를 각 10g씩 썰어 넣고 기름이 검은 자주색이 될 때까지 뭉근한 불로 달여서 뜨거울 때 걸러 차게 식힌다. 종기, 가벼운 화상, 치질 등에 바른다.
자운고에 의이인(薏苡仁, 율무)을 넣어 만든 연고는 사마귀 · 굳은살 · 티눈 등에 바르면 좋다.

● 내복(마시는 약) ● 외용(고약 · 바르는 약 · 습포) ● 목욕제 ● 약술 ● 약초차 ● 요리 · 음식 ● 취급주의

지황

과 명	현삼과
별 명	건강 · 새앙 · 새양
생약명	지황 · 생지황 · 숙지황 · 건지황
약용부	뿌리
약 용	자양강장
이용법	

오래 전에 한국에 들어와 약용으로 재배한다. 봄에 꽃자루가 있는 연한 붉은 자주색 꽃이 핀다

생태 중국 원산의 여러해살이풀로, 전국 각지에서 약용식물로 재배된다. 뿌리는 붉은빛을 띠는 갈색으로 굵으며 땅 속을 옆으로 길게 뻗어 나간다. 잎은 밑동에 무리지어 나고, 긴 타원형으로 가장자리에 물결 모양의 큰 톱니가 있다. 4~5월에 잎 사이에서 꽃줄기가 나오고, 꽃자루가 있는 연한 붉은 자주색 꽃이 핀다. 포기 전체에 잿빛을 띠는 하얗고 부드러운 털과 샘털이 많다.

유래 『동의보감』에서는 특히 숙지황에 대해 "달고 약간 따스하며 독이 없다. 피가 모자라는 것을 크게 보하며, 흰 머리털을 검게 하고, 골수·근육·뼈·힘줄 등을 튼튼하게 한다. 또한 혈맥을 잘 통하게 하고 기력을 도우며 귀와 눈을 밝게 한다"고 설명하였다.

이용방법 11월경 뿌리를 파서 가는 부분은 번식용으로 쓰고, 굵은 부분을 수확한다. 뿌리를 그대로 모래에 묻어서 비를 맞지 않도록 저장한 것을 생지황(生地黃), 햇볕에 말린 것을 건지황(乾地黃), 쪄서 말린 것을 숙지황(熟地黃)이라고 한다. 생지황에는 카탈폴(catalpol), 건지황 · 숙지황에는 세레브로시드(cerebroside)와 당류인 만니톨(mannitol) 등이 들어 있다.

자양강장 · 보혈 등에는 건지황이나 숙지황을 1일 8g을 달여 먹는다. 35° 소주 1.8l 에 생지황 200g(건지황 · 숙지황이면 150g)을 넣어서 약술로 만들어 하루에 1잔씩 마셔도 자양강장에 좋다. 한약 팔미환(八味丸)의 주재료이기도 한 건지황 · 숙지황은 한약 건재상이나 한의원에서 구할 수 있다.

211

진황정

과 명	백합과
별 명	옥죽 · 황정 · 대잎둥굴레
생약명	황정
약용부	뿌리줄기
약 용	자양강장
이용법	● ● ●

생태 울릉도, 제주도, 중남부 산지의 숲에 자라는 여러해살이풀. 높이는 약 1m이며, 조릿대와 비슷한 잎은 둥근 줄기(매우 비슷한 둥굴레는 줄기에 모가 나있다)에 2줄로 어긋나며 인두 모양이다. 5~6월에 잎겨드랑이에서 꽃줄기가 나와 푸른빛이 도는 하얀 통모양의 꽃이 3~5개 아래를 향해 피며, 둥근 모양의 열매를 맺는다.

유래 중국 고서에 "신선들이 대지 중의 정수(精髓, 가장 좋은 것)라며 연한 황색(黃色)의 뿌리줄기를 칭찬하였기 때문에 황정(黃精)이란 이름이 생겼다"고 쓰여 있다. 이것은 생약명으로, 강장약으로서의 효용을 칭찬한 것이다.

이용방법 10~11월에 땅 위의 잎줄기가 시들면 뿌리줄기를 파내서 물로 씻고 수염뿌리를 제거하여 햇볕에 말린 것을 '황정'이라고 한다. 점액질의 팔카탄(falcatan), 퀴논(quinone) 유도체의 폴리고나퀴논(polygonaquinone) 등을 함유한다.

황정을 쪄서 녹여 엿 상태로 만든 것이 옛날에는 정력제로 이용되었다고 한다.

자양강장, 병후의 체력회복, 피로회복 등에 황정을 1일 10g을 달여 먹는다. 또한 35° 소주 1.8*l* 에 황정 200g(생뿌리줄기라면 1kg)을 넣어서 약 6개월 둔 황정주를 1일 2~3회, ½잔씩 마시면 좋다.

5월경 잎겨드랑이에서 꽃줄기가 나오며, 푸른빛이 도는 하얀 통모양의 꽃이 아래쪽을 향해 핀다

진황정 뿌리줄기

● 내복(마시는 약)　● 외용(고약 · 바르는 약 · 습포)　● 목욕제　● 약술　● 약초차　● 요리 · 음식　● 취급주의

질경이

과 명	질경이과
별 명	마편초 · 부이 · 길장구 · 배부장이
생약명	차전 · 차전초 · 차전자
약용부	꽃이 필 때의 줄기풀, 씨앗
약 용	진해 · 이뇨 · 정장
이용법	● ● ●

사람이 다니는 길 어디에서나 볼 수 있는 질경이. 7월에 작은 꽃이 피고 가을에 열매를 맺는다

생태 전국의 들이나 길가에서 흔히 볼 수 있는 여러해살이풀로, 높이 10~50㎝. 잎은 뿌리에서 나와 비스듬히 퍼지며 타원형 또는 달걀모양이고, 잎맥이 나란하며 가장자리에 물결모양의 톱니가 있다. 잎자루는 잎과 길이가 거의 같거나 약간 길고, 단면이 반달모양으로 안쪽을 둘러싼다. 6~8월에 수상꽃차례에 하얗고 작은 꽃이 달린다. 열매는 타원형이며 안에 6~8개의 검은 씨앗이 있다.

유래 질경이는 '잎이 질기다' 는 뜻에서 나왔다. 길섶의 수레바퀴 자국을 따라 많이 난다고 하여 차전초(車前草)라고도 한다. 중국의 『본초강목』(1596년)에는 '수레바퀴 자국에서 나는 풀' 이란 뜻으로 차전채(車前菜)라고 나온다.

이용방법 6~8월에 땅 윗부분을 꽃봉오리나 씨앗이 달린 채로 수확하여 햇볕에 말린 것을 '차전초' 라고 한다. 8~11월에 씨앗만 모아서 햇볕에 말린 것은 '차전자(車前子)' 라고 한다.

기침, 가래, 목의 종기, 설사, 부종(소변의 배출을 도와 부종을 내린다) 등에 차전초를 1일 10~15g을 달여 마시면 좋다. 단, 천식에는 한약을 이용하는 것이 좋다.

종기에는 생잎을 비벼서 부드럽게 만들어 환부에 붙이고, 1일 2회 정도 바꿔준다. 어린잎은 나물로 이용한다.

짚신나물

과 명	장미과
별 명	선학초·용아초
생약명	선학초·용아초
약용부	꽃이 필 때의 포기 전체
약 용	소염·정장·피부병
이용법	

풀밭이나 길가에서 자주 볼 수 있는 여러해살이풀. 6~8월에 노란 꽃이 총상꽃차례로 달린다

생태 풀밭이나 길가에서 자주 볼 수 있는 여러해살이풀이며, 높이 30~100cm로 곧게 자라서 가지를 친다. 잎은 어긋나며 크기가 일정하지 않은 깃꼴겹잎이고, 잎자루 아래에 심장모양의 턱잎이 달린다. 6~8월에 꽃잎이 5장인 노란 꽃이 총상꽃차례로 달려 열매를 맺는다. 열매는 안쪽에 갈고리 같은 털이 있어서 옷에 잘 붙는다.

유래 갈고리 같은 털 때문에 옷이나 신발, 특히 예전의 짚신 등에 잘 달라붙어서 생긴 이름이다. 열매의 날카로운 털이 안쪽으로 구부러진 모습이 용의 어금니를 연상시킨다고 하여 용아초(龍牙草)라는 이름이 있다. 어릴 때는 나물로 먹는다.

이용방법 여름에 꽃이 필 때 뿌리째 뽑아서 뿌리부분을 물로 씻어 흙을 털어내고, 길이 3~5cm로 잘라서 햇볕에 말린 것을 '용아초' 라고 한다. 점막을 수축시키는 타닌(tannin)의 아그리모닌(agrimonine) 등이 들어 있으며, 종기를 없애는 소염작용을 한다.

설사에 용아초를 1일 10~15g을 달여 마시면 좋다. 잇몸 출혈이나 염증으로 인한 통증, 구내염 등에도 용아초 달인 액을 식혀서 하루에 여러 번 양치질하면 좋다.

땀띠·풀독 등의 습진이나 가려움증에는 용아초 달인 액을 식혀서 헝겊에 적셔 냉습포한다. 또한 목욕제로 이용하면 거친 피부나 가려움증 등에 효과가 있다.

 ● 내복(마시는 약) ● 외용(고약·바르는 약·습포) ● 목욕제 ● 약술 ● 약초차 ● 요리·음식 ● 취급주의

쪽

과 명	마디풀과
별 명	청대 · 요람
생약명	남엽 · 남전 · 청대 · 남실
약용부	잎 · 열매
약 용	벌레 물림, 해열, 베인 상처, 치질
이용법	● ●

줄기는 붉은빛을 띠는 자주색이며, 가을에 붉은빛의 작은 꽃이 달린다

생태 중국이 원산으로 알려진 한해살이풀. 높이 약 60cm이고, 줄기는 붉은 자주색이며, 가지가 갈라진다. 잎은 품종에 따라 넓은 타원형 또는 달걀모양이다. 가을에 붉은 색의 작은 꽃이 이삭모양으로 모여 피며, 잿빛을 띠는 갈색의 세모진 달걀모양의 열매가 달린다.

유래 쪽은 대표적인 푸른 염료이다. 그래서 눈이 시리도록 푸른 가을 하늘을 쪽빛 하늘이라고도 한다. 우리나라에는 7세기 이전에 중국에서 들어와 각지에서 염색용으로 재배한다. 잎을 따서 햇볕에 말린 것을 남엽(藍葉), 쪽잎을 우려낸 물에 석회를 넣고 만든 것을 청대(靑黛), 그 침전물을 남전(藍澱), 열매를 햇볕에 말린 것을 남실(藍實)이라고 한다.

이용방법 쪽잎에는 인디칸(indican)이라는 배당체의 유기화합물이 들어 있어서, 가수분해하여 공기 중에서 산화시키면 남색의 인디고를 얻을 수 있다. 남엽은 해독, 남전은 해독 · 지혈, 청대는 해열 · 지혈, 남실은 해독 등의 목적으로 한방처방에 이용한다.

민간에서는 벌레에 물렸을 때 생잎을 비벼서 부드럽게 만들어 붙이며, 치질 · 절상 · 화상 등에는 남전이나 청대를 외용약으로 쓴다. 감기 등으로 열이 있을 때는 1일 남실 10g에 1컵의 물을 넣고 ½컵이 될 때까지 달여서 찌꺼기를 건져내고 식사와 식사 사이에 마시면 열이 내린다.

잎을 햇볕에 말린 남엽

찔레꽃

과 명	장미과
별 명	들장미 · 찔룩나무 · 새비나무
생약명	영실
약용부	열매
약 용	사하 · 소염
이용법	

생태 전국의 야산 어디에서나 볼 수 있는 갈잎떨기나무로, 특히 산 언덕이나 제방 등에 많다. 가지에 날카로운 가시가 있다. 잎은 줄기에 어긋나고, 깃꼴로 나란한 겹잎이며, 작은잎 5~9장이 한 잎으로 되어 있다. 작은잎은 타원형으로 끝이 뾰족하고, 가장자리에 톱니가 있다. 5월경 가지 끝에 꽃잎이 5장인 하얀 꽃이 피고 향이 난다. 11월경에는 공모양의 헛열매가 열리고, 익으면 초록색이 붉어진다.

유래 찔레는 가지마다 가시가 있기 때문에 꽃이 예뻐서 가지 하나라도 꺾으려고 하면 가시에 찔리게 되므로, '찌르네' 가 '찔레' 가 된 것으로 추측된다.

이용방법 가을에 헛열매가 붉게 익기 전에 따서 햇볕에 말린 것을 '영실' 이라 한다. 플라보노이드(flavonoid)의 물티플로린(multiflorin) 등이 있으며, 일반 약의 제약원료로 쓰인다.

민간에서는 변비 등에 1일 영실 3~5g에 물 3컵을 붓고 반으로 줄 때까지 달여서 찌꺼기를 건져내고, 식사 사이에 3회 나누어 마시면 좋다. 단, 격렬하게 작용하므로 음용에 주의해야 한다. 여드름 · 종기 등에는 달인 액을 차게 식혀서 환부를 씻는다. 습진이나 가려움증, 예를 들어 땀띠, 옻독, 은행독, 접촉성 피부염, 종기에는 달인 액으로 냉습포하는 것도 효과적이다.

11월경에 열리는 헛열매. 초록색이 익으면 붉어진다

5월경 가지 끝에 하얀 꽃이 달리고 향기가 난다

● 내복(마시는 약) ● 외용(고약 · 바르는 약 · 습포) ● 목욕제 ● 약술 ● 약초차 ● 요리 · 음식 ● 취급주의

차즈기

과 명	꿀풀과
별 명	자소 · 자주깨 · 소마 · 계임
생약명	소엽 · 자소자
약용부	잎 · 열매
약 용	발한, 진해, 생선 식중독, 보온
이용법	● ● ● ●

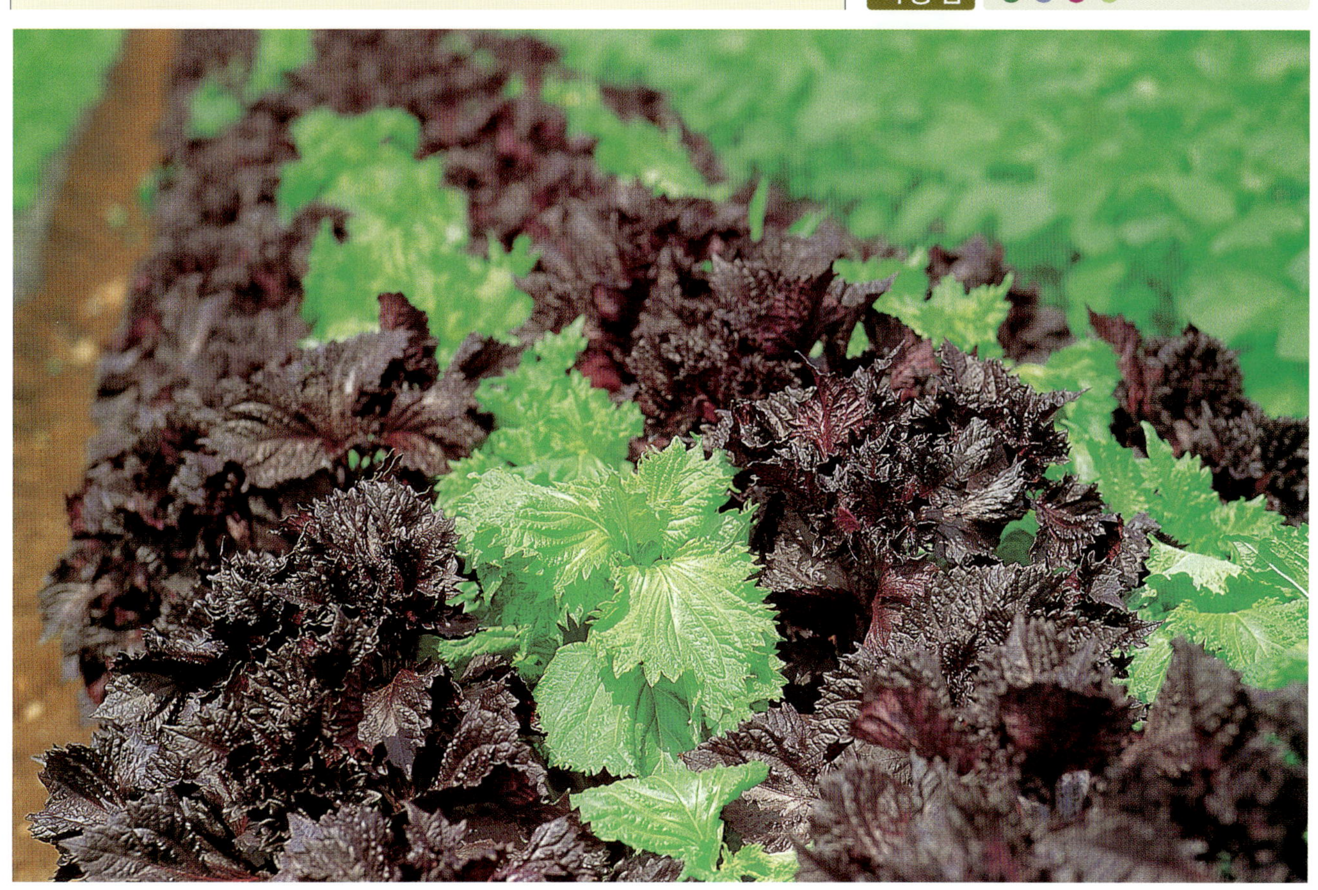

오래 전부터 이용해 왔으며, 잎은 크게 적색과 청색으로 나뉜다

생태

중국 원산의 한해살이풀로, 높이 약 1m로 자란다. 줄기는 네모지고, 곧게 자라서 가지를 친다. 잎은 마주보고 나며, 넓은 달걀모양으로 가장자리에 톱니가 있고, 전체에 향이 있다. 여름부터 가을에 걸쳐 연한 자주색의 작은 꽃이 가지 끝에 입술모양으로 총상꽃차례를 이루며 핀다. 꽃이 지면 꽃받침 속에 4개로 갈라진 공모양의 열매가 열린다. 씨앗은 열매 속에 들어 있다.

유래

다른 이름으로 '자소(紫蘇)' 라고도 하는데 『본초강목』에 소(蘇)는 계임(桂荏)을 말한다고 기록되어 있다. 이때의 임(荏)은 들깨를 뜻하는데, 차즈기의 모습이 깻잎과 비슷해서 붙여진 것으로 보인다.

이용방법

약으로는 주로 적차즈기가 이용된다. 6~9월에 잎을 따서 그늘에 말린 것을 '소엽(蘇葉)', 10월경 열매송이를 따서 그늘에 말려 비벼서 씨앗만 모은 것을 '자소자(紫蘇子)' 라고 한다. 향기 성분은 차즈기유(정유)이며, 페릴라알데히드(perillaaldehyde) 등이 들어 있어서 방부작용을 한다.

초기 감기의 열이나 기침 등에 소엽을 1일 30g(자소자라면 20g)을 달여서 마신다. 구내염이나 목의 부종 등에는 소엽을 달인 액으로 양치질하면 효과가 있다. 고등어 등의 생선 식중독으로 인한 두드러기에는 소엽을 가루로 만들어서 컵에 1작은술을 넣고, 뜨거운 물을 부어서 3분 있다가 마시면 좋다. 또한 잎은 목욕제로 이용한다.

차풀

과 명	콩과
별 명	며느리감나물 · 눈차풀
생약명	산편두
약용부	열매가 있는 땅 윗부분
약 용	이뇨 · 완하 · 자양강장
이용법	● ● ●

잎 가운데에 축이 있고, 그 좌우에 완전히 갈라진 작은잎이 대칭으로 나란히 있다   오른쪽 위 / 차풀의 꼬투리모양의 열매

생태 한국 · 일본 · 중국 등에 분포하며, 길가 둑이나 냇가의 양지에서 자라는 한해살이풀. 높이가 30~60cm이고 잎줄기에 잔털이 있다. 잎은 30~70쌍의 작은잎이 어긋나는 짝수의 깃꼴겹잎이며 잎자루가 있다. 7~8월에 잎겨드랑이에서 꽃자루가 나와 꽃잎이 5장인 노란 꽃이 피고, 8~9월에는 열매 꼬투리가 달린다.

유래 옛날에는 말려서 차처럼 마셨기 때문에 '차풀' 이라는 이름이 붙여졌다. 약효는 결명자와 비슷하다. 쓰임새가 많고 가지런히 자라서 '며느리감나물' 이란 이름도 있다.

이용방법 9~10월에 꽃과 꼬투리모양의 열매(협과)가 덜 익었을 때 뿌리째 뽑아서 1움큼씩 묶고, 뿌리만 잘라내 굵게 썰어서 햇볕에 말린 것을 '빈차(浜茶)' 라고 한다. 잎줄기에는 약간의 안트라퀴논류(anthraquinone)와 플라보노이드류(flavonoid) 등이 있다. 씨앗에는 지방유 등이 들어 있다.

변비가 있거나 몸이 잘 붓는 사람은 빈차를 1일 10~15g을 냄비에 넣고 살짝 볶아서 달여 마신다. 일본의 일부 지방에서 차 대신 사용해 왔으며, 자양강장에 좋은 건강차로 이용할 수 있는 약용식물이다.

● 내복(마시는 약)　● 외용(고약 · 바르는 약 · 습포)　● 목욕제　● 약술　● 약초차　● 요리 · 음식　● 취급주의

참깨

과 명	참깨과
별 명	호마·지마·흑지마
생약명	흑지마
약용부	씨앗
약 용	자양강장, 피부 보호
이용법	● ● ●

생태 아프리카 또는 인도가 원산으로 알려져 있는데 확실하지 않다. 재배되는 한해살이풀로 높이 약 1m이며, 전체에 점액이 있는 부드러운 선모(점액·독액 등의 물질을 분비하는 털)가 많이 있다. 잎은 마주보며 나는데 위쪽은 때로 어긋나며, 긴 잎자루가 있는 긴 타원형으로 가장자리에 톱니가 없고 물결모양이다. 7~8월에 위쪽의 잎겨드랑이에서 연분홍색 꽃이 피고 열매를 맺는다.

유래 중국에서는 약 5,000년 전부터 참깨를 이용해 왔다. 우리나라는 통일신라시대 때의 기록에 있는 것으로 보아 오래 전부터 이용한 것으로 짐작하지만, 우리나라에 들어온 시기는 정확하지 않다.

이용방법 가을에 익은 씨앗을 채집하여 햇볕에 말린 것을 '흑지마(黑芝麻)'라고 한다. 리놀산(linoleic acid)·팔미틴산(palmitic acid)·스테아린산(stearic acid) 등의 지방유 약 50%, 단백질 20%를 함유하며, 먹으면 자양강장에 도움이 된다. 특히, 리놀산은 비타민F라고도 하여 건강에 없어서는 안 될 성분으로, 부족하면 탈모·혈뇨·피부염 등을 일으키기 쉽다.

절상·자상·피부염 및 거친 피부 등에는 흑지마유를 바르면 좋다. 다리와 허리가 아플 때는 흑지마를 볶아서 간 것 1잔과 생강 간 것 ½잔을 다기 등에 담고 데운 술을 부어 마시면 좋다.

7~8월에 위쪽의 잎겨드랑이에서 연분홍색 꽃이 핀다

참깨 열매. 길이 2~3㎝의 원기둥모양

하얀 참깨(왼쪽), 검은 참깨(오른쪽)

참나리

과 명	백합과
별 명	나리 · 산나리 · 호랑나리 · 권단
생약명	백합
약용부	비늘줄기
약 용	진해 · 해열 · 자양강장
이용법	● ● ●

전국에 자생하는 여러해살이풀로, 7～8월에 줄기 위쪽에 노란빛이 도는 붉은 꽃이 핀다

생태 우리나라 또는 중국 동부가 원산지로 알려진 여러해살이풀로, 산과 들에 자생한다. 하얀 비늘줄기가 땅 속으로 뻗으며, 줄기는 곧게 약 1.5m 자라고 전체에 검은 자줏빛 점이 있다. 잎은 바소꼴로 어긋나며, 잎겨드랑이에 주아가 달린다. 7～8월에 줄기 위쪽에 꽃잎이 6장이며 노란빛이 도는 붉은 색 꽃이 핀다. 비늘줄기와 주아로 번식한다.

유래 참나리는 '나리 꽃 중에서도 으뜸이 되는(참) 나리' 라는 뜻에서 붙여진 이름이다.

흔히 산에 있어서 산나리, 꽃잎에 호랑무늬 반점이 있어서 호랑나리, 꽃이 붉고 꽃잎이 뒤로 말려서 권단(卷丹)이라고도 한다.

이용방법 늦가을에 땅 속 비늘줄기를 파내서 잘 씻어 흙과 잔뿌리를 제거하고, 비늘줄기를 떼어서 뜨거운 물을 끼얹어 햇볕에 말린 것을 '백합(白合)' 이라 한다. 점액질의 다당류, 카로티노이드(carotenoids)의 캅사이신(capsaicin), 전분, 지방 등을 함유한다. 감기 등의 기침을 멈추게 하고 열을 내리기 위해 백합을 1일 10～15g을 달여 먹는다.

종기 · 부스럼 · 타박상 · 탈구 · 부종 등에는 백합을 가루로 만들어서 식초로 반죽한 후 헝겊에 펴서 발라 환부에 붙이며, 1일 2～3회 갈아준다. 생비늘줄기를 갈아서 이용해도 좋다.

병후 회복, 피로회복, 자양강장 등에는 비늘줄기나 백합을 조리해 먹는다.

 ● 내복(마시는 약) ● 외용(고약 · 바르는 약 · 습포) ● 목욕제 ● 약술 ● 약초차 ● 요리 · 음식 ● 취급주의

참다래

과 명	다래나무과
별 명	다래 · 키위
생약명	미후도
약용부	열매
약 용	해열 · 이뇨 · 자양강장
이용법	●●

생태 중국 원산의 덩굴성 갈잎나무. 암수딴그루로 어린 가지와 잎자루에 갈색 털이 많이 난다. 잎은 둥근 모양이거나 둥근 달걀모양 또는 거꾸로 된 달걀모양으로 끝이 패였다. 뒷면에 하얀 털이 빽빽하다. 6~7월에 꽃잎이 6장인 하얀 꽃이 피는데, 암꽃은 지름 3~4cm이고 수꽃은 조금 작다. 8~10월에 갈색 털에 덮인 달걀모양 또는 원기둥모양의 액과(다육과)가 열린다.

유래 뉴질랜드에서 재배종이 생겼다. 열매가 뉴질랜드에 서식하는 키위 새처럼 생겨서 원주민 마오리족이 키위라고 부른 것에서 키위프루트라는 이름이 생겼다고 한다. 간단히 줄여서 키위(kiwi)라고 한다.

이용방법 10월경 열매가 70% 정도 익었을 때 따서, 두께 약 5mm로 둥글게 썰어 햇볕에 말린 것을 미후도(獼猴桃)라고 한다. 당류 · 비타민 C · 유기산 · 악티니딘(actinidin) 등을 함유한다. 열을 내리고 입 속 갈증을 없애주며 이뇨작용도 있어 중국에서는 옛날부터 약용해 왔다. 감기 · 편도선염 등의 고열, 당뇨병, 황달, 부종 등에 미후도를 1일 50~100g을 달여 먹으면 좋다.

생과일에는 체내의 과잉염분을 몸 밖으로 배출시키는 칼륨이 매우 많다. 또한 비타민C도 레몬만큼 있어서 먹으면 자양강장에 좋다.

10월경 짧은 털에 덮인 액과가 열린다

참다래꽃

참마

과 명	마과
별 명	산우 · 서여 · 산여 · 서예
생약명	산약
약용부	뿌리(담근체)
약 용	자양강장
이용법	

7~8월에 잎겨드랑이에서 꽃이삭이 나와서 작고 하얀 꽃이 핀다　왼쪽 위/가을이 되면 줄기에 영여자가 달린다

생태 덩굴성 여러해살이풀. 땅 속 덩굴줄기 아래쪽이 먼저 있던 마(덩이줄기)에서 양분을 받아 자라며, 담근체(擔根體, 줄기와 뿌리의 중간 성질)라고 한다. 암수딴그루로 잎은 삼각형 비슷하고 끝이 뾰족하며, 잎이 달린 쪽은 화살촉모양이고, 잎자루가 있다. 7~8월에 잎겨드랑이에 1~3개의 수상꽃차례가 달린다. 수꽃은 곧게 서고, 암꽃은 아래로 늘어져서 작고 하얀 꽃이 드문드문 핀다. 꽃이 지면 날개가 3개 있는 폭이 넓은 타원형의 삭과를 맺는다.

유래 옛날 중국에서 전쟁에 진 병사들이 산 속으로 도망쳐서 먹을 것을 찾다가 우연히 발견하였다 해서 산우(山芋)라 하였으며, 몸을 튼튼하게 하고 약이 된다 하여 뒤에 산약(山藥)으로 바뀌었다고 한다.

이용방법 11월 초, 줄기를 따라 담근체를 파내서 겉껍질을 벗겨 4~5㎝ 길이로 잘라 햇볕에 말린 것을 '산약'이라 한다. 전분 이외에 점액질의 뮤신(mucin), 알란토인(allantoin), 용혈작용이 매우 적은 사포닌(saponin), 아르기닌(arginine) 등을 함유한다.

한방에서 자양강장의 목적으로 처방조제하지만, 일반적으로 생마를 먹는 것이 좋다.

민간에서는 생마를 약 10㎝ 길이로 잘라서 석쇠에 굽거나, 알루미늄포일에 싸서 속까지 알맞게 구워서 소금에 찍어 매일 먹으면 과로로 인한 식은 땀이나 야뇨증에 효과가 있다. 또한 소주에 넣어서 약술로 만들어 먹기도 한다.

 ● 내복(마시는 약)　● 외용(고약 · 바르는 약 · 습포)　● 목욕제　● 약술　● 약초차　● 요리 · 음식　● 취급주의

창포

과 명	천남성과
별 명	창풀 · 향포 · 물채
생약명	창포근
약용부	뿌리줄기 · 잎
약 용	보온
이용법	●

6~7월에 노란빛을 띠는 작은 꽃이 5~8㎝의 이삭모양으로 달린다

생태 동아시아 · 북아메리카가 원산으로 알려진 여러해살이풀로, 연못가나 강가 등 물이 있는 곳에서 자란다. 남쪽 지역에서는 늘 푸르지만 우리나라에서는 겨울에 땅 윗부분이 시들고 휴면한다. 뿌리줄기는 굵고 옆으로 뻗으며 마디가 많다. 잎은 곧게 자라며 긴 칼모양으로, 육질이 두껍고 광택이 있으며 강한 향이 있다. 6~7월에 5~8㎝의 노란빛을 띠는 꽃이 수상꽃차례로 달린다.

유래 우리나라에는 예전부터 단옷날 창포물에 머리를 감는 풍습이 있는데, 창포는 우리의 전통적인 허브라고 할 수 있다. 창포라는 이름은 부들과 비슷한 긴 잎이 있고 물가에 살기 때문에 부들을 뜻하는 포(蒲)가 붙어서 만들어졌다. 『동의보감』에서는 "창포는 36가지 풍증을 치료한다. 뿌리를 캐어 썰어 술에 담갔다 먹거나 술을 빚어서 먹는다"고 설명하였다.

이용방법 11월부터 다음해 봄에 걸쳐 땅속 뿌리줄기를 파내서, 물로 씻어서 흙과 수염뿌리를 제거하여 그늘에 말린 것을 '창포근(菖蒲根)'이라고 한다. 약 3%의 정유(식물성 휘발유)를 함유하며, 옛날에는 방향성 건위제로 쓰였으나 현재는 사용하지 않는다.
민간에서는 뿌리는 물론 잎도 욕조에 넣고 신경통, 류머티즘, 어깨 결림 등의 목욕제로 이용하면 좋다. 정유가 따뜻한 물에 녹아서 피부를 가볍게 자극하여 피의 흐름을 좋게 하므로, 통증이나 피로를 풀어주는 데 효과적이다.

ㅊ

천궁

과 명	미나리과
별 명	궁궁이 · 호궁 · 향과
생약명	천궁
약용부	뿌리줄기
약 용	진통 · 진경 · 진정
이용법	

포기 전체에 향이 있으며, 8~9월에 걸쳐서 하얗고 작은 꽃이 산형꽃차례로 무리지어 핀다

생태 중국 원산의 여러해살이풀로, 높이 약 50㎝로 곧게 자란다. 포기 전체, 특히 뿌리줄기는 특유의 향이 강하고, 부정형의 혹모양이며, 겉은 짙은 갈색이지만 속이 하얗고 잔뿌리가 나온다. 잎은 2회 깃꼴겹잎이며, 작은잎은 달걀모양의 바소꼴로 가장자리에 잔 톱니가 있다. 8~9월에 하얗고 작은 꽃이 산형꽃차례로 무리지어 피지만 열매는 맺지 않는다.

유래 예전에 궁궁이라고 하였으며, 중국의 쓰촨성〔四川省〕에서 나오는 것이 가장 좋았기 때문에 사천궁궁이라고 하였는데, 이것이 변하여 천궁(川芎)이 되었다.

이용방법 땅 윗부분이 누렇게 변하는 11월경에 뿌리줄기를 파내서 잔뿌리를 제거한 후, 흙이 붙은 채로 뿌리줄기가 연해질 때까지 햇볕에 말린다. 다시 뜨거운 물에서 10분 정도 끓이거나 증기로 나무젓가락이 들어갈 정도로 쪄서 햇볕에 말린다. 이것을 천궁이라고 하며, 크니딜라이드(cnidilide) · 리구스틸라이드(ligustilide) 등의 정유를 함유한다. 한방에서는 통증이나 경련을 멎게 하고 흥분을 가라앉힐 목적으로 처방조제하지만 한 가지만 사용하지는 않는다. 빈혈로 허리나 다리가 찰 때, 또는 머리가 무겁고 현기증, 어깨 결림, 귀울림 등이 있을 때 당귀 · 복령 · 창출 · 택사 · 작약 등을 섞어서 처방한다. 당귀작약산 등의 한약을 이용하면 좋다.

● 내복(마시는 약)　● 외용(고약 · 바르는 약 · 습포)　● 목욕제　● 약술　● 약초차　● 요리 · 음식　● 취급주의

천마

과 명	난초과
별 명	수자해좃·적전
생약명	천마·적전
약용부	덩이줄기·꽃줄기
약 용	두통·현기증·자양강장
이용법	●

어디에서 나올지 몰라 '도둑의 다리'라는 별명도 있다

생태 천마는 뽕나무버섯균과 공생하는 난초과의 여러해살이풀로, 한국·중국·일본 등에 분포한다. 땅 속에 감자 같은 살진 덩이줄기가 있고, 줄기는 붉은 밤색으로 높이 $60 \sim 100 cm$로 곧게 자란다. 꽃은 6~7월에 줄기 끝에 단지모양의 꽃이 총상꽃차례를 이루며 많이 달린다. 늦가을에 땅 윗부분이 시들었을 때 땅 속 덩이줄기는 가지고 있던 양분을 소비하여 속이 비게 된다. 이 때 가늘고 긴 땅속줄기를 뻗어서 뽕나무버섯균으로부터 양분을 얻으며, 여러 해가 지나서 덩이줄기가 살지면 줄기를 키운다.

유래 중국에서는 옛날부터 꽃줄기를 적전(赤箭)이라 하였으며, 뒤에 덩이줄기를 천마(天麻)라고 하여 약으로 사용하였다. 『동의보감』(1613년)에서는 '여러 가지 허하고 약해서 생긴 어지럼증은 천마가 아니면 고칠 수 없다'고 설명하고 있다.

이용방법 6~7월에 꽃이 필 때 덩이줄기를 파내서 꽃줄기를 잘라 그대로 햇볕에 말린 것을 '적전', 덩이줄기를 쪄서 햇볕에 말린 것을 '천마'라고 한다. 작은 감자를 쪄서 말린 것을 귀천마(貴天麻)라고 하는데, 이것은 다른 것으로 취급한다. 천마는 한약방 등에서 구입할 수 있다.

두통·현기증·히스테리 등에 천마를 1일 5~10g을 달여 먹는다. 만성두통이나 현기증은 전문가와 상담하여 처방을 받아서 한약을 먹는 것이 좋다. 자양강장에는 1일 적전 5g을 달여 먹는다.

천태오약

과 명	녹나무과
별 명	
생약명	오약
약용부	뿌리
약 용	방향성 건위
이용법	●

잎은 넓은 타원형으로 끝이 뾰족하며, 표면에 3개의 잎맥이 뚜렷하고 광택이 난다. 봄에 풀빛 나는 꽃이 핀다

생태 중국 중남부가 원산인 늘푸른떨기나무. 높이 약 3m이며, 뿌리는 긴 덩어리모양이다. 잎은 어긋나고, 넓은 타원형으로 끝이 뾰족하다. 잎 가장자리가 밋밋하고 커다란 3개의 잎맥이 뚜렷하며, 뒷면은 잿빛을 띠는 흰빛이다. 암수딴그루로, 풀빛 꽃이 3~4월에 잎겨드랑이에 산형꽃차례를 이루며 핀다. 열매는 핵과로 타원형이며, 초록색이 까맣게 익는다.

유래 오약(烏藥)의 오(烏)는 까마귀의 오(烏)가 아니라 흑갈색을 의미하며, 중국 천태산에서 나는 것이 좋기 때문에 천태오약(天台烏藥)이란 이름이 생겼다고 한다.

이용방법 11~3월에 포기를 파내서 뿌리나누기를 겸하여 덩이줄기 부분을 채집하며, 물로 씻고 잔뿌리를 제거하여 그늘에 말린 것을 '오약'이라 부른다. 세스키테르페노이드(sesquiterpenoid)의 카마줄렌(chamazulene), 린데렌(linderane), 보르네올(borneol) 등을 함유한다. 한방에서는 방향성 건위, 진경, 진통 등의 목적으로 처방조제한다. 체하거나 가벼운 위통, 메슥거림, 위 무력증, 소화불량, 신경성 위염 등에 오약을 1일 10g을 굵게 썰어서 달여 마시면 좋다. 병으로 인한 증상일 때는 한의사·약사 등 전문가와 상담하여 한약을 사용한다. 일반인이 판단하는 것은 위험하다. 옛날에는 씨앗에 기름이 있으므로 짜서 등불로 사용하였다.

 ● 내복(마시는 약)　● 외용(고약·바르는 약·습포)　● 목욕제　● 약술　● 약초차　● 요리·음식　● 취급주의

초피나무

과 명	운향과
별 명	좀피나무 · 제피나무 · 견피나무
생약명	천초
약용부	열매껍질
약 용	방향성 건위
이용법	● ●

꽃이 진 후 암그루에 작은 고동색 열매가 열린다

생태 전국의 산지에서 자라는 갈잎 떨기나무. 높이는 약 3m이고, 잔가지의 잎 아래쪽에 1쌍의 가시가 있다. 잎은 어긋나고, 5~10쌍의 작은잎으로 이루어지는 홀수의 깃꼴겹잎이다. 4~5월에 잎겨드랑이에서 짧은 꽃줄기가 나오며, 꽃받침이 없고 초록빛을 띠는 노란 꽃이 모여 핀다. 암수딴그루로, 꽃이 지면 암그루에 공모양의 작은 고동색 열매가 달린다.

유래 학명은 *Zanthoxylum piperitum*이며 경상남도에서는 제피, 경상북도에서는 산초, 강원도에서는 초피, 전라도에서는 진피 또는 젬피라고 한다. 초피나무의 열매껍질은 동의보감을 비롯하여 한방에서 모두 천초라고 한다.

이용방법 10월에 열매가 노란빛을 띨 때 열매송이째 따서 그늘에 말리며, 열매꼭지와 씨앗을 빼고 열매껍질만 모은 것을 '천초(川椒)'라고 한다. 시트로넬라(citronella) 등의 정유와 매운맛의 산시올(sanshol) 등을 함유하며, 한방에서 제약원료로 쓰인다.

민간에서는 천초를 고추 분쇄기로 갈아서 1회 약 2g(⅓작은술) 정도 찬물이나 미지근한 물과 함께 먹으면 위의 더부룩함이나 소화불량 · 위통 등에 좋다. 또한 식욕증진이나 소화촉진을 위해 된장국 등에 적당히 넣거나, 연할 때 열매를 따서 조려 먹어도 좋다.

열매껍질은 비린내를 없애는 향신료로도 요긴하게 쓰인다.

4~5월에 잎겨드랑이에서 짧은 꽃줄기가 나와 꽃받침이 없고 초록빛이 나는 노란 꽃이 달린다

촛대승마

과 명	미나리아재비과
별 명	용아·외대승마·귀검승마·꾀절가리
생약명	승마
약용부	뿌리줄기
약 용	해열·수렴
이용법	●

생태 구릉·산지의 나무 그늘 등에 자생하는 여러해살이풀로, 높이가 1m이다. 잎은 어긋나며 3장씩 2~3회 갈라지고, 작은잎은 달걀모양으로 끝이 뾰족하고, 가장자리에 불규칙한 톱니가 있다. 꽃은 6~7월에 꽃줄기 끝에 작고 하얀 꽃이 총상꽃차례로 달리는데, 병을 닦는 솔처럼 생겼다. 열매는 골돌과로 자루가 있고, 씨앗에 날개가 있다.

유래 『본초강목』(1596년)에는 "잎이 마와 비슷하며 위로 자라는 성질이 있기 때문에 승마(升麻)라는 이름이 생겼다"고 설명하고 있다. 또한 꽃송이가 촛대처럼 곧게 뻗어 올라가서 촛대승마가 되었다. 고산지대에만 살기 때문에 쉽게 눈에 띄지 않는 꽃으로, 축축하고 낙엽이 많이 쌓인 곳에서 가끔 볼 수 있다.

이용방법 10~11월에 땅 위의 잎줄기가 시들 때 뿌리줄기를 파내서 잎줄기와 잔뿌리를 제거하고, 물로 씻어서 햇볕에 말린 것을 '승마'라고 한다. 트리테르페노이드(triterpenoids)의 시미시푸고시드(cimicifugoside)·시미게놀(cimigenol) 이 외에 시미시푸긴(cimicifugine)·후란산(furanic acid) 등을 함유한다.

감기로 열이 나고 두통, 편도선염, 입 속 물집 등이 있을 때 승마를 1일 10g을 달여서 양치질하면 좋다. 열이 내리고 목의 통증과 입 속 물집이 가라앉는다. 옻이나 풀독·땀띠 등의 습진·가려움증에는 승마 달인 액을 차게 하여 헝겊에 적셔서 환부에 냉습포한다.

6~7월에 하얗고 작은 꽃이 이삭처럼 달리는데 병을 닦는 솔처럼 생겼다

● 내복(마시는 약)　● 외용(고약·바르는 약·습포)　● 목욕제　● 약술　● 약초차　● 요리·음식　● 취급주의

측백나무

과 명	측백나무과
별 명	측백 · 백자
생약명	측백엽, 백자인
약용부	잎 · 씨앗
약 용	정장 · 수렴 · 자양강장
이용법	● ●

4월에 작은 가지 끝에 꽃이 핀다. 열매는 원형으로 흰빛을 띠는 초록색이며, 익으면 붉은빛이 나는 갈색이 된다

생태 중국 북부가 원산으로 알려진 늘푸른큰키나무로 높이 약 20m. 줄기가 곧게 자라는 것과 밑동에서 여러 줄기가 모여 나는 것이 있다. 잎은 앞뒷면 모두 초록색이며, 기왓장을 인 것처럼 나란히 포개어져 달린다. 4월에 수꽃은 잔가지 끝에 짧은 꽃자루가 있는 공모양으로, 암꽃은 꽃자루가 없이 공모양으로 핀다. 열매는 구과(毬果)로 원형이며 흰빛을 띠는 초록색이고, 익으면 붉은빛 나는 갈색으로 목질화하며 각진 모양의 돌기가 있다.

유래 측백나무의 한자이름은 측백(側柏) 또는 백자(柏子)인데, 잎이 손바닥을 편 것 같은 모양으로 모두 한쪽 방향을 향해서 생겼다.

이용방법 10~11월에 가지다듬기하면서 잎이나 열매를 채집하며, 잎을 굵게 썰어서 그늘에 말린 것을 '측백엽(側柏葉)', 열매에서 씨앗을 채집하여 햇볕에 말린 것을 '백자인(柏子仁)' 이라고 한다. 잎에는 정유 · 타닌(tannin) 등이, 씨앗에는 지방유 등이 들어 있다.

설사에는 측백엽을 1일 10~15g을 달여 먹으면 좋다. 또한 거친 피부, 풀독, 땀띠 등의 습진이나 피부병에는 측백엽 1~2움큼을 헝겊주머니에 넣어서 목욕제로 이용하면 좋다.

자양강장에는 백자인을 냄비에 살짝 볶아서 가루를 내어, 1일 10g을 3회로 나누어 식사 사이에 물과 함께 마시거나 홍차 등에 타서 마시면 좋다.

치자나무

과 명	꼭두서니과
별 명	
생약명	치자
약용부	열매
약 용	타박상 · 염좌 · 근육통
이용법	●

생태 중국 원산으로 남부지방에서 많이 재배하는 늘푸른떨기나무. 높이 1~2m이며, 잎은 긴 타원형으로 앞면에 광택이 있고, 마주보며 난다. 6~7월에 꽃잎이 6~7개로 갈라지고 향기 있는 하얀 꽃이 피며, 타원형이고 세로로 주름무늬가 있는 열매가 노란빛을 띠는 붉은색으로 익는다.

유래 치자(梔子)의 한자를 보면 '치(梔)'는 술잔 치(巵)자에 목(木)자를 붙인 모양이다. 나무에 달린 열매[子]의 모양이 중국의 술을 담는 잔과 비슷해서 생긴 이름이다.

이용방법 9월경 열매가 완전히 익기 전에 누렇게 변할 때 따서 열매꼭지와 꽃받침을 떼어내고 그늘에 말리거나, 또는 뜨거운 물에 2~3분 담갔다가 그늘에 말린 것을 '치자'라고 한다. 색소인 카로틴(몸 속에서 비타민A로 변한다), 이리도이드(iridoide) 배당체인 게니포시드(geniposide) 등을 함유하며, 한방에서는 소염 · 이뇨 등에 이용한다.

민간에서는 치자를 잘게 썰어서 분쇄기 등으로 완전히 가루로 만들어 사용한다. 타박상 · 염좌 · 요통 · 근육통 등에 치자가루를 식초와 달걀흰자를 넣어서 반죽하여 환부에 두껍게 바르고, 거즈 등으로 눌러서 냉습포하면 좋다.

6~7월에 향기가 있는 하얀 꽃이 핀다

열매는 세로로 주름이 있고 노란빛을 띠는 붉은 색으로 익는다

● 내복(마시는 약)　● 외용(고약 · 바르는 약 · 습포)　● 목욕제　● 약술　● 약초차　● 요리 · 음식　● 취급주의

칡

과 명	콩과
별 명	달근 · 녹곽 · 모각등 · 황근
생약명	갈근 · 갈화
약용부	뿌리 · 꽃
약 용	발한해열, 어깨 결림
이용법	●

8월에 나비모양의 붉은 자줏빛 꽃이 핀다

위/절단갈근 아래/통갈근

생태 전국적으로 분포하며, 산기슭의 양지에서 자주 볼 수 있는 덩굴성 여러해살이풀. 줄기는 생장하면서 굵게 목질화하고, 땅바닥을 따라 뻗어 다른 물체에 휘감기며 무성하게 자란다. 잎은 3장의 작은잎으로 이루어지는데, 꼭대기의 작은잎은 마름모꼴의 넓은 타원형이고, 양옆의 작은잎은 끝이 뾰족한 넓은 타원형이다. 잎줄기에는 거친 털이 있다. 8월에 나비모양의 붉은 자줏빛 꽃이 총상꽃차례로 피고, 꼬투리모양의 열매가 달린다.

유래 칡은 츩에서 변한 것으로, 칡의 중국이름인 갈(葛)을 잘못 읽은 것으로 추측된다. 『동의보감』(1613년)에서 그 효능에 대해 "머리가 아픈 것을 낫게 하고 술독을 풀어주며, 목마름을 없애준다. 또한 입맛을 좋게 하고 소화가 잘되게 하며, 가슴의 열을 없애준다"고 설명하고 있다.

이용방법 가을에 뿌리를 캐서 물로 씻고 겉껍질을 벗겨서 햇볕에 말린 것을 '갈근(葛根)'이라고 한다. 다이제인(daidzein) · 푸에라린(puerarin) 등을 함유한다. 한방에서는 발한해열 등의 목적으로 갈근탕 등을 만들어 이용한다. 단, 심장질환이 있는 사람은 피한다.

감기의 발열, 어깨 결림 등에 갈근 10g과 생강 얇게 썬 것 3g을 함께 달여 마시면 좋다.

갈근에서 얻은 전분은 '갈분(葛粉)'이라고 한다. 초기 감기나 설사가 있을 때, 갈분에 약간의 설탕이나 꿀을 넣고 뜨거운 물을 부어서 1컵 정도 마신다.

카카오

과 명	벽오동나무과
별 명	코코아
생약명	카카오지방
약용부	씨앗기름
약 용	제약원료 · 피로회복
이용법	●

생태 열대 아메리카가 원산인 늘푸른작은큰키나무로 높이가 6~10m이다. 기온이 28℃ 이상 되는 고온다습하고 비옥한 땅을 좋아하며, 잎은 긴 타원형으로 끝이 뾰족하고 어긋난다. 줄기와 가지에 작고 하얀 꽃이 무리지어 피는데, 열매를 맺는 것은 적다. 열매는 긴 타원형으로 끝이 뾰족하고 귤색이나 붉은 자주색으로 익으며, 속은 5실로 나뉘어 씨가 40~60개 들어 있다.

유래 카카오의 학명을 *theobroma cacao*라고 붙인 사람은 18세기경의 식물학자인 린네로, '신의 음식' 이란 뜻이다. 카카오 및 초콜릿의 어원은 마야어에서 유래하는데, Cacahuatle – Cacauatl – Cacalatl – Cacao로 변화하여 오늘날 스페인어인 카카오가 되었다고 한다.

이용방법 알맞게 익은 열매를 수확하여 껍질을 가르고 씨앗을 4~5일 그대로 두어 발효(붉은빛을 띤 갈색으로 변화)시켜, 이것을 물로 씻어서 햇볕에 말린 것을 카카오콩이라고 한다. 카카오콩을 볶아서 껍질을 벗긴 후 갈면 카카오가루가 되며, 이것을 압축시켜서 짜면 카카오지방이 나오고 남는 것이 있다. 이 때 남은 것을 말린 가루가 코코아로, 물에 타서 마시면 피로회복에 좋다. 카카오지방은 사람의 체온에 녹고 변질이 잘 안 되므로 좌약이나 화장품의 기초재료가 된다. 더 나아가 카카오가루에 설탕과 우유 등을 넣어서 굳히면 초콜릿이 된다.

열대 아메리카 원산의 늘푸른작은큰키나무. 높이 약 6~10m이며, 열매 크기는 10~15㎝이다

● 내복(마시는 약)　● 외용(고약 · 바르는 약 · 습포)　● 목욕제　● 약술　● 약초차　● 요리 · 음식　● 취급주의

캐모마일

과 명	국화과
별 명	
생약명	캐모마일
약용부	꽃 · 잎줄기
약 용	발한해열 · 구풍 · 보온
이용법	● ●

5~9월에 혀 모양의 하얀 꽃이 가운데의 노란 관상화 둘레를 에워싸듯이 핀다

생태 유럽 원산의 한해살이 또는 두해살이풀로, 높이가 50~100㎝이다. 줄기는 곁가지가 많이 갈라져 나오고, 잎은 2~3회 깃꼴로 갈라지며 마주보고 난다. 5~9월에 가운데에서 노란 관상화가 올라오고, 주위에는 혀 모양의 하얀 꽃이 에워싼다.

유래 사과 같은 향기가 나므로 고대 그리스인은 chamai(작은), melon(사과) 즉, 땅에서 나는 사과라는 뜻의 이름을 붙였는데, 캐모마일이란 이름은 여기서 유래한다.

또한, 병충해에 걸린 식물 가까이에 심어두면 원기를 회복하여 살아난다고 하여 '식물 의사' 라는 별명도 있다고 한다.

이용방법 꽃이 필 때 꽃을 따서 그늘에 말린 것이 캐모마일로, 정유인 카마줄렌(chamazulene), 테르펜알코올(terpene alcohols) 등을 함유한다. 초기 감기에 캐모마일을 1일 10~15g을 달여서 먹으면 발한해열, 설사 방지 등에 도움이 된다. 가스가 차서 복부 팽만감이 있을 때 체내의 가스 배출(구풍)이나, 한기가 든 몸을 따뜻하게 할 때는 컵에 캐모마일을 1회 5g을 넣고 뜨거운 홍차를 부어서 3분 후에 마시면 좋다.

피로회복, 어깨 결림, 요통, 신경통 등에는 잎줄기를 그늘에 말려서 목욕제로 이용해도 좋다.

로만캐모마일

커피나무

과 명	꼭두서니과
별 명	카페
생약명	
약용부	씨앗
약 용	흥분 · 피로회복
이용법	

열매는 타원형으로 붉게 익는다　　왼쪽 위/커피나무꽃

생태 에티오피아가 원산으로 알려진 늘푸른작은큰키나무이며, 높이가 5~6m인데 때로는 10m 이상인 것도 있다. 잎은 긴 타원형으로 끝이 뾰족하고, 가장자리가 밋밋하거나 물결모양이며, 잎맥이 뚜렷하고 마주보며 난다. 꽃은 잎겨드랑이의 아래쪽에 하얀 꽃이 5~6개 모여 피고, 열매는 타원형으로 붉게 익는다.

유래 커피는 원산지인 에티오피아 카파(kaffa) 주의 이름에서 유래되었다고 한다. 커피가 음료로 발달한 것은 15세기 아라비아반도에서인데, 이슬람교에서는 술과 마찬가지로 커피를 금지시켰다. 우리나라에 커피가 들어온 것은 개화기로 알려져 있다.

이용방법 채집한 열매의 과육 속에는 파치먼트라는 옅은 갈색의 겉껍질과 실버스킨이라는 속껍질에 싸여 있는 씨앗이 2개 들어 있으며, 안팎의 껍질을 벗겨서 햇볕에 말린 것을 커피원두라고 한다. 알칼로이드(alkaloid)의 카페인(caffeine), 펜토산(pentosan), 지방유 등을 함유한다.

카페인은 적은 양일 때는 중추에 작용하여 정신적 · 육체적 업무의 능률을 높이고, 피로 회복에 도움이 된다. 그러나 많이 섭취하면 불안 · 흥분 · 불면증이 생기고, 더 심하면 맥박이 불안해진다. 적정량이라면 이뇨작용도 있어서 좋지만 고혈압이나 뇌 동맥경화증이 있는 사람은 자주 마시지 않도록 한다.

● 내복(마시는 약)　● 외용(고약 · 바르는 약 · 습포)　● 목욕제　● 약술　● 약초차　● 요리 · 음식　● 취급주의

컴프리

과 명	지치과
별 명	캄프리, 러시아 컴프리, 러시아 자초
생약명	컴프리
약용부	뿌리·뿌리줄기
약 용	정장·습진·가려움증
이용법	● ● ●

6~7월에 종모양의 자줏빛 꽃이 늘어지듯이 핀다. 뿌리줄기는 약으로 이용하며, 생잎은 식용한다

생태
유럽, 소아시아, 시베리아 서부에 분포하는 여러해살이풀. 높이는 30~90cm이고, 뿌리는 잔뿌리가 갈라져 나오며 방추형이다. 뿌리에서 나온 잎은 달걀모양의 바소꼴로 잎자루가 있으며, 위쪽의 잎은 잎자루가 없이 잎 아랫부분이 바로 줄기에 붙어 날개처럼 된다. 포기 전체에 하얀 거친 털이 있다. 6~7월에 가지 끝에 종모양의 꽃이 늘어지듯이 피고 열매를 맺는다.

유래
영어이름에서 유래하여 컴프리라고 불리며, 한때 약효가 과장되어 '기적의 식물' 로 알려지며 크게 유행하기도 하였다. 원산지가 구 소련의 카프카스(코카서스) 지방이라서 러시아 컴프리, 러시아 자초라고도 한다.

이용방법
9~10월에 포기를 나눌 때 뿌리나 뿌리줄기를 채집하여 물로 씻고, 잘라서 햇볕에 말린 것을 '컴프리' 라고 한다. 알칼로이드(alkaloid)의 콘솔리딘(consolidine), 심피토시노글로신(symphytocynoglossine), 점액질, 타닌(tannin) 등이 들어 있다. 설사에 1일 10~15g을 달여 마신다. 풀독·은행독·옻독·땀띠 등 습진·가려움증에는 컴프리 달인 액을 환부에 냉습포하고, 목의 부종에는 양치질한다. 2001년 7월 FDA(미국식품의약국)에서 "발암성분이 있고 간 손상의 위험이 있다" 하여 금지약물로 등록되었다. 필요한 경우 용량이나 용법에 주의해서 사용하며, 삶으면 발암물질이 거의 사라진다. 컴프리와 매우 비슷한 디기탈리스(p.66 참조)는 배당체가 있어 쓴맛이 나므로 주의한다.

콩

과 명	콩과
별 명	
생약명	흑대두 · 두시
약용부	씨앗
약 용	구토제 · 진해 · 소염
이용법	●●●

생태 한해살이 작물로 전국에서 재배된다. 줄기는 곧게 자라고, 높이 40~90cm로 덩굴성도 있다. 잎겨드랑이에서 가지가 갈라지며, 줄기 · 잎 · 꼬투리에 갈색 털이 있다. 잎은 어긋나고, 작은잎이 3장 나오는 겹잎이다. 작은잎은 달걀모양 또는 타원형으로 가장자리에 톱니가 없고, 전체가 초록색이다. 초여름부터 여름에 걸쳐 자줏빛이 도는 붉은색 또는 백색의 나비모양의 꽃이 잎겨드랑이에서 총상꽃차례로 나온다. 꼬투리열매에는 공모양이나 타원형의 씨알이 들어 있으며, 씨껍질은 노랑 · 초록색 · 갈색 · 검정 등 품종에 따라 색이 다양하다.

유래 명나라의 이시진은 꼬투리열매류를 '두(豆)' 또는 '숙(叔)'이라고 하였다. 우리나라에서도 콩을 한자로 두(豆)라고 쓰는데, 이는 씨알이 꼬투리 안에 있는 모양을 나타낸다.

이용방법 약용으로는 검은콩을 사용한다. 가을에 검은콩의 씨알을 채집하여 햇볕에 말린 것을 '흑대두(黑大豆)'라고 한다. 이소사포닌(isosaponin) · 다이제인(daidzein) · 글루타민산(glutamic acid) 등을 함유한다. 쉰 목, 목의 부기, 기침 등에 1일 8g을 달여서 설탕을 조금 넣고 식사 사이에 3회 나누어 마신다. 식중독에 걸리면 흑대두 달인 액을 마셔서 토하게 한다.

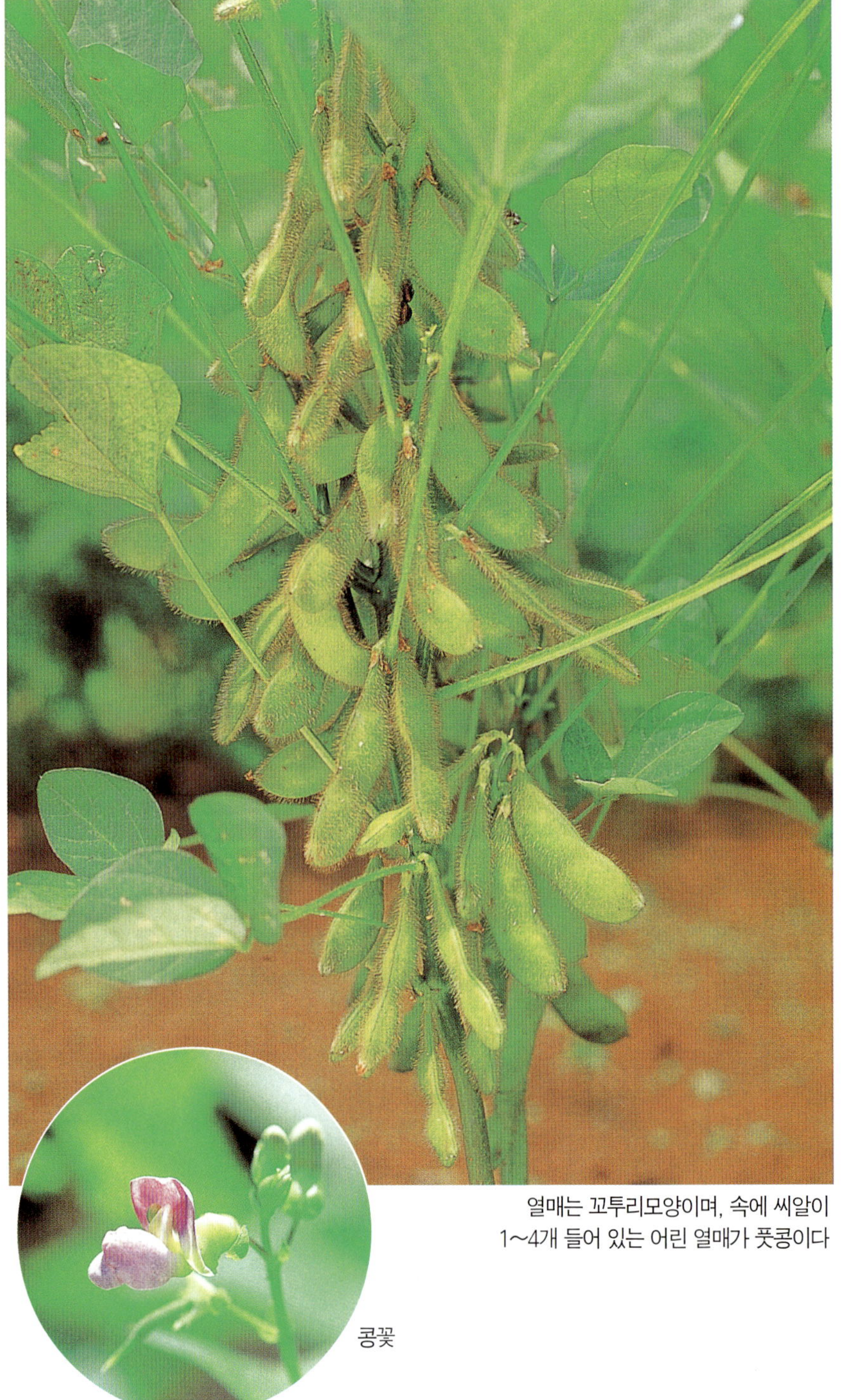

열매는 꼬투리모양이며, 속에 씨알이 1~4개 들어 있는 어린 열매가 풋콩이다

콩꽃

● 내복(마시는 약) ● 외용(고약 · 바르는 약 · 습포) ● 목욕제 ● 약술 ● 약초차 ● 요리 · 음식 ● 취급주의

크레송

과 명	배추과
별 명	물냉이 · 워터크레스 · 후추풀
생약명	
약용부	잎줄기
약 용	신미성 건위, 진통
이용법	

샐러드 등 식용으로도 많이 쓰인다. 4월에 십자모양의 하얀 꽃이 핀다

생태 유럽, 아시아 온대가 원산인 수생 여러해살이풀. 줄기는 부드럽고, 마디에서 하얀 뿌리가 나와 번식한다. 잎은 크기가 일정하지 않은 홀수의 깃꼴겹잎이며, 작은잎은 꼭대기부분은 달걀모양으로 크고, 양옆은 타원형으로 작다. 4월에 꽃잎이 4장인 십자모양의 하얀 꽃이 피고, 꼬투리모양의 열매가 달린다.

유래 14세기에 프랑스에서 재배하기 시작하였다. 프랑스어 이름인 크레송 데 퐁텐을 줄여서 크레송이라 한다. 생김새가 냉이잎과 비슷하여 '물에서 자라는 냉이' 라는 뜻에서 물냉이라고도 한다.

이용방법 포기 전체와 씨앗에 배당체인 글루코나스투르틴 (gluconasturtin)은 함유하며, 가수분해하면 페닐에틸(phenylethyl) 겨자유로 변한다. 잎줄기로 샐러드를 만들어 먹으면 약간 쓴맛과 매운맛이 느껴지는 것도 이 때문이다.

위가 더부룩하고 소화불량, 식욕이 없을 때 신선한 잎줄기를 샐러드 등으로 먹으면 위가 튼튼해진다.

치통 · 신경통 · 류머티즘 · 통풍 · 근육통 등에는 생잎줄기를 잘 찧어서 환부에 얹어 냉습포한다. 피부가 약한 사람은 피부에 미리 식용유를 발라두거나, 찧은 것을 헝겊에 싸서 냉습포한다. 환부에 열이 없으면 온습포한다.

타임

과 명	꿀풀과
별 명	사향초
생약명	타임
약용부	꽃이 필 때의 잎줄기
약 용	방향성 건위, 진해, 보온
이용법	● ● ●

포기 전체에 향이 있으며, 5~10월에 연분홍색의 작은 꽃이 모여 핀다

생태 유럽 남부가 원산인 늘푸른떨기나무로, 높이는 약 25㎝다. 품종이 다양하여 땅을 기듯이 융단처럼 퍼지는 포복형과, 높이 30㎝로 곧게 자라는 직립형이 있다. 잎은 달걀모양이거나 긴 달걀모양으로 마주보며 난다. 5~10월에 연분홍색의 작은 꽃이 위쪽의 잎겨드랑이에서 돌려나기로 모여 난다. 포기 전체에서 향기가 나며 겉모습이 풀처럼 보이기도 한다.

유래 그리스어 '신전에 향을 피우다' 란 뜻에서 thu-mon이 되고, 라틴이름 thymus가 영어이름 타임 (thyme)으로 변했다고 한다. 학명 *thymus*는 그리스어의 thuo, 즉 '소독하다' 에서 나왔는데, 티몰(thymol) 성분이 있어서 살균효과가 있다.

이용방법 꽃이 필 때 잎줄기를 잘라서 모래흙을 털어내고 그늘에 말린 것을 '타임' 이라고 한다. 티몰 등의 정유(식물성 휘발유)가 들어 있으며, 약용·향신료로 이용한다.

민간에서는 속이 메슥거릴 때, 소화불량이거나 위가 더부룩할 때, 또는 기침 감기 등에 타임을 컵에 1회 5g을 넣고, 뜨거운 홍차를 부어서 3~5분 있다 타임을 건져내고 마시면 좋다. 냉증·저혈압·통풍 등에 목욕제로 사용해도 좋다.

생잎줄기(새싹 부분)의 쓴맛은 서양요리의 맛과 향을 내기에 좋으므로 유럽에서 널리 쓰인다. 생잎은 요리에 장식용으로도 이용한다.

● 내복(마시는 약)　● 외용(고약·바르는 약·습포)　● 목욕제　● 약술　● 약초차　● 요리·음식　● 취급주의

택사

과 명	택사과
별 명	쇠태나물 · 수사 · 곡사 · 급사
생약명	택사
약용부	덩이줄기
약 용	이뇨 · 지갈
이용법	●

논이나 못 등에 자생하며, 7~9월에 물 위로 꽃줄기가 나와서 흰 꽃이 달린다

생태

쇠귀나물과 같은 과로, 논이나 못 등 얕은 물 속에 자생하는 여러해살이풀. 높이 60~90cm이고, 뿌리줄기는 공모양이며 아래쪽에 잔뿌리가 있다. 잎은 넓은 바소꼴로 끝이 뾰족하고, 잎자루는 15~20cm로 길다. 7~9월에 물 위로 꽃줄기가 나와서 꽃잎이 3장이며 하얗고 작은 꽃이 드문드문 핀다.

유래

중국 고서에 "소변을 보게 하는 약효가 있기 때문에 못의 물이 흐르듯이 내보낸다는 의미로 택사(澤瀉)라는 한자이름이 생겼다" 는 설명이 있다. 우리나라는 택사라는 이름을 쓰며, 쇠태나물이라고도 한다. 그 밖에 수사(水瀉) · 급사(及瀉) · 곡사(鵠瀉) 등도 택사와 같은 의미를 가진 이름이다.

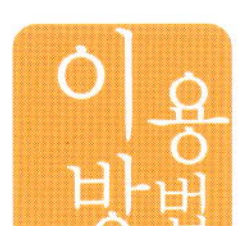

이용방법

10~11월에 땅 윗부분이 시들 때 덩이줄기를 파서 잔뿌리를 제거하고 물로 씻는다. 이것을 칼을 이용하거나 통 속에 넣고 휘저어서 겉껍질을 벗겨 햇볕에 말린 것을 '택사' 라고 한다. 트리테르페노이드(triterpenoids)의 알리솔(Alisol) A · B, 전분, 당류, 레시틴(lecithin) 등을 함유한다.

메슥거리고 구역질이 나며, 갈증이 잘 생기고, 소변이 잘 안 나와서 몸에 부종이 있을 때 택사를 1일 10~15g을 달여서 마신다.

숙취 · 차멀미 · 장염 · 위무력증 등이나, 갈증이 있고 소변이 적을 때 택사를 넣은 오령산을 쓴다. 그 밖에도 택사를 이용한 처방이 많다.

털머위

과 명	국화과
별 명	말곰취
생약명	연봉초
약용부	잎줄기
약 용	소염, 건위, 생선 식중독
이용법	

잎은 차츰 광택이 있는 짙은 초록색이 되고, 10월경에 국화모양의 노란 꽃이 핀다

생태
남부지방의 바닷가나 해안 절벽 등에서 잘 볼 수 있는 늘푸른 여러해살이풀. 뿌리줄기가 굵고, 4월경 오래된 잎 사이에서 주먹 같은 새잎이 나온다. 처음에는 갈색의 잔털에 덮여 있지만, 잎자루가 자라면서 털이 없어지고 광택 있는 짙은 초록색이 된다. 9~10월에 길게 자란 꽃줄기 끝에 국화모양의 노란 꽃이 산방꽃차례로 핀다. 옛날부터 관상용으로도 심었다.

유래
잎이 둥글어서 머위 같고, 열매에 털이 많아 털머위가 되었다고 한다. 곰취와 똑같은 꽃이 피기 때문에 말곰취란 이름도 있다. 1년 내내 잎이 푸르고 표면에 광택이 있어서 관상용으로도 좋다.

이용방법
종기, 가벼운 화상, 치질 등에 생잎을 불에 구워서 겉껍질을 벗겨내고, 속에 있는 눅진눅진한 부분을 환부에 붙이고 거즈 등으로 눌러두면 좋다. 타닌(tannin, 즙)·클로로필(chlorophyll, 엽록소)이 염증을 가라앉히고 세균의 침입을 막으며, 짓무른 곳을 보호하여 상처를 빨리 낫게 한다.

8~9월에 생육한 잎줄기를 채집하여 햇볕에 말린 것을 '연봉초(蓮蓬草)'라고 한다. 건위, 생선 식중독 등에 1회 연봉초 10g과 물 2컵(360~400cc)을 넣고 반으로 줄 때까지 달여서 찌꺼기를 건져낸 후 식사 사이에 마시면 좋다. 또한 1회 40g의 생잎을 굵게 썰어서 적당량의 물과 함께 믹서기로 갈아서 즙을 내어 식사 사이에 마셔도 좋다.

● 내복(마시는 약)　● 외용(고약·바르는 약·습포)　● 목욕제　● 약술　● 약초차　● 요리·음식　● 취급주의

토마토

과　　명	가지과
별　　명	일년감
생약명	토마토
약용부	열매
약　　용	자양강장 · 완하
이용법	●

남아메리카 안데스지방이 원산이며, 열매에는 비타민 A와 C 등이 많다

생태 남아메리카 안데스지방이 원산인 여러해살이풀이지만, 온대에서는 한해살이로 재배된다. 높이 약 3m이고, 처음에는 곧게 자라지만 나중에 가지가 많이 갈라지며 기는 성질이 있다. 잎은 어긋나고 깃꼴겹잎이며, 작은 잎은 타원형으로 끝이 뾰족하고 깊게 패인 모양의 톱니가 있다. 여름에 마디 사이에서 꽃가지가 나와 노란 꽃이 피고, 동글납작한 액과(다육과)가 달려서 붉게 익는다.

유래 토마토는 원산지인 멕시코어의 '토마도루'에서 나온 것으로, 스페인 사람에 의해 처음 유럽에 전해지며 토마토가 되었다. 『지봉유설』(1614년)에 남만시(南蠻柿)로 수록된 것으로 보아 우리나라에 들어온 것은 1614년 이전으로 추측된다.

이용방법 열매의 성분은 품종이나 수확시기, 익은 정도 등에 따라 다른데, 익은 열매에는 사과산 · 구연산(citric acid) · 아데닌(adenine) · 트리고넬린(trigonelline) · 콜린(choline) 등이 있다. 영양면에서는 비타민 A와 C가 많다. 비타민 A는 시력과 관계가 있어서 부족하면 빛을 느끼는 기능이 약해지며, 피부가 거칠어지는 원인도 된다. 비타민C는 질병 예방에 빠질 수 없는 것으로 면역력을 높이는 기능이 있다.

감기 예방, 변비, 눈의 피로 등에 잘 익은 토마토를 하루 1개(약 200g)씩 생식하면 1일 비타민 A · B₁의 필요량 10%를 섭취한 것이고, 비타민C의 필요량을 충족시킨다고 한다.

여름에 마디와 마디 사이에서
꽃가지가 나와 노란 꽃이 핀다

파

과 명	백합과
별 명	총백 · 총실 · 총엽 · 총화
생약명	총백
약용부	잎집부분(가짜줄기)
약 용	해열 · 진해 · 불면증
이용법	● ●

파밭. 양념이나 거의 모든 한국요리에 필요하며 약용효과도 있다 왼쪽 위 / 파의 방주

생태 중국 중서부, 시베리아 원산으로 알려진 여러해살이풀. 땅 위 15㎝ 되는 곳에서 5~6개의 잎이 2줄로 자란다. 잎은 대롱모양으로 끝이 뾰족하며 밑부분의 잎집도 대롱모양으로 안의 잎을 감싸고 있으며 약간 흰빛이 도는 초록색인데, 북주기하여 희고 부드럽게 만든다. 꽃줄기도 대롱모양으로 잎과 길이가 같으며, 초록색에 흰빛이 도는 작은 공모양의 꽃이 핀다. 씨앗은 삼각형이고 까맣다.

유래 파의 한자이름은 총백(葱白)이다. 파의 둥글고 하얀 뿌리부분만 사용하기 때문에 생긴 이름이다. 비늘줄기는 '총백(葱白)', 푸른 줄기는 '총엽(葱葉)', 수염뿌리는 '총수(葱鬚)', 씨앗은 '총자(葱子)', 포기 전체를 찧어서 나온 즙은 '총즙(葱汁)' 등으로 달리 부른다.

이용방법 잎집의 흰 부분은 정유의 알릴황화합물(allylsulfide) · 포도당 · 과당 · 점액질을, 초록색 부분은 비타민A를, 전체는 비타민 B · C 등을 함유하며, 식용 · 약용한다.

민간에서는 초기 감기에 날 파를 잘게 썬 것 2큰술, 생강 간 것 1작은술을 뜨거운 우동이나 국수에 넣어서 먹고 바로 잠자리에 들면, 땀이 나고 열을 내리는 데 도움이 된다. 또한 기침, 불면증, 목의 부종이나 통증 등에는 수건을 가로로 길게 4번 접어서 왼쪽이나 오른쪽 중 한쪽에 잘게 썬 파를 1~2큰술 넣고, 파가 있는 부분을 뜨거운 물에 적셨다가 약간 식혀서 목의 좌우에 온습포하면 좋다.

● 내복(마시는 약)   ● 외용(고약 · 바르는 약 · 습포)   ● 목욕제   ● 약술   ● 약초차   ● 요리 · 음식   ● 취급주의

파슬리

과 명	미나리과
별 명	한근채 · 육근
생약명	한근
약용부	생잎
약 용	방향성 건위, 소염, 통경
이용법	

지중해 연안이 원산으로 알려져 있으며, 우리나라에는 1929년에 도입된 기록이 있다

생태 지중해 연안이 원산으로 알려져 있는 두해살이풀, 또는 수명이 길지 않은 여러해살이풀. 높이 30~60cm이며, 줄기에 홈이 있고 가지가 갈라진다. 잎은 진한 초록색으로 표면에 광택이 있으며, 작은잎이 3장 나오는 겹잎으로 잎자루가 있고, 작은잎은 깊게 2~3개로 갈라진다. 꽃줄기는 높이 약 50cm로 자라며, 노란빛을 띠는 초록색의 작은 꽃이 복산형꽃차례로 피어 삭과를 맺는다.

유래 파슬리라는 이름은 *petroselinum*이라는 학명이 변한 것으로, 학명의 *petros*는 돌 · 바위, *selinum*은 셀러리를 가리킨다. 우리나라에는 1929년에 도입된 기록이 있으나 정확히 언제 들어왔는지 알 수 없다.

이용방법 잎을 먹으며, 주름이 있는 축엽종과 주름이 없는 평엽종, 그리고 뿌리가 당근처럼 자라서 뿌리를 먹는 함부르크파슬리도 있으나, 우리나라에서는 비교적 더위에 강한 축엽종이 주를 이룬다. 잎에는 비타민A와 C가 많고 비타민 B_1 · B_2, 칼슘, 철분이 있다. 생리불순에 효과가 있는 페놀성(phenol) 물질 아피올(apiol)도 들어 있다.

소화불량, 식욕부진, 병후 회복, 빈혈, 생리불순 등에 1일 생잎 30g과 물 $\frac{1}{2}$컵을 믹서에 넣고 갈아서 식사 사이에 3회 나누어 마신다.

타박상, 염좌, 벌레 물림 등에 생잎을 썰어서 환부에 올려놓고, 타월로 눌러서 냉습포하면 부기가 가라앉는다.

독특한 향이 있으므로 여러 가지 요리에 이용한다.

ㅍ

243

파파야

과 명	파파야과
별 명	
생약명	번목과
약용부	과즙
약 용	기생성 피부병, 진통, 정장
이용법	● ● ● ●

생태 열대 아메리카 원산으로 알려진 늘푸른큰키나무로 열대·아열대 지역에서 재배된다. 나무줄기는 곧게 자라서 높이 7~8m가 된다. 줄기 끝에 잎자루가 긴 손바닥모양의 잎이 어긋나게 모여 나온다. 암수딴그루이지만 양성화(꽃 하나에 수술과 암술이 모두 있는 꽃)가 달리는 것도 육성 재배되고 있다. 꽃잎이 5장인 우유빛 꽃이 피고, 서양 배모양의 열매가 붉은빛을 띠는 노란 색으로 익으며 향이 있다.

유래 카리브해 지방의 토속어인 '아바바이'가 스페인·포르투갈어 파파이아(열매)·파파이오(나무)로 변하고, 다시 영어이름인 파파야가 되었다.

이용방법 덜 익은 열매에 상처가 났을 때 나오는 과즙에는 파파인(papain, 단백질 분해효소)이 들어 있다. 기생충의 단백질을 분해하는 구충제, 얼룩·주근깨용 크림 등의 제약원료로 이용한다.

기생성 피부병(옴) 등에 과즙을 바르면 좋다. 단, 과즙을 피부에 바르면 피부염을 일으킬 수도 있으므로 주의한다.

위통이나 설사에는 익은 열매의 과즙을 짜서 1~2잔(40~50cc)을 마신다.

자양강장에는 익은 열매를 많이 먹으면 좋다. 그러나 잎, 특히 어린잎에는 유독성 칼파인(carpaine)이 들어 있으므로 먹지 않도록 한다.

열매는 줄기 위쪽에 열리며, 익으면 붉은빛을 띠는 노랑이 되고 향이 있다

꽃잎이 5장인 우유빛 꽃이 핀다

● 내복(마시는 약)　● 외용(고약·바르는 약·습포)　● 목욕제　● 약술　● 약초차　● 요리·음식　● 취급주의

패모

과 명	백합과
별 명	절패모
생약명	패모
약용부	비늘줄기
약 용	진해 · 거담 · 편도선염
이용법	●

잎은 덩굴손모양으로 감기는 것도 있다. 봄에 종모양의 꽃이 아래를 향해 핀다

패모

생태 중국 원산의 여러해살이풀이다. 땅 속에 2쪽으로 이루어진 알줄기가 있고, 줄기는 곧게 높이 약 50cm로 자란다. 잎은 넓은 줄모양으로 끝이 좁아지고, 때로는 덩굴손처럼 말리는 것도 있으며, 3~4장의 잎이 돌려난다. 4~5월에 위쪽의 잎겨드랑이에서 종모양의 꽃이 고개를 숙인 모양으로 핀다.

유래 『본초강목』(1596년)에 "비늘줄기의 모습이 조개가 한데 모여 있는 것 같아 패모(貝母)라는 이름이 생겼다"고 설명되어 있다. 즉, 패모란 땅 속 비늘줄기의 모습에서 생긴 한자 이름이다.

이용방법 5월 하순, 땅 위의 잎줄기가 누렇게 변할 때 땅 속 비늘줄기를 파내서 물로 씻어 햇볕에 말린 것을 '패모'라고 한다. 스테로이드알칼로이드(steroidalkaloid)의 베르티신(verticine) · 베르티실린(verticilline) 등을 함유하며, 한방에서 진해 · 거담 · 배농 등의 목적으로 처방 조제한다.

민간에서는 기관지염이나 감기로 인한 기침, 인후통(편도선염 등)에 1일 패모 8g과 물 3컵을 반으로 줄 때까지 뭉근한 불로 달여서, 식사 사이에 3번 나누어 먹는다. 마시기 힘들므로 설탕 · 꿀 등을 넣어서 먹기 좋게 만든다. 정확한 양을 이용한다.

포도나무

과 명	포도과
별 명	
생약명	포도
약용부	열매
약 용	저혈압·불면증·냉증·자양강장
이용법	🟠 🟢 🟢

생태 아시아 서부부터 중근동이 원산으로 알려진 덩굴성 갈잎떨기나무. 줄기에는 잎과 마주나는 덩굴손이 있어서 다른 물체를 감으며 길게 자란다. 7월에 꽃잎이 5장이며 초록색 작은 꽃이 원추꽃차례로 모여서 핀다. 9~10월에 즙이 많은 둥근 액과(다육과)가 송이를 이루며 늘어지듯이 달린다. 가을에 익으면 짙은 자줏빛을 띤 검정이나 노란빛을 띤 초록색이 된다.

유래 중국에는 전한시대에 서역으로부터 전해졌다. 고대 페르시아(현재의 이란)의 일부였던 페르가나(Fergana, 대원국)의 언어를 한자로 옮기면서 포도의 한자가 蒲萄, 蒲陶로 변하여 현재의 포도(葡萄)가 되었다고 한다. 우리나라에는 고려시대에 중국에서 들어온 것으로 추측되며, 『촬요신서』(1894년)에 포도에 대한 기록이 처음 나타난다.

이용방법 열매에는 타르타르산(tartaric acid, 주석산)·전화당(轉化糖)·포도당·과당(果糖)·이노시톨(inositol)·펜토산(pentosan)·타닌질(tannin)·레시틴(lecithin)·로이신(leucine) 등이 들어 있다.

포도주는 서부 아시아에서 중근동에 걸쳐 기원전부터 만들어졌다고 한다. 식욕감퇴·저혈압·불면증·냉증·뇌빈혈 등에 쓰인다. 병후 회복 또는 허약해서 기운이 없을 때, 붉은포도주를 하루에 1번 1~2잔(30~60cc) 마신다. 피로회복에는 식사 전에 1잔씩 마신다. 또한 포도 열매를 먹으면 자양강장에 좋다.

포도에는 타르타르산·포도당·과당·타닌 등 다양한 성분이 들어 있다

포도나무꽃

🟢 내복(마시는 약)　🔵 외용(고약·바르는 약·습포)　🟣 목욕제　🟠 약술　🟤 약초차　🟢 요리·음식　🔴 취급주의

표고버섯

과 명	송이과
별 명	
생약명	향심
약용부	자실체
약 용	항종양제 원료, 진해, 숙취
이용법	●● ●

생태 갓 표면은 옅은 갈색 또는 검은 갈색으로 원형이거나 콩팥모양이다. 처음에는 공모양이지만 나중에 둥근 산모양이 되었다가 평평한 모양으로 피며, 더 지나면 가운데가 우묵하게 들어가는 접시모양이 된다. 표면은 매끄러우나 끝이 작게 갈라지며, 때로는 거북등처럼 갈라지는 것도 있다. 버섯기둥에 휘어진 모양의 주름이 빽빽하게 줄지어 있으며 백색이다. 여물면 갈색 얼룩이 생긴다. 버섯기둥은 섬유질이며 옅은 적갈색이다.

유래 예로부터 향심·마고·참나무버섯 등 여러 가지 이름으로 불렸다. 옛 기록을 보면 최우는 "버섯류를 먹으면 독열(毒熱)을 제거하고 생기가 돌며 체내의 열을 식힌다. 버섯은 겨울에 자라서 희고 부드러운 것이 독이 없고, 오래 먹으면 위와 장을 튼튼하게 한다" 하였다. 또한 『본초강목』(1596년)에는 "표고버섯에 식욕증진의 효용이 있으며, 활력을 주어 감기가 낫고 담을 녹인다" 는 기록이 있다.

이용방법 버섯(자실체)을 채집하여 햇볕에 말린 것이 '향심(香蕈)' 이다. 생표고에 있는 다당류는 암 예방에 효과적이라고 알려졌으며, 정제되어 약으로 나와 암치료에 쓰인다. 또한, 말린 표고에서 발견된 렌티오닌(lenthionine)은 햇빛에 의해 비타민 D_2가 되며, 구루병의 예방과 치료에 쓰인다.

감기 등으로 인한 기침이나 숙취에 향심을 1일 20g을 달여 마시면 좋다. 생표고나 말린 표고 모두 조리해서 먹으면 암 예방효과가 있고 자양강장에도 좋다.

봄과 여름에 타닌이 들어 있는 넓은잎나무의 잘린 그루터기나 죽은 나무에 잘 생긴다

하수오

과 명	마디풀과
별 명	큰조롱 · 은조롱
생약명	하수오
약용부	덩이뿌리
약 용	완하 · 정장
이용법	●

생태 중국에서 들여와 약용식물로 재배되며, 덩굴성 낙엽식물이고 여러해살풀이다. 고구마모양의 덩이뿌리에서 줄기(목질의 덩굴)가 자라서 다른 물체에 휘감긴다. 덩굴성의 줄기는 높이 2~4m로 자라며 가지를 친다. 어긋나는 잎은 심장모양으로 끝이 뾰족하고 가장자리가 밋밋하다. 8~9월에 잎겨드랑이에서 작고 하얀 꽃이 무리지어 핀다.

유래 중국의 『본초강목』(1596년)에 "태어날 때부터 몸이 약했던 하전이란 사람이 이 풀을 먹은 후 건강해지고, 흰머리가 검은머리로 변하여 젊어졌다고 한다. 그의 손자 수오(首烏)도 이것을 먹고 130살이 되도록 살았기 때문에 하수오(何首烏)라고 부르게 되었다"고 기록되어 있다. 하수오는 잎이 삼백초와 비슷하며, 중국 당나라시대에 불로장수의 약으로 널리 이용되었던 약용식물이다.

이용방법 10월경 덩이뿌리를 파내서 물로 씻은 후 둥글게 썰어 햇볕에 말린 것을 '하수오'라고 한다. 레 시 틴 (lecithin), 안 트 라 퀴 논 (anthraquinone) 유도체, 타닌(tannin) 등이 함유되어 있다. 중국의 옛이야기에서는 하수오를 자양강장제로 말하고 있다. 그러나 성분으로 볼 때 장(腸)의 기능을 좋게 하여 변을 잘 보게 하는 역할을 한다. 따라서 변비가 있는 노인 등이 1일 하수오 10~15g에 물을 3컵 부어서 반으로 줄 때까지 달여 식사 후에 3회 나누어 마시면 좋다.

잎이 삼백초와 비슷하며, 8~9월에 희고 작은 꽃이 모여서 핀다

● 내복(마시는 약)　● 외용(고약 · 바르는 약 · 습포)　● 목욕제　● 약술　● 약초차　● 요리 · 음식　● 취급주의

해당화

과 명	장미과
별 명	해당과 · 필두화
생약명	매괴화
약용부	꽃봉오리 · 열매(헛열매)
약 용	정장 · 지혈 · 피로회복 · 자양강장
이용법	🟢🟠

생태 흔히 바닷가 모래땅에서 모여 자라는 갈잎떨기나무이다. 높이 약 1.2m. 땅 속에 기둥이 가지를 치며 번식하고, 가지가 갈라지며 날카로운 가시가 빽빽이 나고 가시에 털이 있다. 잎은 깃꼴겹잎으로 어긋난다. 5~6월에 가지 끝에 꽃잎이 5장인 붉은빛의 꽃이 1~3개 피고, 7~8월에는 동글납작한 모양의 열매(헛열매)가 붉게 익는다.

유래 이름 그대로 '바닷가 모래사장을 좋아하는 꽃' 이란 의미에서 해당화(海棠花)라는 이름이 붙여졌다. 중국에서는 당나라 때 술에 취해 있던 양귀비가 현종의 갑작스런 부름에 불려나가, 자신을 해당화에 비유하여 '해당의 잠이 아직 덜 깼나이다' 고 한 것에서 잠든 꽃, 즉 수화(睡花)라는 별명이 생겼다고 한다.

이용방법 꽃이 피기 직전에 꽃봉오리를 따서 그늘에 말린 것을 '매괴화(玫瑰花)' 라고 한다. 이것을 증류하여 얻은 해당화기름은 정유인 게라니올(geraniol)을 함유하며, 향기가 있기 때문에 향수의 원료로 쓰인다.

지사, 월경과다의 지혈 등에는 해당화를 컵에 1회 2~5g을 넣고 뜨거운 물을 부어 5분 정도 우려서 찌꺼기를 건져내고 마시면 효과가 좋다.

피로회복 · 자양강장에는 35° 소주 1.8 l 에 붉게 익기 전의 헛열매를 15개 정도 넣고 약술을 만들어서 매일 1잔씩 마시면 좋다. 자기 전에 마시면 불면증이나 저혈압 등에도 좋다.

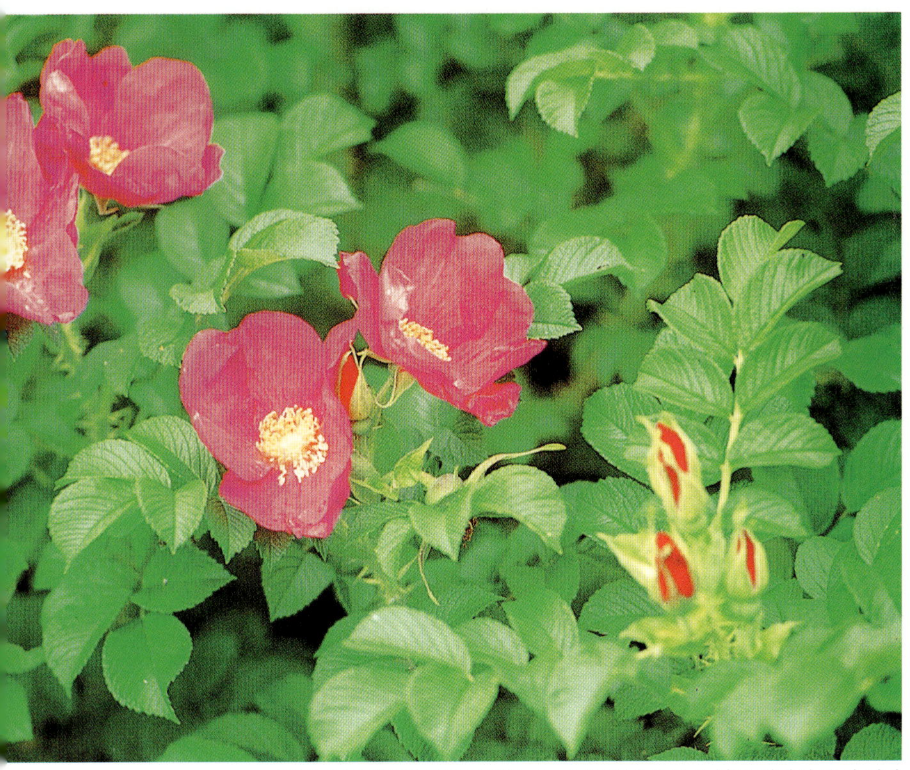

바닷가 모래땅에 모여 자라고, 5~6월에 가지 끝에 붉은 빛깔의 꽃이 핀다

붉게 익은 해당화 열매(헛열매)

해바라기

과 명	국화과
별 명	향일규 · 향일화 · 조일화
생약명	향일규
약용부	씨앗 · 꽃받침
약 용	자양강장 · 정장
이용법	●●

생태 아메리카 원산의 한해살이풀이며, 높이 2〜3m로 자란다. 줄기는 곧게 자라며 잎과 함께 거친 털이 있다. 잎은 심장모양으로 잎자루가 길고 줄기에 어긋나며, 가장자리는 굵은 톱니모양이다. 8〜9월에 가지 끝에 지름 10〜20㎝의 큰 꽃이 피며, 꽃이 지면 씨앗이 생긴다. 씨앗은 거꾸로 된 달걀모양으로 길이 약 1㎝이며, 10월에 익는다.

유래 동서양을 불문하고 옛날부터 꽃이 태양을 따라 움직인다고 생각하였다. 해바라기란 이름도 이런 생각에서 붙여졌으며, 한자이름인 향일규(向日葵), 영어이름인 선플라워(sunflower) 역시 같은 이유에서 생긴 이름이다. 그러나 실제로는 꽃이 도는 것이 아니라, 어린 줄기의 끝이나 꽃봉오리가 해의 방향으로 약간 기울어진 것이다.

이용방법 9〜10월에 씨앗이 익은 것을 채집하여 5일 정도 햇볕에 말려서 저장한다. 씨앗을 짠 기름은 연한 호박색이며, 먹거나 등유 · 비누원료 등으로 이용한다. 씨앗에는 아미노산과 지방유(리놀산 포함)가 많으며, 씨앗을 살짝 볶아서 먹으면 자양강장에 좋다. 병후 회복기 등에 이용해도 좋다. 중국에서는 식욕부진 · 설사 등에 씨앗을 1일 15〜30g을 달여 마신다. 또한 꽃자루를 잘라서 익은 씨앗을 채집한 후에 꽃받침(씨앗이 달려 있던 부분)은 썰어서 햇볕에 말리며, 고혈압 · 현기증 등에 1일 60〜90g을 달여 마신다.

8〜9월에 줄기 끝에 지름 10〜20㎝의 큰 꽃이 핀다

약용으로는 9〜10월에 익은 씨앗을 이용한다

● 내복(마시는 약)　● 외용(고약 · 바르는 약 · 습포)　● 목욕제　● 약술　● 약초차　● 요리 · 음식　● 취급주의

현호색

과 명	현호색과
별 명	
생약명	현호색
약용부	덩이줄기
약 용	위통 · 복통 · 생리통
이용법	🟢 🔴

4월경 줄기 끝에 연한 붉은 자주색 꽃이 피며, 줄모양의 열매를 맺는다

생태 여러해살이풀로, 땅 속에 지름 약 1㎝의 덩이줄기가 있고, 근출엽은 보통 2줄기가 나와서 3개의 작은잎으로 2회 갈라지며, 잎모양은 달걀모양이다. 4월에 높이 10～20㎝의 꽃줄기가 나와서 5～10개의 붉은 자주색 꽃이 총상꽃차례로 달리며, 줄모양의 열매를 맺는다.

비슷한 종류로는 좀현호색 · 섬현호색 · 애기현호색 · 대잎현호색 · 빗살현호색 등이 있다.

유래 속명인 corydalis는 '종달새' 란 뜻의 그리스어에서 유래한다. 꽃모양이 종달새 머리의 깃과 닮았는데, 언뜻 보면 하나의 통처럼 보이지만 4장의 꽃잎으로 되어 있다.

이용방법 꽃이 지는 6～7월에 땅 속 덩이줄기를 파내서 물로 씻어 흙과 잔뿌리를 제거하고 햇볕에 말린 것을 '현호색(玄胡索)' 이라고 한다. 알칼로이드 (alkaloid)의 테트라하이드로팔마틴(tetrahydropalmatine), 불보캅닌(bulbocapnine) 등을 함유한다.

위통 · 복통 · 생리통 등에 1일 현호색 2～3g에 물 2컵을 넣고 반으로 줄 때까지 달여서 찌꺼기를 건져내고, 식사 사이에 3회 나누어 마시면 좋다.

하루 먹어도 통증이 계속될 경우에는 한의사 · 약사 등 전문가와 상담한다. 비전문가가 판단하여 진통약을 복용하는 것은 좋지 않다. 특히, 임부는 주의한다.

형개

과 명	꿀풀과
별 명	가소 · 은치채
생약명	형개수
약용부	땅 위의 포기 전체
약 용	발한해열 · 피로회복
이용법	🟢 🔴

약용으로 재배되며, 8~9월에 연한 붉은 자주색이며 작은 꽃이 핀다

생태 중국 북부가 원산으로 알려진 한해살이풀로, 높이 약 60cm이며, 약용식물로 재배된다. 줄기는 네모지며 곧게 자라서 가지를 치고, 포기 전체가 부드러운 털로 덮여 있다. 잎은 마주보며 나고 깃꼴로 깊게 갈라지며, 갈라진 조각은 줄모양이고, 가장자리에 톱니가 없다. 8~9월에 옅은 붉은 자주색의 작은 꽃이 수상꽃차례로 피어 열매를 맺는다.

유래 중국 최고의 약물서(藥物書)인 『신농본초경』에 나오는 가소(假蘇)가 형개(荊芥)를 가리킨다. 차즈기(자소)와 같은 꿀풀과이며 닮은 점이 많아 중국에서 혼란스러웠던 듯하다. 약용식물로 재배되며, 한자이름인 형개로 불린다.

이용방법 꽃이 피는 8~9월에 꽃이삭을 따서 바람이 잘 통하는 그늘에 말린 것을 '형개수(荊芥穗)'라고 한다. 정유의 α 멘톤(α menthone), α 풀레곤(α pulegone), 리모넨(limonene), 모노테르펜(monoterpene) 배당체 시존페토시드(schizonepetoside) A~E, 플라본(flavone) 배당체 헤스페리딘(hesperidin) 등을 함유한다.

감기로 열이 나거나 목이 부어 아플 때에 형개수를 1일 10g을 달여 마신다. 땀을 내서 열을 내리게 하고, 목의 통증을 완화시켜서 빨리 낫게 한다.

가을에 땅 윗부분이 초록색일 때 뿌리째 뽑아서 뿌리부분을 잘라내고, 잎줄기를 굵게 썰어서 그늘에 말린 것을 '형개'라고 한다. 피로회복, 어깨 결림 등에 목욕제로 1~2움큼을 이용한다.

 🟢 내복(마시는 약) 🟣 외용(고약 · 바르는 약 · 습포) 🟣 목욕제 🟠 약술 🟤 약초차 🟢 요리 · 음식 🔴 취급주의

호두나무

과 명	가래나무과
별 명	호도나무
생약명	호도인
약용부	떡잎, 가지와 잎의 즙
약 용	자양강장 · 살균
이용법	● ● ●

호두나무의 수꽃.
연초록색 꽃이 밑으로 늘어지듯이 핀다

겉껍질을 벗긴 호두나무 열매

생태 중국 원산으로 중부 이남에서 재배되는 갈잎큰키나무. 높이가 20m나 되는 큰 나무도 있다. 잎은 홀수의 깃꼴겹잎이고, 작은잎은 타원형으로 끝이 뾰족하며 어긋난다. 4~5월에 수꽃은 연초록색 꽃이 밑으로 늘어지듯이 피며, 암꽃은 수상꽃차례로 달려서 가을에 열매를 맺는다.

유래 중국에서 씨앗의 모양이 복숭아씨 같고, 오랑캐 나라에서 가져왔다 하여 호도(胡桃)라고 하였다. 우리나라에서도 호도나무라고 하였으나 한글맞춤법상 호두나무가 맞는 표기로 정해졌다. 우리나라에서 처음 재배되기 시작한 것은 통일신라시대로, 추자(楸子)나무라고 하였다. 옛날에는 식용과 약용 이외에 염색제로 쓰이는 나무껍질의 타닌(tannin)을 얻기 위하여 잣나무 · 뽕나무와 함께 재배가 의무화되었었다. 저장성이 좋아서 구황작물로도 이용하였다.

이용방법 가을에 열매는 초록색이며 잔털이 매우 많다. 겉껍질을 벗기면 딱딱한 속껍질이 있고, 냄비 등에 넣어서 불에 볶으면 2개로 쪼개져서 갈색 껍질의 열매를 얻을 수 있다.

병후 회복, 피로회복, 자양강장 등에 1일 2~3개씩 먹으면 좋다. 지방유 · 단백질 등이 풍부하여 먹으면 건강에 좋다.

잎이나 가지에서 나오는 즙은 자극성이 강하므로 알레르기성 체질인 사람은 주의한다. 단, 이 즙이 무좀에 효과가 있으므로 환부에 바르면 좋다.

열매의 겉껍질은 털이 없고, 속껍질은 얇고 잘 갈라진다. 과자 장식으로 이용

호박

과 명	박과
별 명	남과 · 통과 · 반과 · 번과 · 만과
생약명	남과자 · 남과근
약용부	열매 · 씨앗
약 용	자양강장 · 구충
이용법	● ●

생태 열대 및 남아메리카가 원산으로 알려진 덩굴성 한해살이풀. 덩굴의 단면은 오각형으로 털이 있으며, 덩굴손으로 다른 물체를 감고 올라가면서 자란다. 잎은 어긋나며 잎자루가 길고, 심장모양이며 얕게 5갈래로 갈라진다. 6월부터 크고 노란 꽃이 피는데, 수꽃은 자루가 길고, 암꽃은 자루가 짧으며 열매를 맺는다. 품종에 따라 열매의 크기 · 모양 · 색 등이 다르다.

유래 오랑캐로부터 전래되었고 박과 비슷하다고 하여 호박이 된 것으로 추정된다. 최남선은 호박의 한자이름인 남과(南瓜)가 호박이 남만(중국이 남방 민족을 멸시하여 일컫는 말)에서 전래되었다는 것을 의미한다고 보았다.

이용방법 열매의 노랑은 카로틴(체내에서 비타민A가 된다)이며, 비타민 B_1 · B_2 · C는 토마토와 비슷하게 들어 있어서 감기일 때 쪄서 먹으면 체력회복 · 피로회복 등 자양강장에 좋다. 씨앗을 햇볕에 말린 것을 '남과근(南瓜根)'이라고 하며, 약 40%의 지방유와 약 25%의 단백질, 비타민 B_1과 E를 함유한다. 촌충을 구제하기 위해서는 1회에 남과근 40g을 갈아서 물을 약간 넣고 거즈로 짜서 빈 속에 마시면 좋다. 1회로 효과가 없으면 3일 후에 다시 한번 먹는다. 열매는 물론 어린 싹도 먹는다.

여름이면 노랗고 큰 수꽃과 암꽃이 핀다. 열매는 저장성도 높은 건강채소

호박 씨앗

● 내복(마시는 약)　　● 외용(고약 · 바르는 약 · 습포)　　● 목욕제　　● 약술　　● 약초차　　● 요리 · 음식　　● 취급주의

호장

과 명	마디풀과
별 명	감제풀 · 대호장 · 팔장 · 반장
생약명	호장근
약용부	뿌리줄기
약 용	완하 · 통경
이용법	● ●

암수딴그루이며, 수꽃에는 수술이 8개, 암꽃은 암술머리가 3개다

생태 길가나 야산의 풀밭 등에 무리 지어 나는 대형 여러해살이풀. 봄에 죽순모양의 새싹이 눈에 띄며, 여름과 가을에는 꽃과 열매가 두드러진다. 높이 약 1.5m로, 줄기가 곧게 자라고 군데군데 마디가 있으며 속이 비어 있다. 잎은 달걀모양이고 끝이 뾰족하다. 6~8월에 이삭모양의 하얗고 작은 꽃이 원추꽃차례로 달린다. 가을에는 암그루에 검은 갈색의 날개가 있는 열매가 맺힌다.

유래 『동의보감』에 "줄기가 죽순과 비슷한데 위에 붉은 반점이 있다"고 설명하였다. 줄기의 반점이 호랑이의 얼룩무늬 같아서 호장(虎杖)이라고 하며, 한방에서는 뿌리줄기를 호장근이라고 하여 약재로 이용한다. 반점이 있는 줄기라는 뜻으로 반장이라고도 한다.

이용방법 10~11월에 땅 위의 잎줄기가 말라가면 뿌리줄기를 파내어 물로 흙을 씻어내고, 햇볕에 말린 것을 '호장근'이라고 한다. 안트라퀴논 유도체의 폴리고닌(polygonin) 등이 있어서 가수분해하면 에모딘(emodin) · 에모딘모노메틸에테르(emodinmonomethylether) 등을 만든다.

변비 · 월경불순 등에 1일 호장근 8~10g을 물 3컵이 반으로 줄 때까지 달여서 찌꺼기를 건져내고, 식사 사이에 3회 나누어 먹으면 좋다. 또한 민간에서 해수에 감초와 같이 달여 먹기도 한다.

4~5월에 15~20㎝로 자란 죽순모양의 새싹을 겉껍질을 벗겨서 생식하거나, 뜨거운 물에 살짝 데쳐서 볶거나 조려 먹는다.

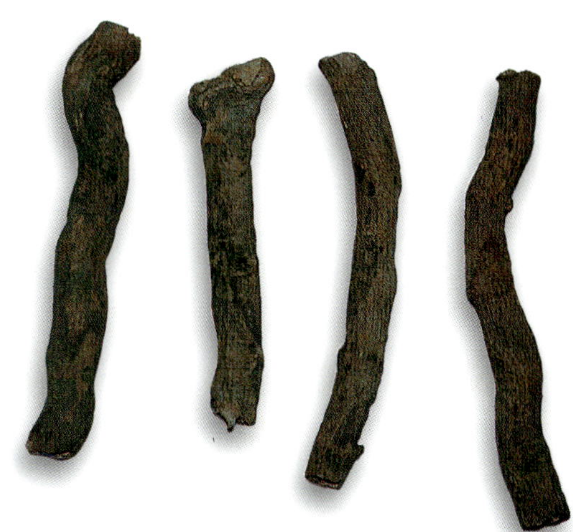

뿌리줄기를 햇볕에 말린 호장근(생약)

255

황금

과 명	꿀풀과
별 명	조금 · 자금 · 숙금 · 황금채
생약명	황금
약용부	뿌리
약 용	제약원료 · 소염 · 해열
이용법	

생태 중국 동북부에서 시베리아에 걸친 지역이 원산으로 알려져 있으며, 약용식물로 재배되는 여러해살이풀이다. 높이 20~60㎝. 뿌리는 굵고 안쪽이 황금색이며, 줄기는 아래쪽은 옆으로 뻗고 위쪽은 곧게 자란다. 잎은 마주보고 나며, 바소꼴로 끝이 뾰족하고 가장자리에 털이 있다. 7~8월에 입술모양의 자줏빛 꽃이 총상꽃차례로 피어 열매를 맺는다.

유래 일반적으로 이름에서 황금색 꽃을 많이 연상하는 듯한데, 실제로는 뿌리의 안쪽이 황금색이기 때문에 생긴 이름이라고 한다. 황금초 · 조금 · 자금 · 숙금 · 속썩은풀 · 황금채 등 지방에 따라 다양한 이름으로 불린다.

이용방법 10~11월에 2~3년생의 뿌리를 파내서 물로 씻고, 흙과 바깥껍질을 나무주걱 등을 이용하여 제거한 후 빨리 햇볕에 말린다. 건조가 늦어지면 푸른빛을 띠므로 주의한다. 말린 것을 '황금(黃芩)' 이라고 하며, 플라보노이드(flavonoid)의 바이칼레인(baicalein), 우고닌(woogonin) 등이 들어 있다. 주로 한약이나 제약원료로 소염 · 해열에 이용한다.
비교적 체력이 있고, 변비이며 고혈압 증상의 어깨 결림이 있으며, 현기증 · 귀울림 · 코피 · 불면증 등일 경우에 황금 · 황련 · 대황을 배합한 삼황사심탕을 쓴다.
한약방에서 상담하고 구입하는 것이 좋다. 치질에는 가루를 바르면 좋다.

7~8월에 자줏빛 꽃이 핀다. 황금이란 이름은 뿌리 안쪽의 색에서 유래한다

한약과 제약원료로 이용되는 황금

● 내복(마시는 약)　● 외용(고약 · 바르는 약 · 습포)　● 목욕제　● 약술　● 약초차　● 요리 · 음식　● 취급주의

황기

과 명	콩과
별 명	단너삼 · 황초
생약명	황기
약용부	뿌리
약 용	강장 · 지한 · 이뇨
이용법	●

7~8월에 노란빛을 띠는 하얀 나비모양의 꽃이 많이 핀다

생태 산지에서 자라는 여러해살이풀. 높이가 40~70㎝이며, 뿌리는 목질화하기 쉬운 곧은뿌리로 막대모양으로 자란다. 잎은 홀수의 깃꼴겹잎이며, 작은잎은 5~13쌍으로 달걀모양의 타원형이고, 뒷면에 하얀 털이 있다. 7~8월에 잎겨드랑이에서 꽃줄기가 나와 노란빛을 띠는 하얀 나비모양의 꽃이 많이 피며, 꼬투리모양의 열매가 달린다. 꼬투리는 긴 타원형으로 양끝이 뾰족하며, 안에 5~7개의 씨앗이 들어 있다.

유래 중국의 고서에 "기(耆)에는 우두머리의 뜻이 있다. 따라서 색이 황색이며 보약의 우두머리, 즉, 으뜸이므로 황기(黃耆)라고 한다"고 설명하였다.

이용방법 가을에 뿌리를 파내서 물로 모래흙을 씻어내고, 잔뿌리를 따서 곧은뿌리로 정리한 후 햇볕에 말린 것을 '황기'라고 한다. 플라보노이드(flavonoid)의 포르모노네틴(for-mononetin), 사포닌(saponin)의 아스트라갈루스(astragalus) I ~VIII 등이 있어서 강장 · 지한 · 이뇨 등에 이용한다.

피로하기 쉽고 땀이 많은 체질, 잠잘 때 땀이 많은 사람, 몸의 부종, 소변이 잘 안 나오는 사람 등은 황기를 1일 10g을 달여서 먹으면 좋다. 중국에서는 만성설사에 의한 탈항(脫肛), 만성신장염의 단백뇨 등에도 같은 방법으로 달여 먹는다.

우리나라에서는 강원도 정선, 경기도 이천 · 포천 등지에서 재배되어 많이 이용하고 있으며, 한약건재상 등에서 쉽게 구할 수 있다.

뿌리를 햇볕에 말린 황기

황련

과 명	미나리아재비과
별 명	왕련 · 지련
생약명	황련
약용부	뿌리줄기
약 용	건위 · 정장 · 소염
이용법	● ●

생태 산지의 수풀, 그늘지고 습한 땅에서 자라는 늘푸른여러해살이풀. 높이가 10~27cm이며, 땅 속에 검은빛을 띤 노란 뿌리줄기가 옆으로 뻗고 잔뿌리가 많다. 잎은 3장의 작은잎으로 이루어진 겹잎이며, 두껍고 가장자리에 톱니가 있다. 암수딴그루이고, 3~4월에 꽃줄기가 자라서 하얀 꽃이 핀다. 열매는 대과(袋果)로 방사상으로 달리고, 씨앗이 검고 둥글다.

유래 중국의 『본초강목』(1596년)에 "뿌리가 구슬을 이어놓은 것 같고, 색이 황색이므로 황련(黃連)이란 이름이 붙었다"고 설명되어 있다. 황련이라는 생약명도 여기서 나왔다.

이용방법 야생 · 재배(아주심기 후 5년째) 모두 가을에 황련의 뿌리줄기를 파내며, 물로 씻어서 흙과 잔뿌리를 제거하고 햇볕에 말린 것을 '황련' 이라고 한다. 뿌리줄기나 가루는 한약건재상 등에서 구입할 수 있다. 알칼로이드(alkaloid)의 베르베린(berberine), 팔미틴(palmitine), 콥티신(coptisine) 등이 들어 있다.

과식 · 과음 · 위염 · 설사 등에 1일 황련 5g을 달여서 매일 식사 후에 3회 마시면 좋다. 가루는 1일 1.5g을 식사 후에 3회 나누어 먹는다. 결막염, 짓무른 눈에 황련을 달인 액이나 가루 2g을 컵에 넣고 뜨거운 물을 ½ 정도 부어서 섞고, 거즈를 적셔서 눈을 씻는다.

3~4월에 잎보다 먼저 꽃줄기가 자라서 하얀 꽃이 나온다

황련 열매

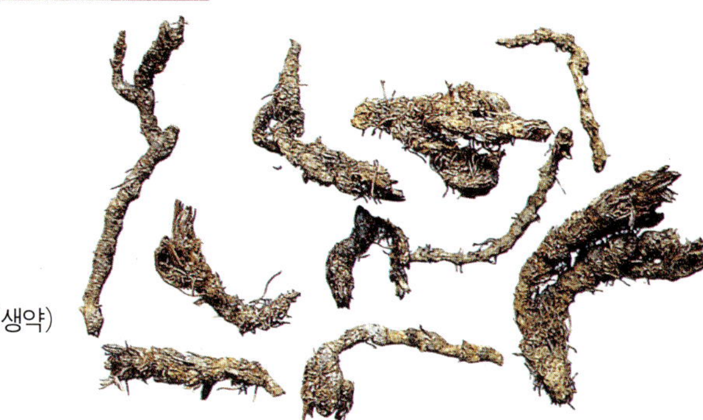

황련(생약)

● 내복(마시는 약)　● 외용(고약 · 바르는 약 · 습포)　● 목욕제　● 약술　● 약초차　● 요리 · 음식　● 취급주의

황벽나무

과 명	운향과
별 명	황경피나무·황백나무·황경나무
생약명	황백
약용부	나무껍질(속껍질)
약 용	고미성 건위, 정장, 타박상, 염좌
이용법	● ●

생태 산지에 자생하는 갈잎큰키나무. 높이가 20m나 되고, 잎은 홀수의 깃꼴겹잎이다. 5~13개의 작은잎은 달걀모양이며, 뒷면은 흰빛이 돌고 잎맥 아래쪽에 털이 있다. 암수딴그루로, 6월에 가지 끝에 작고 노란 꽃이 원추꽃차례로 핀다. 꽃잎은 5~8장이고, 수꽃에는 5~6개의 수술과 퇴화한 암술이 있다. 암그루에는 7~10월에 공모양의 열매가 열려서 검게 익는다.

유래 줄기의 두툼한 연회색 겉껍질(코르크층)을 벗겨내면 개나리의 꽃잎보다도 더 선명한 노란빛의 속껍질이 나타난다. 황벽나무란 이름은 속껍질의 색깔에서 따온 것이다. 속껍질은 노란 물감을 만드는 데 쓰이며, 두꺼운 겉껍질은 코르크를 얻어 병마개 등을 만든다.

이용방법 여름에 벌목하여 나무껍질을 채집하며, 겉껍질을 벗겨내고 선명한 노란 속껍질을 햇볕에 말린 것을 '황백(黃柏)'이라고 한다. 주성분인 베르베린(berberine) 이외에 팔마틴(palmatine)·리모닌(limonin, 쓴맛) 등을 함유한다. 한약건재상 등에서 노란 가루를 구입할 수 있다.

위가 나쁘거나 과식·과음·숙취 등에 황백의 가루를 1회 0.5g, 설사에는 1g을 매번 식사 후에 미지근한 물로 먹으면 좋다.

타박상·염좌일 경우에는 가루에 식초를 넣고 반죽하여 환부에 습포한다. 절상·찰과상에는 가루를 바른다.

열매는 처음에 초록색이며, 익으면 검정으로 변한다

나무의 속껍질을 햇볕에 말린 황백

회향

과 명	미나리과
별 명	펜넬
생약명	회향
약용부	열매·잎줄기
약 용	방향성 건위, 구풍, 거담
이용법	● ● ●

생태 지중해 연안이 원산인 여러해살이풀로, 높이가 1~2m이다. 전체가 초록색이고, 줄기는 가지를 친다. 잎은 어긋나며 2~3회 깃꼴겹잎으로 실모양이고, 잎자루의 아래쪽이 줄기를 싸고 있다. 7~8월에 줄기 끝에 노랗고 작은 꽃이 산형꽃차례로 피고, 긴 타원형의 열매가 달린다. 약용이나 향신료용으로 재배한다.

유래 땅 윗부분 전체에 달고 상큼한 향이 있어서 비린내 나는 생선이나 육류를 조릴 때 잎줄기, 특히 열매를 넣으면 냄새가 없어진다. 중국에서는 '향을 돌리다' 라는 뜻에서 회향(茴香)이라는 한자이름이 붙여졌다. 즉, 썩은 간장이나 생선 등에 넣으면 나쁜 냄새를 없애고 향을 내주기 때문에 생긴 이름이다. 흔히 펜넬이라고도 하는데, 이는 영어이름으로 옛 라틴이름에서 유래한다.

이용방법 7~8월에 열매를 채집하여 그늘에서 말린 것을 '회향' 이라고 한다. 아네톨(anethole)·펜콘(fenchone)·피넨(pinene) 등의 정유와, 비타민A·C 등이 함유되어 있다. 과식, 과음, 위가 더부룩할 때, 식욕증진, 염증 제거, 배가 부를 때(헛배) 식사 사이에 홍차에 회향을 1작은술을 넣어서 3~4분 후에 마시면 좋다. 열매를 수확하고 난 잎줄기는 밑동을 잘라서 굵게 썰어 그늘에서 말린 후 목욕제로 1회에 1~2움큼을 사용하면 좋다.

여름. 줄기 끝에 구슬 같은 모양의 노란 꽃이 많이 핀다   왼쪽 아래 /열매를 그늘에 말린 것(회향)

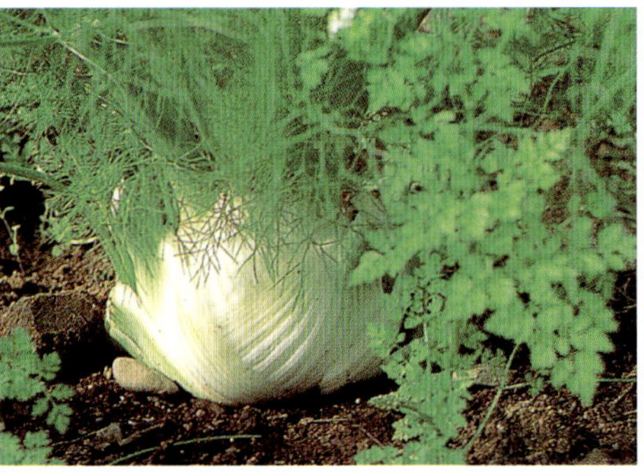

같은 속의 한해살이풀인 플로렌스펜넬 뿌리

가을에 보리알 같은 열매가 달린다

● 내복(마시는 약)   ● 외용(고약·바르는 약·습포)   ● 목욕제   ● 약술   ● 약초차   ● 요리·음식   ● 취급주의

회화나무

과 명	콩과
별 명	괴미·백괴
생약명	괴화
약용부	꽃봉오리
약 용	고혈압 예방, 지혈
이용법	●

끝이 뾰족하며 긴 달걀모양의 작은잎. 꽃은 8월경 가지 끝에 연노랑으로 핀다

생태 중국 원산의 갈잎큰키나무로, 높이 약 25m이다. 나무껍질은 짙은 갈색으로 회색을 띠며, 세로로 불규칙하게 줄이 있다. 잎은 어긋나고 깃꼴겹잎이며, 작은잎은 끝이 뾰족하고 긴 달걀모양으로 6~8쌍이 줄지어 있다. 꽃은 8월경에 연노랑의 작은 꽃이 원추꽃차례로 달리며, 가을에는 염주모양의 열매가 늘어지듯이 달린다.

유래 괴화(槐花)는 회화나무의 중국이름인데, '괴'의 중국어 발음이 '회'이므로 회화나무 혹은 회나무가 되었다고 한다. 그 밖에 괴미(槐米)·백괴(白槐) 등의 이름이 있다.

이용방법 8월경 꽃봉오리를 따서 바람이 잘 통하는 그늘에 말린 것을 '괴화'라고 한다. 플라보노이드(flavonoid)의 루틴(rutin)이나 쿠에르세틴(quercetin), 트리테르페노이드(triterpenoids)의 소포라디올(sophoradiol), 베툴린(betulin) 등을 함유한다. 괴화에 20~25%가 들어 있는 루틴은 모세혈관 수축작용 외에 지혈작용도 한다. 또한 모세혈관을 튼튼하게 한다.

고혈압이나 동맥경화 예방, 치질이나 구내염으로 인한 출혈, 장(腸)·코·자궁 등의 출혈, 자반병, 모세혈관 확장증, 방사선에 의한 출혈 등에 괴화를 1일 5~10g을 달여서 식사 사이에 3회 마시면 좋다.

등

261

후추

과 명	후추과
별 명	페퍼
생약명	호초
약용부	열매
약 용	신미성 건위
이용법	●●

생태 인도 서남부 원산으로 알려진 덩굴성 늘푸른떨기나무. 덩굴 줄기의 마디에서 뿌리가 나와서 다른 나무를 8m 정도 타고 올라간다. 잎은 넓은 달걀모양이나 원형이며, 끝이 뾰족하고 어긋난다. 반대쪽에는 하얀 작은 꽃이 수상꽃차례로 잎과 마주보듯이 달린다. 자생하는 것은 암수딴그루인데, 재배종은 양성화이며, 꽃이 지면 공모양의 열매가 열려 까맣게 익는다.

유래 중국에서 '오랑캐나라에서 들어온 고추(매운맛)' 라는 의미에서 호초(胡椒)라는 이름이 생겼다. 우리나라에서는 호초가 후추로 바뀌었다.

이용방법 덜 익은 열매를 뜨거운 물에 담갔다가 그늘에 말려서 겉껍질이 산화된 것이 '흑호초(黑胡椒, 검은 후추)' 이다. 한편, 완전히 익은 열매를 발효시켜서 껍질을 벗겨 그늘에 말린 것을 '백호초(白胡椒, 흰 후추)' 라고 한다. 두 가지 모두 매운맛을 내는 피페린(piperine)·차비신(chavicine)과 정유의 펠란드렌(phellandrene)·피넨(pinene)·리모넨(limonene) 등을 함유한다.

위가 약하거나 소화불량, 메슥거림, 식욕부진 등에는 흰 후추를 가루로 만들어 식사 30분 전에 1회 0.2g씩 미지근한 물로 먹으면 좋다. 감기로 인한 열 등에는 따뜻한 국수에 파를 썰어 넣고, 검은 후추를 굵게 갈아서 보통보다 많이 넣어 먹고 바로 자면 좋다. 땀이 나서 열을 떨어뜨리는 효과가 있다.

하얀 작은 꽃이 지면 둥근 열매가 달리며, 초록색이 붉어졌다가 까맣게 익는다

백호초(왼쪽)와 흑호초(오른쪽)

● 내복(마시는 약) ● 외용(고약·바르는 약·습포) ● 목욕제 ● 약술 ● 약초차 ● 요리·음식 ● 취급주의

흰독말풀

유독식물

과 명	가지과
별 명	만다라꽃
생약명	만다라엽 · 만다라자
약용부	잎 · 씨앗
약 용	마취제 원료, 천식 · 진통 및 진해제
이용법	●

생태
열대 아시아 원산의 귀화식물로 한해살이풀이다. 줄기는 곧게 서며 1m 높이로 자란다. 줄기는 연초록색이며, 전체에 털이 없다. 잎은 달걀모양으로 크며, 6~7월에 나팔꽃과 비슷한 깔때기모양의 하얀 꽃이 핀다. 꽃이 지면 가시가 있는 공모양의 삭과가 열리는데, 속에 하얀 씨앗이 많이 들어 있다. 꽃이 연노랑이거나 빨간 원예종도 있다.

유래
만다라꽃이라고도 하는데, 부처님이 나타나거나 설법을 할 때 하늘에서 뿌려져, 보는 사람에게 기쁨을 느끼게 하는 꽃이라는 의미로 중국에서 붙여진 이름이다. 흰독말풀의 꽃과 잎의 가루를 맥주나 술에 못 느낄 정도로 조금만 타서 연인에게 마시게 하면, 연인이 자신이 말하는 대로 행동한다고 해서 '마술사의 풀'이라는 별명도 있다.

이용방법
전체에 독성이 있어서 잎의 즙이 눈에 들어가면 동공이 열린다. 또한, 잘못 먹으면 스코폴라민(scopolamine) · 아트로핀(atropine) 등의 중독으로 입이 마르고 구토가 일어나며, 갑자기 심하게 웃음이 나오거나 수선스러워지고, 때로는 사망에 이를 위험성도 있다. 잎은 고통을 없애고 경련을 멎게 하는 작용을 하지만, 위험하므로 일반인은 사용하지 않는다. 잎이나 씨앗은 마취제인 브롬수소산스코폴라민의 제약원료, 잎은 천식 · 진통 및 진해제의 원료로 중요하게 쓰인다. 일본에서는 유방암 수술에 이용하여 유명해지기도 하였다.

6~7월에 나팔꽃과 비슷한 모양의 하얀 꽃이 피며, 꽃이 지면 가시가 있는 둥근 열매를 맺는다

PART 2

그림과 함께 배우는

약용식물 이용의 기초지식

약용식물 채집

전정가위
꽃가위
원예용 꽃삽
뿌리 캐는 도구
삽
낫
칼
확대경
비닐주머니
(대·소 10장 이상)

그밖에 이름표, 매직펜, 가는 끈, 고무밴드, 장갑,
응급처치용 구급약과 붕대, 지도와 자석, 수건,
비닐비옷 등.

독을 가진 벌레가 있으므로 여름에도 긴 소매,
긴 바지가 좋다. 낮에 돌아다니기 때문에 모자
가 필요하며 신발은 운동화를 신는다. 양손을
자유롭게 쓸 수 있는 배낭이 편리하다.

뿌리 · 뿌리줄기

큰 뿌리는 소형 삽, 작은 뿌리는 원예용 꽃삽이나
뿌리 캐는 도구를 이용하여 파낸다.
뿌리에 상처가 나지 않도록 주위를
넓고 깊게 파는 것이 좋다.

풀

낫이나 칼 등을 사용하며, 땅 윗부분을
뿌리 가까이에서 자른다.

잎 · 잎줄기 · 꽃 · 열매

전정가위 등의 가위류로 자르는데 가지째 자르고,
나중에 가위로 필요한 부분을 자른다.
키가 큰 나무의 잎이나 열매를
딸 때에는 고지가위(장대가위)
가 편리하다.

포기 전체	꽃이 피어 있거나 열매가 익을 때
잎	어린잎이나 여름부터 가을에 걸쳐 충분히 자랐을 때
잎줄기	꽃이 피어 있거나 열매가 열릴 때
꽃 · 열매	꽃이 피어 있거나 피기 바로 직전
	열매는 열매가 익거나 익기 2~3주 전
뿌리 · 뿌리줄기	땅 위의 잎줄기가 시들 때
나무껍질	수액이 왕성하게 흐르는 6~7월경

채집할 때 주의사항

의심나는 것은 채집하지 않는다

중요한 것은 채집하고 싶은 약초를 정확
하게 캐는 것이다.
특히, 독초를 잘못 알고 캐면 위험하므로
확실히 알 때까지는 채집하지 않는다.

약국이나 종묘상을 이용

필요한 약초를 찾지 못하거나 산림이 적은 도시에 사는
경우에는 한방이나 약초를 전문으로 취급하는 약국 ·
약재상 등에서 구입할 수 있다. 또는 종묘상에서 씨앗
이나 모종을 구입할 수도 있다.

남획하지 않는다

약초는 한정되어 있는 귀중한
자원이므로 필요 이상 채집하
지 않도록 한다.

약용식물 번식방법

약용식물의 번식방법으로는 씨뿌리기·꺾꽂이·휘묻이·포기나누기·접붙이기 등이 있다

1 굵고 실팍하게 기른 가지 끝을 약 10㎝ 길이로 자른다.

2 날카로운 칼로 잎이 붙어 있는 바로 밑을 약간 비스듬하게 잘라서 7~8㎝ 길이가 되게 한다.

꺾꽂이

나무류라면 거의 다 가능하다.
풀류 중에는 국화과·범의귀과·패랭이꽃과·돌나물과·도라지과 식물이 쉽게 할 수 있다.
늘푸른나무·갈잎나무·여러해살이풀이며 신초(新梢)가 충실한 여름철 꺾꽂이(4~6월)가 가장 뿌리를 잘 내리지만, 봄철 꺾꽂이(2~3월)와 가을철 꺾꽂이(9월)도 있다.

3 땅 속에 들어가는 아랫부분의 잎은 잘라내고, 컵의 물을 충분히 흡수하도록 물에 넣는다.

4 자른 부분에 발근 호르몬제를 바르고, 상토의 약 2㎝ 깊이에 잎이 서로 스칠 정도의 간격으로 꽂는다. 꽂은 후에는 물을 충분히 준다.

5 직사광선이나 바람이 없는 장소에 놓고 매일 분무기 등으로 잎에 물을 주면 대개 1개월이면 뿌리가 나온다.

포기나누기

포기를 바꾸거나 늘리기 위해 뿌리를 파내서 뿌리가 달린 포기를 몇 개로 나누는 방법. 여러해살이풀이나 알뿌리·알줄기 식물이 좋다.
봄에는 여름부터 가을에 꽃이 피는 식물, 가을에는 봄부터 여름에 꽃이 피는 식물을 포기나누기한다.

1 뿌리를 양손으로 잡아당겨서 나눈다.

"

2 아주심기하면 화분 밑으로 물이 흐를 정도로 물을 주어 반그늘에 둔다.

화분에 심을 경우, 화분은 포기나누기해서 심는 포기 주위에 상토를 충분히 넣을 수 있는 크기로 고르며, 생육에 맞춰 큰 것으로 바꾼다

3 뿌리가 잘 내리면 약 1주일 후부터 서서히 햇빛을 쬐어준다. 자라기 시작하면 하이포넥스 등 묽은 액상비료를 규정대로 준다.

노지에 심는 경우에는 물을 줄 필요가 거의 없지만, 화분에 심는 경우에는 화분흙의 표면이 하얗게 마르면 물을 충분히 준다

씨뿌리기

대부분의 풀 종류는 씨앗을 뿌려서 키울 수 있다. 씨앗에 따라 다른데, 씨앗을 보관하였다가 뿌리는 것과, 씨앗을 받아서 바로 뿌리는 것이 있다.

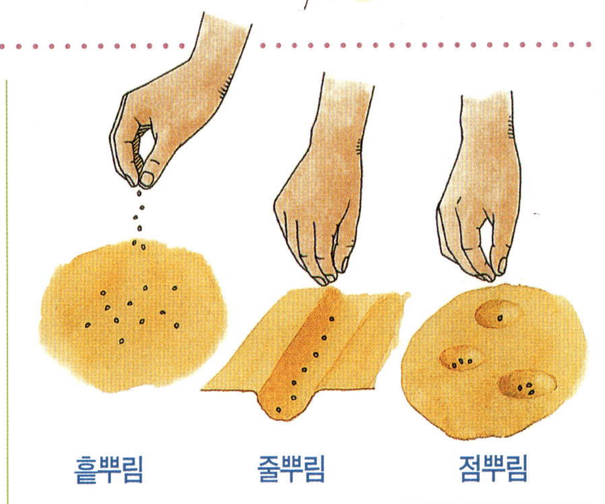

씨앗의 보관방법

a 종이봉투 등에 넣고 씨앗이름과 채종일을 적어서 어둡고 서늘한 곳에 보관하거나 통풍이 잘되는 곳에 매달아둔다.

흙덮기

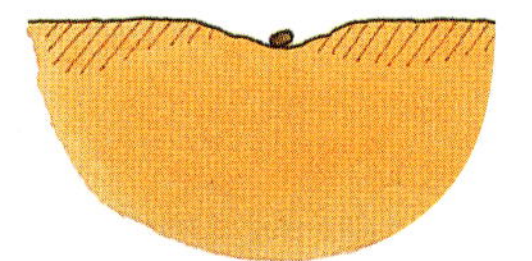
흙을 덮지 않음

참깨보다 작은 씨앗

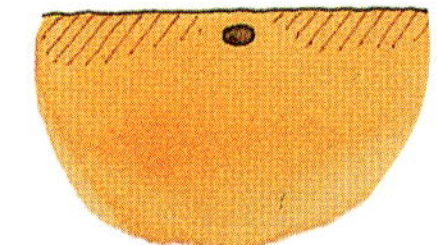
흙을 조금 덮음

참깨크기의 씨앗

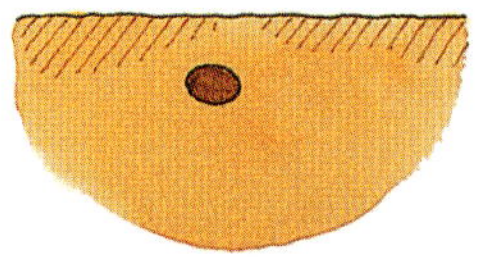
씨앗의 2배로 흙덮기

쌀알크기의 씨앗

파종상자

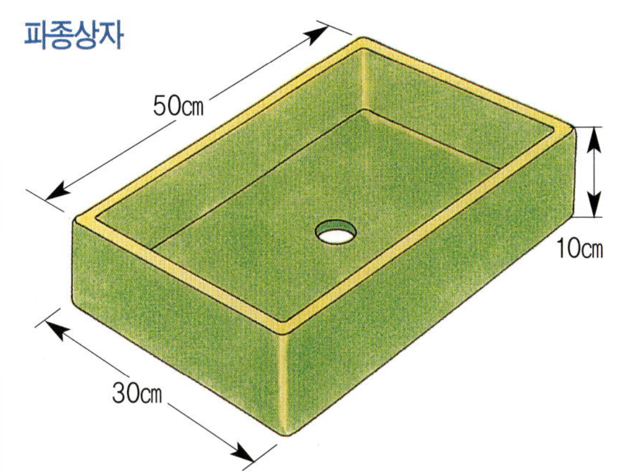

화분 · 플랜터 재배방법

꺾꽂이나 씨뿌리기 등으로 포기를 늘리거나
파는 모종을 구입했을 때 심는 방법.
떡잎이 나오고 본잎이 4~5장 달렸을 때가 옮겨심기할 시기.

화분재배

1 화분은 10호(지름 30㎝) 이상의 토기화분이 좋다. 상토는 작거나
중간 알갱이의 적옥토 50%, 퇴비 30~40%, 훈탄 10%, 경석 10~
20% 정도를 기준으로 한다. 화분 바닥에 망을 깔고 위에 화분자갈 7
~10㎝, 고형비료 7~8개를 넣고 상토를 담는다.

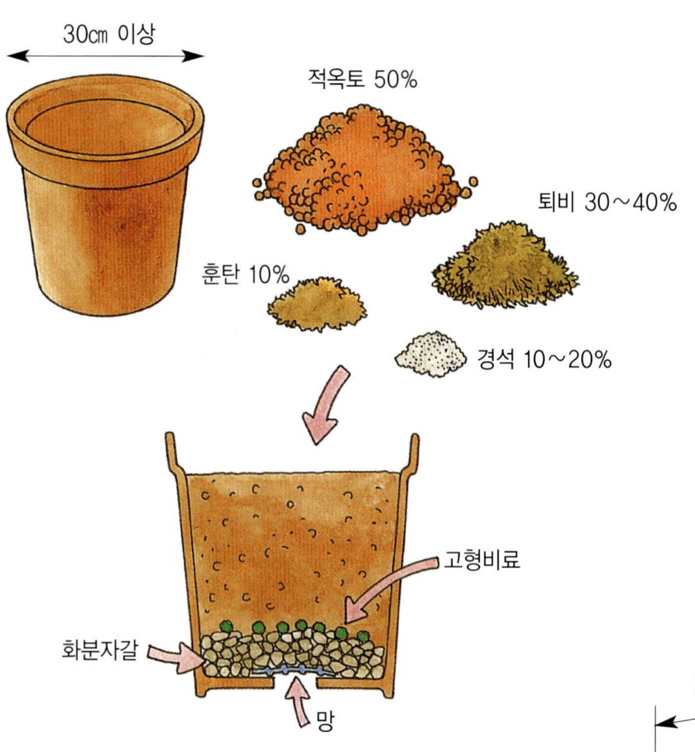

2 뿌리를 잘 펴서 1~2포기를 심는다.
심은 후 밑동을 눌러주어 모종을 상토에 잘 고정시
킨다. 화분 밑으로 물이 나올 때까지 충분히 물을 준다.

3 1주일 정도 반그늘을
만들어준다.

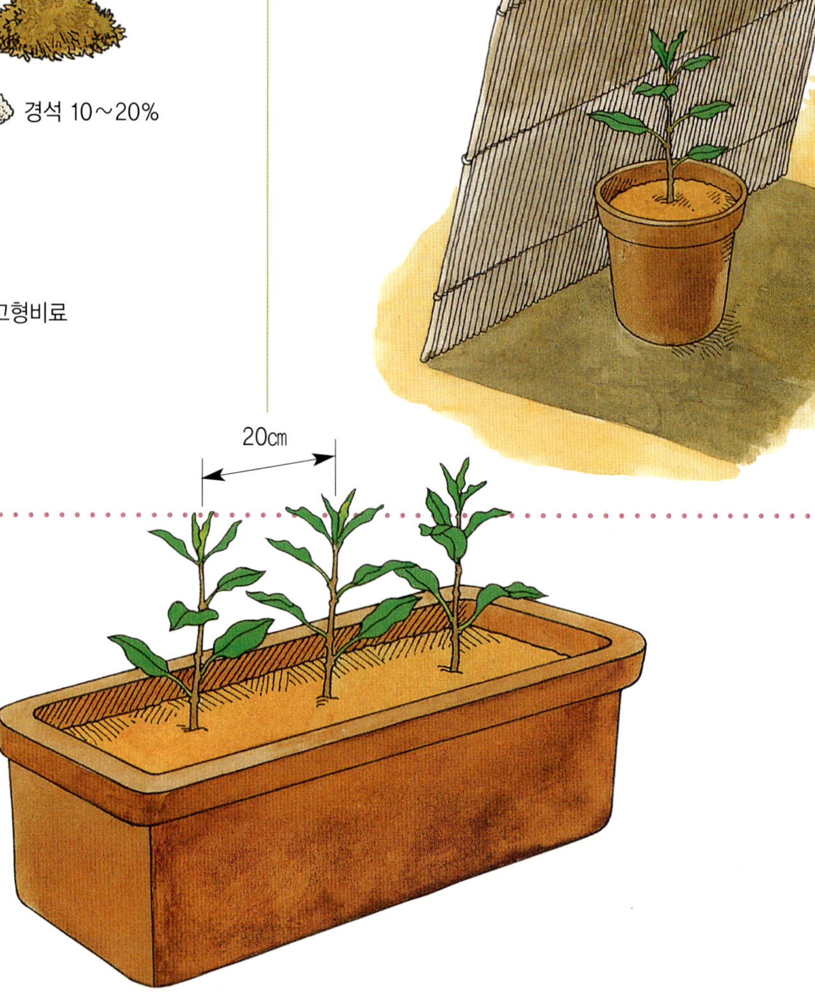

플랜터재배

판매하는 플랜터(길이 약 90㎝) 준비.
화분재배 때와 같은 상토를 넣고 3포기를
약 20㎝ 간격으로 심는다.
심는 방법은 화분재배와 같다.

상토의 표면이 하얗게 마르면
밑으로 물이 흘러 나올 정도로
충분히 물을 준다.
물을 주는 시간은 오전 10시경,
오후 4시경이 좋다.

a 장기간 재배하는 것
은 5월과 10월에 화
분흙 위에 밑거름으로 깻
묵가루, 유기질비료의 가
루를 주면 잘 생장한다.

b 하이포넥스 액상비
료를 1달에 1번 줘
도 좋다(재배기간이 짧은
식물은 재배 중 비료를 많
이 줄 필요가 없다).

여름에는 화분이나 플랜터에
한랭사(50% 차광)나 갈대발 등
을 쳐서 빛을 막아준다.

겨울에는 비닐터널 안에 넣는다.
알로에처럼 서리에 약한 식물은 처마 밑에 넣고,
밤이나 아주 추운 곳에서는 골판지나 비닐로 화분
을 씌워주는 것도 좋다.

271

텃밭 재배방법

1㎡당 퇴비와 부엽토 2~4kg, 석회 50~100g을 흙에 섞어서 깊이 30~40cm로 잘 간다.

퇴비와 부엽토 2~4kg

석회 50~100g

30~40cm

두둑 만들기

높이 20~25cm, 폭 60~70cm 정도의 두둑을 만들어서 흙을 평평하게 고른다.

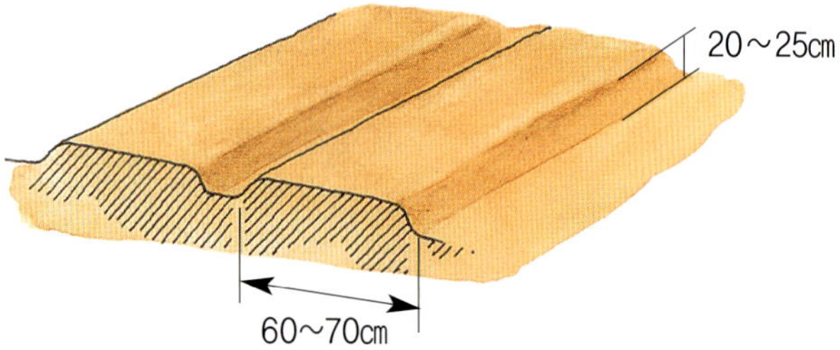

20~25cm

60~70cm

씨를 뿌리는 경우

Point
텃밭에 씨를 바로 뿌리는 경우에는 솎아내야 한다

모종을 심는 경우

텃밭에 바로뿌리기 할 때와 같은 상토로 약 20㎝의 두둑을 만들어 씨앗을 20~30㎝ 간격으로 심는다. 아주심기 후 물을 충분히 준다. 2주 정도 지나서 밑동 가까이에 깻묵가루 등을 넣어주면 좋다.

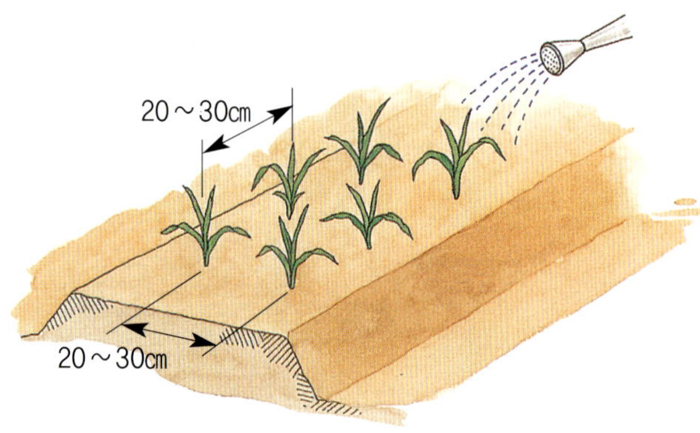

Point
텃밭의 경우, 모종이 뿌리를 내린 후에는 특별히 물을 줄 필요가 없지만 한여름에 가뭄이 계속될 때는 밑동에 물을 준다. 시간은 오전 10시경과 오후 4시경이 좋다

Point
한여름과 한겨울, 꽃이 피기 6개월 전이나 열매가 달린 후에는 비료를 주지 않는다. 밑거름이 있기 때문에 거의 비료를 줄 필요가 없지만, 5월이나 10월경에 가루상태의 유기질비료를 밑동에 조금 주면 좋다

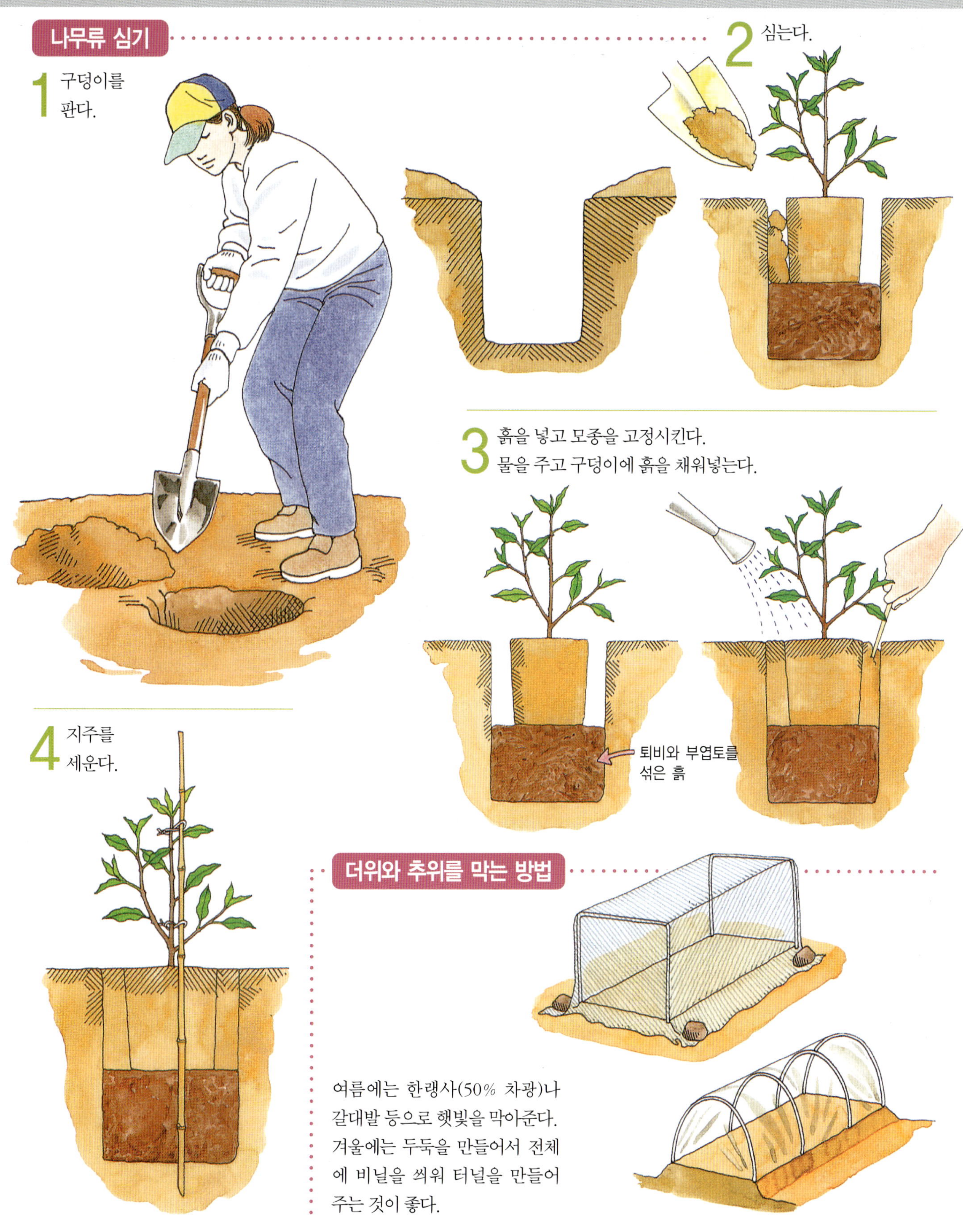

나무류 심기

1 구덩이를
판다.

2 심는다.

3 흙을 넣고 모종을 고정시킨다.
물을 주고 구덩이에 흙을 채워넣는다.

퇴비와 부엽토를
섞은 흙

4 지주를
세운다.

더위와 추위를 막는 방법

여름에는 한랭사(50% 차광)나
갈대발 등으로 햇빛을 막아준다.
겨울에는 두둑을 만들어서 전체
에 비닐을 씌워 터널을 만들어
주는 것이 좋다.

약용식물 조제법

조제법이란 약용식물을 가공하지 않고, 생약으로 보관하기 위해 적당한 형태로 만드는 것이다. 건조가 주가 되며, 가정에서는 햇볕이나 그늘에 말리는 방법이 있다

햇볕에 말리는 방법

뿌리나 뿌리줄기를 말릴 때 이용한다.

1 물로 씻거나 칫솔 등으로 흙이나 모래·오물을 제거한다.

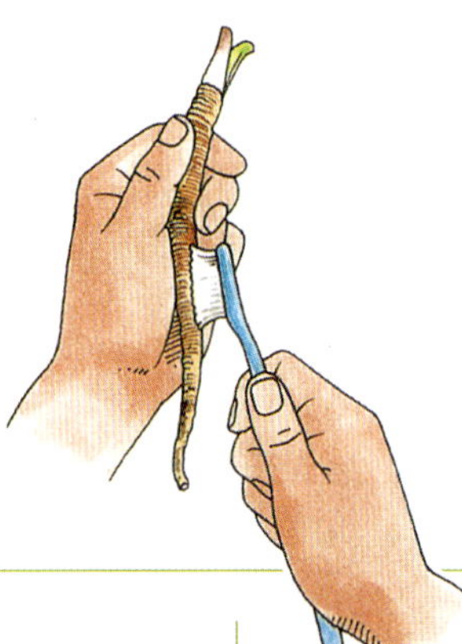

2 마당이나 베란다 등 바람이 잘 통하는 곳에서 직사광선을 쐬어 말린다. 건조는 일반적으로 줄기나 잎이 손으로 쉽게 꺾일 정도로 한다.

Point

뿌리나 줄기가 굵은 것, 잎이 두꺼워서 수분이 많은 것은 건조하는 데 시간이 걸리므로 적당한 크기로 잘라서 빨리 말린다

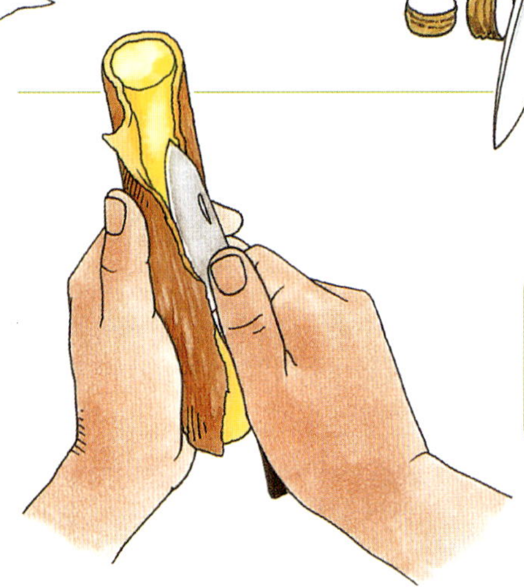

Point

잘 안 마르는 것은 80℃ 정도의 뜨거운 물에 10~20분 담갔다 햇볕에 말리면 빨리 마르고 해충도 잘 안 생긴다

Point

나무껍질은 미리 겉껍질을 벗겨서 햇볕에 말린다

그늘에 말리는 방법

차즈기(자소)·박하 등 휘발성이 있는 방향성 식물,
또는 사프란의 암꽃술이나 치자나무의 열매 등 색
소가 있는 것은 직사광선을 피한다.

처마 끝에 매달거나, 돗자리에 펴서 넣어 바람이 잘
통하는 그늘이나 반그늘에서 빨리 말린다.

버섯류 건조

약용식물 보관방법

약용식물에는 곰팡이나 벌레가 생기는 일이 많으므로, 조제한 후 통풍이 잘되고, 온도가 낮으며, 습도 차이가 적고, 햇빛이 안 드는 장소에 보관하는 것이 원칙이다

냉장고에서의 보관

1 튼튼하고 통기성이 좋은 큰 종이봉투에 넣는다.

Point

봉투에 약용식물의 이름, 채집하고 조제·정리한 날짜를 적어두는 것이 좋다

2 냉장고 등 온도가 낮고(10℃ 이하) 온도변화가 적은, 매우 건조한 장소에 보관한다.

Point

말린 약용식물(생약)은 잘 마른 듯이 보여도 5~10%의 수분을 함유하고 있다. 비닐주머니에 넣어두면 봉투 안팎의 온도차 때문에 물방울이 맺혀서 곰팡이가 생기므로 사용하지 않는다

Point

금속용기에 넣어서 보관할 때에는 생약이 용기에 직접 닿지 않도록 종이봉투에 담아서 용기에 넣는다

실내에서의 보관

튼튼하고 통기성이 좋은 큰 종이봉투에 넣어서 천장에 매달아둔다.

보관한 생약의 사용기간

뿌리나 나무껍질 등은 곰팡이나 해충의 피해가 없다면 몇 년씩 보관하고 사용할 수 있다. 잎은 매년 새것을 만들어두는 것이 좋다. 보관방법이 적절하면 오랜 기간 보관할 수 있는데, 일본 나라〔奈良〕의 정창원(正倉院)에는 1,200년 전의 생약이 완전한 형태로 보존되어 있다고 한다.

약용식물 달이는 방법

대부분의 약용식물은 달여서 이용한다. 말린 약용식물의 유효성분이 탕 속에 '우러나게 하는 것'을 달인다고 한다. 마시는 방법이 약초차와 다르며, 어디까지나 약으로 이용한다

1 달이는 용기에 약용식물 1일 양과 물 3컵(540~600cc)을 넣는다.

Point
큰 잎은 잘게 썰어 넣는다

Point
약용식물의 1일 양은 각각의 설명에 표시. 모르는 경우에는 일단 10g을 기준으로 한다

2 약한 불로 30~40분, 양이 반으로 될 때까지 졸인다.

Point
약용식물의 성분은 60℃ 이상이 되면 변하기 쉬우므로, 약한 불로 끓여서 넘치지 않게 주의하여 졸인다

Point
약초에 들어 있는 타닌이 철분과 결합하면 약효가 떨어지므로 쇠로 만든 냄비나 솥 등은 피한다. 알루미늄, 법랑, 내열유리 용기나 도자기, 오지 냄비 등을 사용한다. 눈금이 있는 내열 유리용기는 한눈에 보이므로 편리하다

3 달이는 것이 끝나면 바로 체나 거즈에 밭쳐서 탕액을 모은다.

4 탕액은 보통 1일 3회로 나누어 식사와 식사 사이에 마신다.

Point
탕액은 달인 날 마시는 것이 원칙. 성분이 변하거나 부패할 염려가 있으므로 2~3일분을 한꺼번에 만들어두는 것은 좋지 않다.
여름에는 탕액이 부패하기 쉬우므로, 남은 것은 냉장고에 보관하였다가 마실 때 따뜻하게 데워 마신다

외용약 만드는 방법

1 생잎을 흐르는 물에 잘 씻어서
이물질을 없앤다.

2 잘게 썰어서 절구에 넣어 찧거나, 잎을 여러 장 둥글게 말아서 강판에 간다.

잎즙을 짜서 사용하는 경우

즙을 환부에 잘 문질러서 바른다.

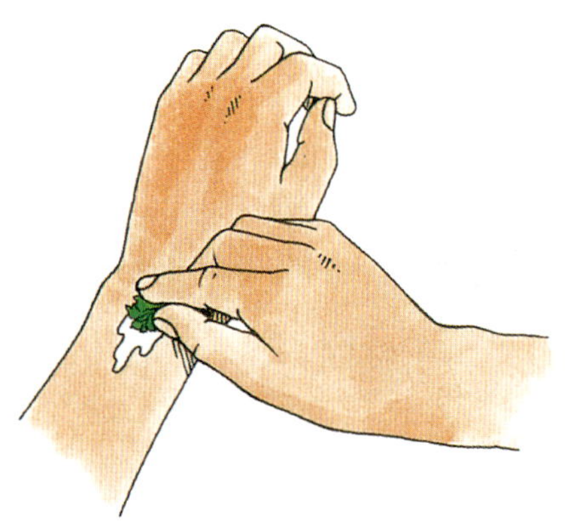

가루로 만들어 사용하는 경우

물과 밀가루를 섞어서 점성을 만든다. 밀가루의
양은 가루로 만든 약용식물의 ⅓ 이 적당하다.
거즈나 면 헝겊에 두껍게 펴서 환부에 붙인다.
그렇게 한 후 기름종이나 비닐로 덮고 붕대로
감는다.

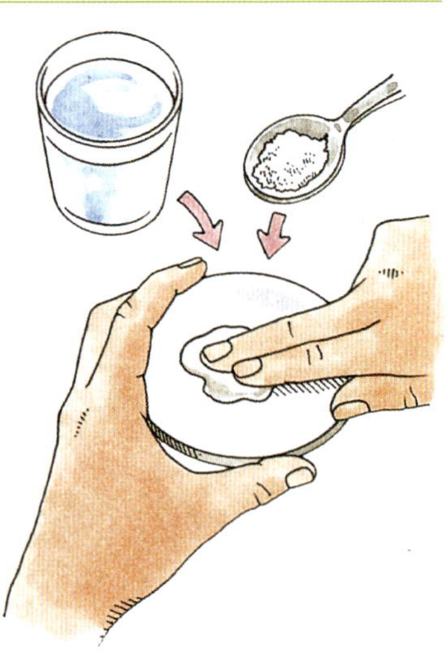

냉습포

습진이나 옻 등으로 환부가 붓고 열이 있을 때에는, 약
용식물을 달인 액을 차게 식혀서 거즈나 타월에 적셔
환부에 얹는다.
부기가 심하고 열이 많을 때에는 냉습포 위에 얼음주
머니나 냉각제 등을 놓아두면 좋다.

온습포

기침이나 목의 통증 등, 환부를 따뜻하게 해서 혈액순
환을 도와 빨리 낫게 하려는 경우에는 온습포를 한다.
거즈나 타월을 뜨거운 탕액에 담갔다 환부에 얹는다.

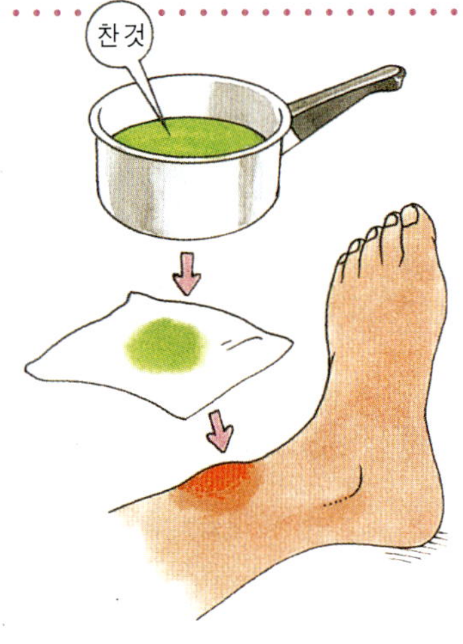

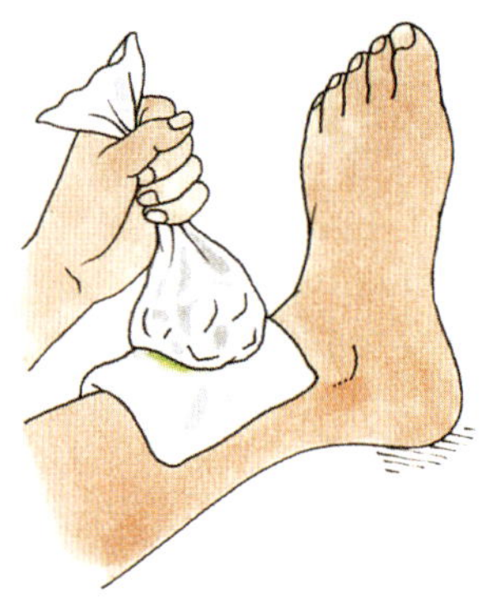

Point
타박상이나 염증이 있는 환부에
붙이는 경우, 가루를 달걀흰자나
식초에 개어서 사용해도 좋다

약초차 만드는 방법

약초차는 일반 차처럼 마셔도 된다. 단, 몇 종류의 약초차를 섞으면 성분이 변하고 효능도 바뀌므로, 자신의 몸상태를 보고 필요한 약용식물을 한 종류만 골라서 이용하는 것이 좋다

1 잎을 쓰는 것은 흐르는 물에 잘 씻어서 이물질을 떨어낸다.

2 찜통을 불에 올리고, 김이 나오면 씻은 잎을 물기를 빼지 않고 넣어서 2~3분 찐다.

3 소쿠리 등에 꺼내서 식힌 후, 잎을 가지런히 정리하여 칼로 2~3mm 크기로 자른다.

4 자른 잎을 양손으로 쥐고 천천히 눌러서 물기를 짠다.

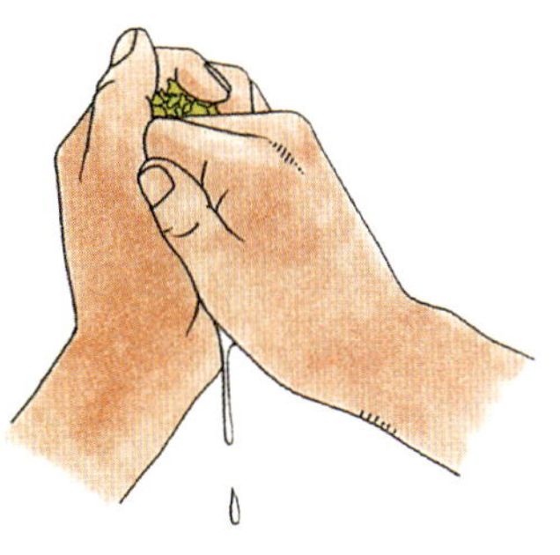

5 소쿠리나 돗자리에 넓게 펴서 햇볕에 말린다.

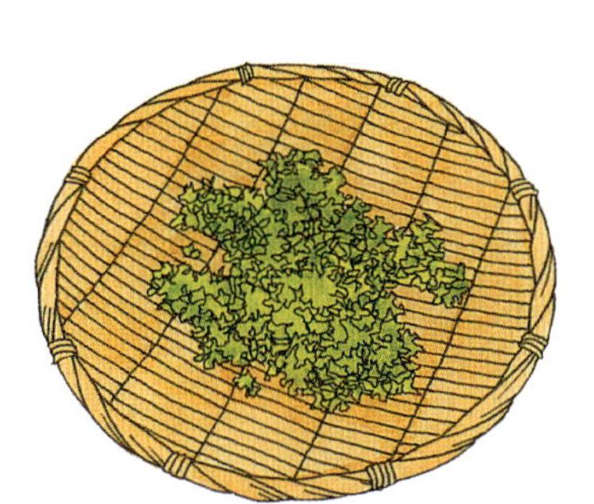

6 종이봉투에 넣어서 보관하며(식품용 건조제를 넣어두면 좋다), 필요할 때 조금씩 꺼내어 사용한다.

Point

잎줄기를 사용하는 것

돌외(덩굴차)나 차풀 등 잎줄기를 사용하는 것은 말린 잎줄기를 1~2㎝ 길이로 잘라서 살짝 볶는다. 참깨 등을 볶는 냄비(쇠로 된 것은 피한다)를 이용한다

씨앗을 사용하는 것

결명자 등과 같이 씨앗을 쓰는 것은 먼저 햇볕에 말린 씨앗을 냄비 등에 넣어 볶는다. 씨앗이 튀어나가므로 볶다가 뚜껑을 덮는다. 다음에 볶은 씨앗을 엽차같이 살짝 끓인다. 볶은 냄비에 물을 넣고 끓여도 좋다

약술 만드는 방법

매실주 등 약술은 옛날부터 잘 알려져 있는데, 약용식물 중에는 성분이 알코올에 잘 녹아서 달여 마시는 것보다 효과적인 경우도 있다. 약술은 혈액순환이 좋아지고 피로가 풀릴 뿐만 아니라, 약 성분의 효능이 더해져서 건강에 좋다

1 신선한 생것을 물로 씻어서 마른행주 등으로 물기를 완전히 없앤다. 말린 재료는 행주로 닦아서 사용한다(뿌리줄기나 뿌리 등의 큰 것은 적당한 크기로 잘라서 사용).

2 입구가 큰 병에 재료를 넣고, 재료의 약 3배의 소주를 부어서 3개월에서 1년 정도 차고 어두운 곳에 두어 숙성시킨다.

3 숙성되면 바로 약용식물을 꺼내거나 여과하여 찌꺼기를 제거한다. 밀폐용기에 보관. 마시는 방법은 1회에 1~2잔 정도를 매일 1~3회, 식사 전이나 자기 전에 마시는 것이 좋다.

목욕제 이용법

약용식물은 목욕제로도 이용할 수 있다.
몸이 따뜻해져서 한기를 느끼지 않게 되거나, 정유가 물에
녹아 나와서 혈액순환을 좋게 하므로 통증이나 피로가 줄
어들고 마음이 편안해진다

1 약용식물을 헝겊주머니에 1~2움큼(50~100g)을 넣는다.
낡은 스타킹을 적당한 크기로 잘라서 양끝을 묶어 주머니
대신 사용하면 편리하다.

2 더운물을 받을 때 약초주머니를
욕조에 넣는다.

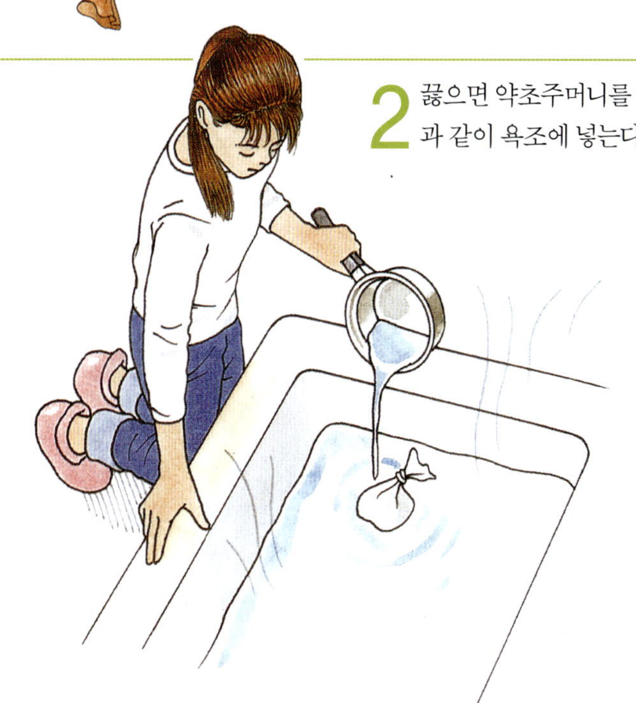

재료가 적을 경우

1 약용식물을 주머니에 넣어서 묶고, 냄비에 주머
니가 잠길 정도로 물을 부어서 끓인다.

2 끓으면 약초주머니를 끓인 물
과 같이 욕조에 넣는다.

매실 엑기스 만드는 방법

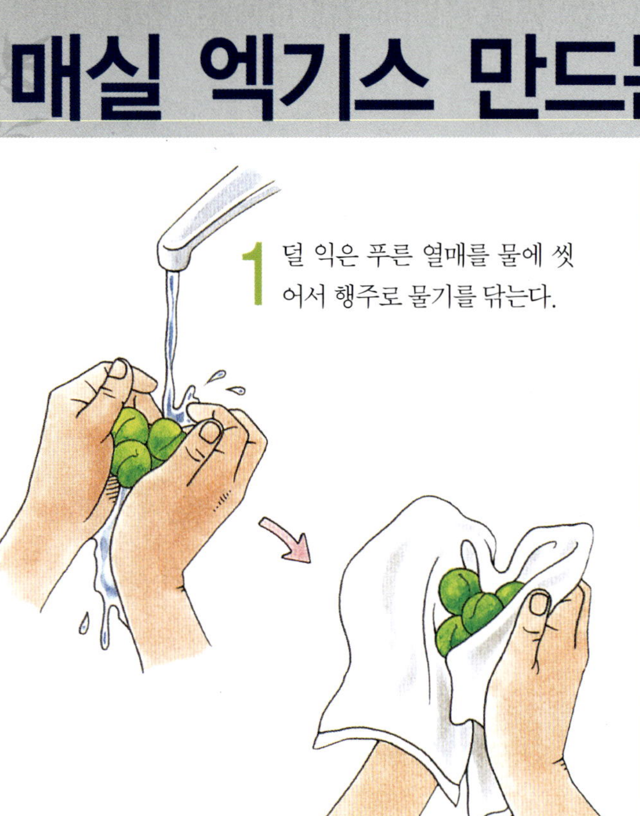

1 덜 익은 푸른 열매를 물에 씻어서 행주로 물기를 닦는다.

2 나무망치 등으로 두드려서 열매를 가르고 씨를 빼낸다.

3 강판이나 믹서에 갈아서 거즈 등으로 즙을 짠다.

4 도자기나 유리 등의 비금속 용기에 넣어서 약한 불로 끓인다. 가끔 잘 저어주고 떫은맛을 내는 누런 액을 완전히 걷어낸다.

5 물엿상태가 되면 완성. 차게 식혀서 유리용기 등에 저장한다.

감즙 만드는 방법

1 덜 익은 푸른 열매를 물에 씻어서 행주로 물기를 닦는다.

2 감꼭지를 따고 믹서로 갈아서 물을 넣은 후 잠시 둔다.

3 헝겊주머니로 짜서 즙(생즙, 첫 번째 즙)을 얻는다.

4 남은 찌꺼기를 물에 2~3일 담가두었다 다시 한번 짜서 즙(두 번째)을 얻는다.

5 첫 번째와 두 번째 즙을 뚜껑이 있는 항아리나 옹기(차광이 되는 용기가 좋다) 등에 넣고 밀폐하여 반년에서 1년 정도 둔다. 완성된 감즙은 차광이 되는 병 등에 밀봉하여 차고 어두운 곳에 보관한다.

민간요법으로 주로 쓰이는
증상별 약용식물 일람

※ 부분은 목욕제에 있는 것 제외

감기

개미취, 개산초, 개오동, 갯방풍, 고추나물, 광귤나무, 구기자나무, 국화, 귤나무, 금감, 남가새, 남오미자, 남천, 노루발풀, 당독활, 댕댕이덩굴, 도꼬마리, 도라지, 독활, 떡쑥, 말라바시금치, 망고, 매화나무, 맥문동, 모과나무, 목련, 무, 바나나, 배나무, 벚나무, 비누풀, 생강, 석류나무, 세네가, 수국, 수세미오이, 순비기나무, 순채, 시호, 아마, 아스파라거스, 양파, 여름감귤, 오미자, 왕원추리·들원추리, 운향, 원지, 유자나무, 육계, 은행나무, 인동덩굴, 잔대, 족두리풀, 질경이, 쪽, 차즈기, 참나리, 참다래, 천마, 촛대승마, 칡, 캐모마일, 콩, 타임, 파, 패모, 표고버섯, 노랑하늘타리, 형개, 후추

거담(가래 제거)

개미취, 고수, 도라지, 맥문동, 머위, 미나리, 백합, 벚나무, 비누풀, 세네가, 소나무, 수세미오이, 아스파라거스, 잔대, 족두리풀, 질경이, 노랑하늘타리, 회향

고혈압 예방

감나무, 구기자나무, 두충, 메밀, 뽕나무, 신선초, 약모밀, 영지, 해바라기, 회화나무

구내염(입 속 종기)

고추나물, 꿀풀, 노루발풀, 당근, 밤나무, 배나무, 범꼬리, 석류나무, 소귀나무, 오이풀, 이질풀, 인동덩굴, 족두리풀, 짚신나물, 촛대승마, 회화나무

구충(해충·기생충 제거)

아스파라거스, 호박

구풍(驅風, 가스 제거)

고수, 박하, 봉출, 시라, 캐모마일, 회향

귀울림

국화, 두충, 산수유나무

냉증 ※

개다래나무, 광나무, 대추나무, 마늘, 명자나무·풀명자나무, 뽕나무, 산수유나무, 살구나무, 소귀나무, 소나무, 염교, 오갈피나무, 오미자, 일당귀, 포도나무

눈 충혈, 다래끼

눈나무, 속새, 황련

눈 피로

남가새, 양하, 토마토

당뇨병·비만 예방

수국차, 스테비아, 영지, 우엉, 참다래, 뽕나무

동상

고추, 범의귀, 순무, 삭나무, 양하, 유자나무

두통

갯방풍, 국화, 남가새, 도꼬마리, 독활, 목련, 순비기나무, 아마, 족두리풀, 천마, 촛대승마, 형개

딸꾹질

감나무, 시라, 정향나무

땀띠 ※

고삼, 고추나물, 노란매자나무, 노루발풀, 밤나무, 부처꽃, 비파나무, 이질풀, 짚신나물, 찔레꽃, 촛대승마, 컴프리, 노랑하늘타리

목욕제

개다래나무, 갯방풍, 광나무, 귤나무, 남천, 녹나무, 뇌향국화, 당근, 당독활, 도꼬마리, 독활, 등골나물, 딜, 무, 무화과나무, 미나리, 박하, 밤나무, 배나무, 복숭아나무, 봉출, 비파나무, 생강, 석창포, 셀러리,

소나무, 순비기나무, 쑥, 아마, 양하, 여름 감귤, 예덕나무, 오수유나무, 울금, 월계수, 유자나무, 이질풀, 인동덩굴, 일당귀, 일본녹나무, 짚신나물, 차즈기, 창포, 측백나무, 캐모마일, 타임, 형개, 회향

목의 종기, 편도선염

고추나물, 꿀풀, 남천, 노루발풀, 닥풀, 당근, 당아욱, 떡쑥, 무, 밤나무, 배나무, 범꼬리, 산사나무, 생강, 석류나무, 소귀나무, 쑥, 양파, 오이풀, 우엉, 유자나무, 이질풀, 인동덩굴, 일본목련, 질경이, 촛대승마, 콩, 파, 패모, 노랑하늘타리, 형개

무좀

고삼, 마늘, 석류나무, 염교, 호두나무

발모, 탈모 예방

동백나무, 마늘, 순무, 쓴풀, 아마, 월계수

배농(고름 빼기)

마타리, 율무

버짐·쇠버짐

마늘, 부추, 산달래, 석류나무, 소리쟁이, 엉겅퀴, 염교, 일본녹나무, 파파야

벌레 물림

고추나물, 노루발풀, 박하, 쇠무릎, 여뀌, 올리브나무, 운향, 쪽, 파슬리

변비

결명자, 나팔꽃, 대황, 마늘, 미나리, 바나나, 소리쟁이, 순무, 신선초, 아마, 알로에, 앵두나무, 약모밀, 양배추, 양파, 올리브나무, 우엉, 찔레꽃, 차풀, 토마토, 하수오, 호장

불면증

구기자나무, 대추나무, 마늘, 명자나무·풀명자나무, 복령, 뽕나무, 산수유나무, 삼지구엽초, 앵두나무, 염교, 영지, 오갈피나무, 오미자, 왕원추리·들원추리, 파, 포도나무, 해당화

사마귀

가지, 무화과나무, 율무, 지치

살충

고삼, 마취목, 제충국

생리통

사프란, 으름덩굴, 익모초, 일당귀, 잇꽃, 현호색

손발이나 살갗 틈

광귤나무, 수세미오이, 유자나무, 자란

숙취

무, 배나무, 벚나무, 표고버섯, 황벽나무

습진 ※

감자, 고추나물, 긴병꽃풀, 노루발풀, 땅콩, 밤나무, 배나무, 부처꽃, 비파나무, 소귀나무, 쑥, 약모밀, 엉겅퀴, 우엉, 이질풀, 인동덩굴, 짚신나물, 찔레꽃, 촛대승마, 컴프리, 노랑하늘타리

식중독

벚나무, 여뀌, 오이, 차즈기, 콩, 털머위

신경통·류머티즘 ※

개다래나무, 겨자, 고추, 고추냉이, 독활, 방기, 쇠무릎, 양배추, 우엉, 월계수, 크레송

암 예방

구름버섯, 잔나비걸상, 표고버섯

양치액

고추나물, 꿀풀, 남천, 노루발풀, 닥풀, 당근, 당아욱, 떡쑥, 무, 밤나무, 배나무, 범꼬리, 산사나무, 생강, 석류나무, 소귀나무,

쑥, 양파, 오이풀, 우엉, 유자나무, 이질풀, 인동덩굴, 일본목련, 질경이, 촛대승마, 콩, 파, 패모, 노랑하늘타리, 형개

어깨 결림 ※

고추, 뇌향국화, 앵두나무, 칡

염좌(삠)

가지, 감자, 개산초, 개연꽃, 둥굴레, 말라바시금치, 머위, 메밀, 무, 범꼬리, 벚나무, 비파, 소귀나무, 참나리, 치자나무, 파슬리, 황벽나무

옻 · 풀독 등의 가려움증

감자, 고추나물, 노란매자나무, 노루발풀, 눈나무, 땅콩, 밤나무, 배나무, 범꼬리, 범의귀, 부처꽃, 산사나무, 소귀나무, 쑥, 약모밀, 엉경퀴, 이질풀, 인동덩굴, 짚신나물, 찔레꽃, 촛대승마, 컴프리

요실금 · 야뇨증

두충, 부추, 산수유나무, 오갈피나무, 참마

요통 ※

뇌향국화, 두충, 부추, 앵두나무, 양배추, 참깨, 치자나무

월경불순

개연꽃, 사프란, 쇠무릎, 운향, 으름덩굴, 익모초, 일당귀, 잇꽃, 파슬리, 호장

위염 · 위장병

고수, 무, 무궁화, 방아풀, 번행초, 석창포, 시호, 양배추, 예덕나무, 이질풀, 인삼, 일본녹나무, 자란, 천태오약

위통, 위 더부룩함, 소화불량

갯방풍, 겨자, 결명자, 고수, 고추, 고추냉이, 광귤나무, 귤나무, 노란매자나무, 마늘, 무, 무궁화, 민들레, 바위담배, 박하, 방아풀, 범의귀, 봉출, 부추, 비파나무, 사과나무, 산사나무, 산파, 삽주, 생강, 석창포, 세이지, 셀러리, 소태나무, 시라, 실론육계, 쓴풀, 알로에, 양파, 양하, 여뀌, 여름감귤, 영지, 오수유나무, 오이, 용담, 울금, 월계수, 육계, 일본육계, 좀꿩의다리, 차즈기, 천태오약, 초피나무, 콩, 크레송, 타임, 털머위, 파슬리, 파파야, 현호색, 황련, 황벽나무, 회향, 후추

이뇨 · 수종(水腫)

개다래나무, 개오동, 꿀풀, 동아, 두충, 등골나물, 떡쑥, 띠, 마타리, 목련, 바나나, 방기, 범의귀, 복령, 석산, 쇠무릎, 수박,

수선화, 순채, 아스파라거스, 앵두나무, 약모밀, 오이, 옥수수, 왕원추리 · 들원추리, 으름덩굴, 익모초, 인동덩굴, 일본녹나무, 질경이, 차풀, 참다래, 커피나무, 택사, 황기

입덧

반하

자양보건

개미취, 결명자, 광나무, 금감, 남오미자, 당근, 대추나무, 돌외, 동백나무, 두충, 둥굴레, 땅콩, 마늘, 마름, 말라바시금치, 매화나무, 맥문동, 명자나무 · 풀명자나무, 모과나무, 몰로키아, 미나리, 바나나, 부추, 뽕나무, 사과나무, 산달래, 산수유나무, 산파, 살구나무, 삼지구엽초, 세이지, 셀러리, 소귀나무, 소나무, 순비기나무, 순채, 신선초, 아스파라거스, 앵두나무, 양배추, 영지, 오갈피나무, 오리나무더부살이, 오미자, 옥수수, 올리브나무, 용안나무, 원지, 율무, 은행나무, 인삼, 지황, 진황정, 차풀, 참깨, 참나리, 참다래, 참마, 천마, 측백나무, 카카오, 토마토, 파슬리, 파파야, 포도나무, 해당화, 해바라기, 호두나무, 호박, 황기

저혈압 ※

광나무, 구기자나무, 대추나무, 두충, 명자나무·풀명자나무, 뽕나무, 산수유나무, 살구나무, 삼지구엽초, 소나무, 앵두나무, 염교, 오미자, 인삼, 족두리풀, 포도나무, 해당화

절상·찰과상 지혈·외용

고추나물, 노루발풀, 동백나무, 띠, 바나나, 부들, 부처꽃, 산파, 식나무, 알로에, 울금, 쪽, 참깨, 황벽나무

종기(부스럼)

가지, 개오동, 고삼, 고추나물, 댕댕이덩굴, 동백나무, 동아, 마타리, 매화나무, 메밀, 밤나무, 범의귀, 봉출, 소리쟁이, 수선화, 순무, 순채, 식나무, 약모밀, 예덕나무, 우엉, 운향, 울금, 지치, 질경이, 찔레꽃, 참나리, 털머위

지사(설사 멈춤)

노란매자나무, 눈나무, 당근, 당아욱, 동백나무, 매화나무, 맨드라미, 무궁화, 범꼬리, 범의귀, 부처꽃, 부추, 비파나무, 사과나무, 석류나무, 소귀나무, 속새, 이질풀, 일본녹나무, 좀꿩의다리, 질경이, 짚신나물, 측백나무, 칡, 캐모마일, 컴프리, 파파야, 해당화, 황련, 황벽나무

지혈 내복

맨드라미, 속새, 오이풀, 익모초, 자란, 해당화, 회화나무

진정(鎭靜)

국화, 사프란, 운향, 쥐오줌풀, 천마

진해(기침 멈춤)

개미취, 개산초, 고추나물, 구기자나무, 국화, 귤나무, 금감, 남오미자, 남천, 노루발풀, 댕댕이덩굴, 도라지, 떡쑥, 망고, 매화나무, 맥문동, 모과나무, 배나무, 벚나무, 비누풀, 석류나무, 세네가, 수국, 수세미오이, 아스파라거스, 양파, 오미자, 원지, 은행나무, 잔대, 족두리풀, 질경이, 차즈기, 참나리, 콩, 타임, 파, 패모, 표고버섯, 노랑하늘타리

축농증·꽃알레르기

도라지, 맥문동, 목련, 오미자, 잔대, 질경이, 패모

치질

감나무, 맨드라미, 무화과나무, 범의귀, 부들, 속새, 예덕나무, 울금, 지치, 쪽, 털머위, 회화나무

치통

노란매자나무, 노루발풀, 눈나무, 땅콩, 범꼬리, 별꽃, 쑥, 이질풀, 짚신나물, 크레송

타박상

가지, 감자, 개산초, 개연꽃, 대황, 댕댕이덩굴, 둥굴레, 말라바시금치, 머위, 무, 범꼬리, 벚나무, 비파나무, 소귀나무, 운향, 참나리, 치자나무, 파슬리, 황벽나무

통풍(痛風) ※

감자, 독활, 양배추, 크레송

해열

개오동, 갯방풍, 광귤나무, 구기자나무, 국화, 귤나무, 금감, 도꼬마리, 독활, 말라바시금치, 매화나무, 무, 바나나, 벚나무, 생강, 수국, 순비기나무, 순채, 시호, 양파, 여름감귤, 왕원추리·들원추리, 운향, 유자나무, 육계, 인동덩굴, 족두리풀, 쪽, 차즈기, 참나리, 참다래, 촛대승마, 칡, 캐모마일, 파, 노랑하늘타리, 형개, 후추

화상

가지, 감자, 뇌향국화, 범의귀, 부들, 식나무, 알로에, 앵두나무, 자란, 지치, 털머위

황달

사철쑥, 울금, 참다래

다나카 고우지

1925년 동경 출생.
일본대학 전문부 개척농과(약초원예전공) 졸업.
동경도약용식물원장, 소화약과대학 약용식물원장,
생약컨설턴트, (사)일본한방의학연구소 평의원,
농수성특산농작물 이용개발중앙회의 약용작물진흥부회 위원 역임.
저서에 『약초수첩 상·하』, 『약초건강법』, 『약이 되는 식물백과』,
『약용식물』, 『약초·독초 300+20』, 『도해 약초실용사전』 등이 있다.

가미쿠라 요시타카

1944년 동경 출생.
세계 각국의 자연풍경과 허브, 향신채, 약용식물 등의 재배방법, 이용방법,
식문화 등의 촬영, 취재가 전문이다.
저서에 『세계 허브와 꽃 기행』, 『생활에 활용하는 허브 도해』, 『사계의 허
브와 꽃 기행』 등이 있다.

가정에서 쉽게 이용할 수 있는
약용식물대사전

펴낸곳 | 그린홈
펴낸이 | 유재영
옮긴이 | 장광진

책임편집 | 이화진
편집 | 김기숙
디자인 | 임수미

1판 1쇄 | 2004년 7월 15일
1판 6쇄 | 2012년 4월 16일
출판등록 | 1987년 11월 27일 제10-149

주소 | 121-884 서울 마포구 토정로 53 (합정동)
전화 | 324-6130, 324-6131 · 팩스 | 324-6135
E-메일 | dhak1@paran.com
           dhsbook@hanmail.net
홈페이지 | www.donghaksa.co.kr
           www.green-home.co.kr

ISBN 89-7190-144-6 13520
• 잘못된 책은 바꾸어 드립니다.

Green Home은 취미·실용서를 출간하는
도서출판 동학사의 디비전입니다.